최신

식품미생물학 및 실험

박영현 · 서영호 · 송 은

보문각

| 공저자 |

박영현(순천향대학교)

서영호(원광보건대학교)

송 은(순천대학교)

최신

식품미생물학 및 실험

초판발행 2022년 1월 12일

초판인쇄 2022년 1월 10일

지은이 박영현·서영호·송은

펴낸이 이호동

발행처 보문각

블로그 http://bomungak.blog.me

e-mail bomungak@naver.com

주소 서울시 서초구 바우뫼로7길 8

등록번호 302-2003-00085

전화 02)468-0457

팩스 02)468-0458

값 19,000원

ISBN 978-89-6220-426-1 93570

머리말

미생물을 이용한 유기산의 제조, 아미노산 및 핵산 관련 물질의 제조, 생리 활성 물질의 제조와 효소, 항생물질 및 단세포 단백질 등의 생산은 미생물학 분야에서 괄목한 만한 일이며, 또한 환경정화, 미량분석 및 채광 등에도 미생물이 이용되고 있어 미생물은 무한한 기능성을 지니고 있는 생물이 되었다. 이러한 미생물의 무한한 가능성을 잘 활용하면 현재 우리 인류가 직면하고 있는 환경문제, 미래의 식량 및 에너지 자원의 개발문제 등의 중요한 문제들도 이 미생물의 의해 해결되리라 기대되며 또한 인류 복지 향상에도 미생물이 크게 이바지하리라 저자는 굳게 믿는다.

이러한 특성을 가진 미생물과 접한 지도 어언 수십 년이란 세월이 지났으며, 또한 학생들에게 강의를 시작한지도 오랜 세월이 흘러가는 시점에서 그 동안의 강의 경험을 살려 미생물에 대해 꼭 알아야 할 이론적 지식과 식품의 가공 및 저장 그리고 식품위생에 관계되는 미생물의 주 대상으로, 종류와 작용 등을 중요한 것들만 선별하여 이론적인 내용을 정리해 줌으로써 미생물에 관련된 학문이 재미있고 흥미로운 과목이 될 수 있도록 시도해 본 것이 이 교재의 특징이다. 그러나 저자의 지식의 한계와 제한된 지면 그리고 제한된 시간 등으로 인해 부족한 점이 적지 않음에도 불구하고 감히 탈고를 하였다.

이 책은 식품과 미생물사이에서 빚어지는 여러 가지 문제점을 해결하기 위해 식품관련 학문의 기초과목으로서 그리고 식품관리 및 위생에 관련된 인접 학문과의 연계과목으로써 참고가 되도록 시도하였으므로 이 책이 식품공학, 식품가공학, 식품영양학, 미생물공학, 발효공학, 식품과학, 식생활과학 등을 전공하는 학생들의 교재로서 그리고 식품산업의 일선에서 활약하는 식품산업 기술인, 식품유통 관계자들의 참고서적으로서 조금이나마 도움이 될 수 있다면 무한한 영광으로 생각하는 바이다.

목 차

Chapter

01

식품미생물학의 출발

식품미생물학의 출발

미생물은 공기, 토양, 강, 호수, 해수 등에서부터 시작해서 먹는 음식물에 이르기까지 인간이 살고 있는 자연 환경으로 어느 곳이든지 존재하고 있다. 이러한 환경에서 인간은 언제부터인지 모르지만 미생물을 우리 생활 구석구석에서 널리 활용되고 있다.

미생물은 식품 및 의약품에 적극적으로 이용되어 빵, 치즈, 맥주, 항생제, 백신 등을 생산하는 데 활용되지만, 경우에 따라서 전염병, 식중독, 부패 등을 일으키는 원인이 되고 있다. 이와 같이 미생물은 유익하거나 유해한 양면성을 가지고 인간의 건강에 밀접한 관계를 가지고 있다.

1 미생물의 발견

미생물은 너무 작아서 인간의 눈으로 확인할 수 있는 크기인 1~10㎜ 이하로 알려져 있다. 바이러스, 세균, 조류, 진균류, 원생동물 등이 주로 지름 10㎛ 이하이다. 그렇지만 조류나 진균류 중에는 눈에 띌 만큼 크기가 큰 것도 있다. 예를 들면 빵곰팡이나 대형조류는 육안으로 관찰할 수 있고, 현미경 없이 볼 수 있는 Thiomargarita와 Epulopiscium 세균도 있다. 보통 세균은 1~5㎛ 정도이며 바이러스는 0.25㎛ 정도로서 이보다 훨씬 작은 것도 있다. 이러한 미생물은 현미경 없이 발견이 불가능하였다.

1676년경 네덜란드의 루벤후크(Antony van Leeuwenhock)는 자신이 만든 현미경으로 미생물을 처음으로 정확하게 관찰하고 기술하였다. 17세기경 확대경으로만 사용되고 있는 볼록렌즈를 이용하여 두 개의 은으로 된 판 사이에 이중의 볼록렌즈를 고정시키고, 렌즈 앞에 위치한 액체시료를 45° 각도로 빛을 쪼임으로써 시료에 빛이 반사되어 관찰할 수 있었다. 이 현미경은 250~300배 정도의 배율로 시료를 확대할 수 있었으며, 오수와 치석 등에서 세균, 원생동물, 조류, 효모 등을 발견하고, 이를 극미동물(animalcules)이라고 표현했다. 이러한 동물을 자세하게 기록하여 영국런던왕립학회에 보고하였다. 이러한 업적이 현미경의 발명과 미생물을 관찰한 최초의 일로서 오늘날 루벤후크를 미생물학의 아버지라고 일컫는다. 계속해서 여러 가지 미생물의 존재가 밝혀졌으나 미생물의 부패, 발효 및 전염병 등의 발생과 관련되는지는 알지 못하였다(그림 1-1).

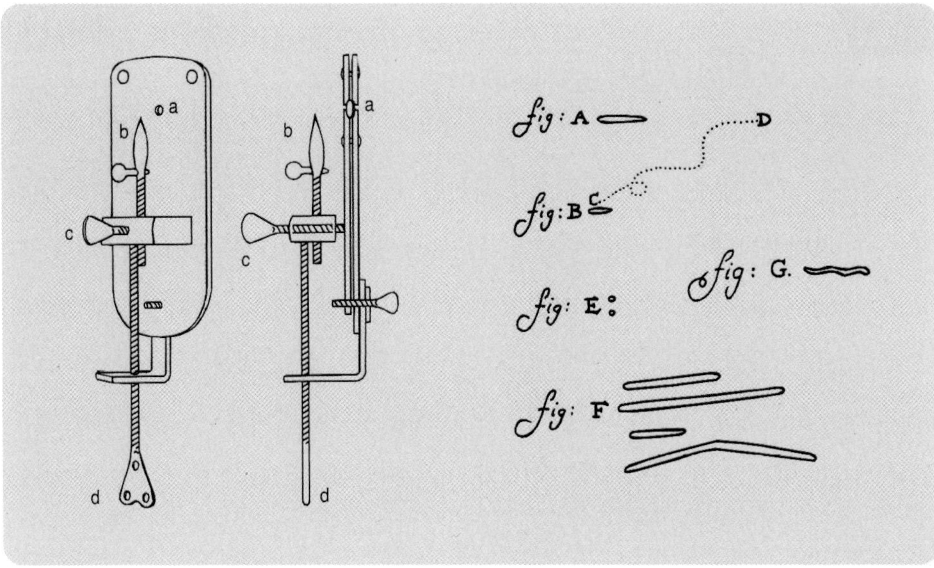

〈그림 1-1〉 루벤후크가 제작한 현미경의 모형

a: 렌즈, b: 시료를 놓는 핀, c와 d: 초점나사, A-G: 루벤후크가 그린 사람의 구강 내 세균

2 미생물의 발생

17세기 중엽까지 살아있는 생명체는 무생물에서 생겨날 수 있다는 자연발생설을 믿어왔다.

1688년경 레디(Frencesco Redi)는 부패한 고기에서 구더기가 자연발생적으로 생기는 것이 아니라 파리가 알을 낳아 생기는 것이라는 논문을 발표한 이후, 눈에 보이는 생명체는 자연적으로 발생하는 것이 아니라는 사실이 널리 인식되어 갔다. 그렇지만, 1748년경 니덤(John Needham)은 플라스크에 끓인 고기국물을 방치하면 뿌옇게 부패하는 실험결과를 통해서 미생물은 자연발생이 가능하다고 주장하였다.

1861년경 프랑스의 파스퇴르(Louis Pasteur)는 미생물이 자연히 발생한다는 주장을 실험적으로 완전히 부정하고 미생물은 미생물로부터 생긴다는 생물발생설(biogenesis)을 증명하였다(그림 1-2).

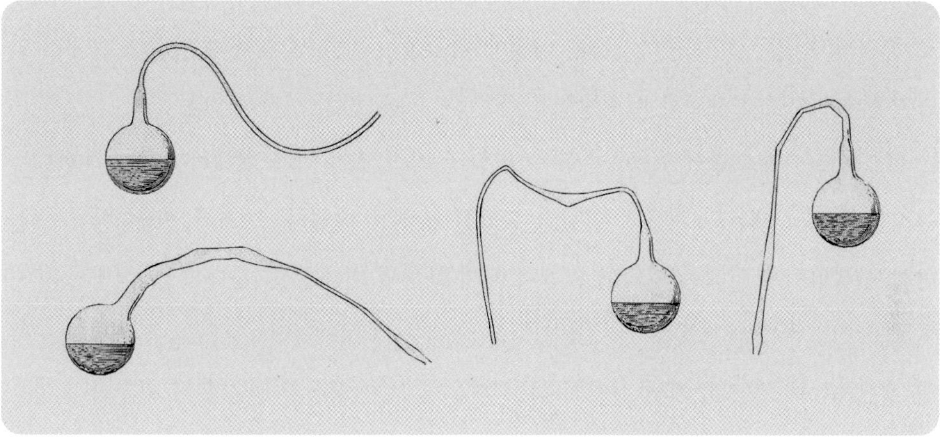

〈그림 1-2〉 파스퇴르가 미생물의 자연발생에 대한 실험에 사용한 백조목 플라스크

파스퇴르는 플라스크에 고기국물을 넣고 솜마개를 사용하는 대신 플라스크의 목을 가열하여 길게 늘인 다음 여러번 구부리고 플라스크의 끝은 항상 열려있어 공기가 들어갈 수 있도록 했다. 이 플라스크를 가열한 다음 공기 중에 방치했다. 플라스크의 배양액은 공기가 들어갈 수는 있었지만 미생물이 발생하지는 않았다. 파스퇴르는 미생물이 플라스크의 구부러진 부분에 걸려 배양액에 들어가지 못했기 때문에 미생물이 발생하지 않았다고 설명했다. 그러나 플라스크의 목을 깨뜨리자 곧바로 미생물이 발생하여 부패하기 시작하였다. 이로써 파스퇴르는 자연발생설을 종결시키는 동시에 어떻게 하면 배양액을 멸균상태로 유지할 수 있는지를 보여주었다.

3 미생물로 인한 부패, 발효, 질병

생물발생설은 플라스크의 배양액에 미생물이 발생하여 부패한다는 실험적 방법으로 증명되자, 많은 미생물학자들은 어떻게 미생물이 발효 및 질병과 밀접한 관계가 있는가를 확인하고자 새로운 실험방법을 개발하고 연구하기 시작하였다.

파스퇴르는 계속해서 맥주, 포도주, 젖산 등의 발효가 각각 형태학적으로 구별되는 특정한 효모와 세균의 작용과 밀접한 관계를 밝히게 되었다. 그래서, 모든 발효는 살아있는 생명체에 의해 수행되며 그 과정에서 분자의 비대칭성, 광학활성, 생명활동 사이에는 긴밀한 연관관계를 가지고 있다는 결과를 발견하였다. 당을 발효시켜 포도주를 생산하는데, 포도주에서 신맛이 나는 것은 효모가 생성한 알코올이 세균의 오염으로 인하여 젖산으로 바뀌었기 때문이라는 사실을 알아냈다. 또한, 포도의 질병에 관해 연구하여 와인의 품질을 유지하면서 오래 보존할 수 있는 저온살균법(pasteurization)을 개발하였다. 발효미생물 중에는 공기 중에 산소가 없는(혐기적) 상태에서 포도주를 발효시키고 산소를 통기시키면 효모 균체의 증식이 크게 증대되는 파스퇴르효과(pasteur effect)를 발견한 것도 큰 업적 중 하나이다. 파스퇴르는 견사병의 연구에서도 누에에 기생하는 원생동물이 질병의 원인임을 밝혀내었다. 이를 바탕으로 건강한 나방이 낳은 알에서 누에를 얻음으로써 누에의 질병을 예방할 수 있다. 파스퇴르는 미생물학의 위대한 개척자로서 미생물학의 황금시대를 이룩하여 놓았다.

1867년경 영국의 외과의사 리스터(Joseph Lister)는 미생물이 부패와 발효과정에 관여한다는 파스퇴르의 연구에서 깊은 인상을 받았다. 외과수술시에 수술도구를 가열멸균하고 페놀을 이용해 붕대나 수술부위를 소독하자 상처가 곪는 것을 혁신적으로 개선되었다. 살균작용이 있는 페놀이 상처의 감염을 억제했다는 사실은 미생물이 질병을 일으키는 데에 크게 작용한다는 사실을 강하게 시사하는 것이었다.

1876년경 독일의 외과의사 코흐(Robert Koch)는 탄저병에 대한 연구를 통해 처음으로 세균이 질병을 일으킨다는 사실을 직접 증명하였다. 코흐가 병든 쥐에서 추출한 물질을 다시 건강한 쥐에게 주사하는 방법으로 탄저병을 앓게 만들었다. 그 탄저균을 소의 혈청에서 배양하여 막대모양의 균이나 포자를 분리하여 건강한 쥐에게 주사하면 쥐는 탄저병에 걸렸다. 그가 사용했던 방법은 코흐의 3원칙으로 특정 미생물이 특정한 질병의 원인임을 밝히는 기준으로 사용된다.

① 미생물은 질병이 있는 경우에만 발견되고, 건강한 동물에서는 발견되지 않아야 한다.

② 병든 동물에서 발견된 미생물은 분리하여 순수 배양할 수 있어야 한다.

③ 동일한 미생물이 질병에 걸린 동물에게서 다시 분리될 수 있어야한다.

코흐는 병원균이라 의심되는 미생물을 분리하는 기술이 절대적으로 필요하다는 것을 절감했다. 그의 조수였던 페트리(Petri)는 고체배양을 할 수 있는 페트리 접시를 개발하여 한 종류의 세균만을 순수 배양하는 일이 가능해졌고, 분리한 세균을 배양하고자 육류추출물과 단백질 가수분해 산물을 영양물질로 사용한 영양배지(nutrient broth)와 영양한천배지(nutrient agar broth)를 개발하여 현재까지 널리 쓰이고 있다. 코흐는 이러한 방법을 이용해 결핵균을 분리하였고, 병원성 미생물이 질병의 원인으로 인식되었다. 그 후 30~40년 동안 중요한 세균성 병원균이 거의 모두 발견되었다.

4 미생물학의 범위

미생물은 발효나 식품의 부패 등의 현상을 통해서 옛날부터 우리들의 식생활에 관여하여 왔다. 처음에는 미생물의 역할을 알지도 못했지만, 최근에 미생물을 이용하여 각종 식품 및 의약품 뿐 아니라 농업자원 및 대체 에너지의 개발, 유전 공학의 연구 등이 활발히 진행되고 있다.

미생물 연구의 분야를 크게 나누면, 일반미생물학은 이론적 기초분야로 특정한 종류의 미생물을 연구하는 바이러스학, 세균학, 조류학, 균학, 원생동물학 등이 있고, 그 구조와 기능에 따라서 미생물세포학, 미생물생리학, 미생물생태학, 미생물유전학, 분자생물학, 미생물분류학 등으로 서로 보완적으로 연구되고 있다(표 1-1).

응용미생물은 일반미생물학의 여러 분야와 서로 긴밀하게 연관되어 인류복지를 향상하고자 다양한 분야에 응용되고 있다. 농업에서 토양미생물은 유기질 비료의 생성, 질소 고정작용 등 토양을 비옥하게 하거나 작물의 생산성에 대하여 큰 영향을 주고, 가축의 장내에 서식하는 미생물의 역할도 중요하다. 식품과 관련하여 농축산물 가공

분야에서도 이용되어 청주, 맥주, 포도주, 과실주, 증류주 등의 양조 발효식품이나 된장, 간장, 절임, 납두, 식초 등의 장류 발효식품에 응용된다. 발효공업에서는 주정, 유기산, 항생물질, 아미노산, 핵산 등의 생산에 응용되고, 낙농공업에서는 요구르트, 발효유, 치즈, 버터 등을 가공할 때 응용되기도 한다. 즉, 유익한 미생물의 생육을 증진시키고 식품의 변패와 식중독을 예방하기 위한 발효, 저온저장, 가열, 염장, 건조 등과 미생물과의 관계를 식품의 생물학을 통하여 연구한다.

병원미생물학은 동식물과 인간의 건강이나 질병과 직접적인 관계를 연구하고 있다. 최근에 새로운 감염성질환이 유행하고, 확인되지 않는 병균이 발견되기도 한다. 이러한 원인을 찾고 예방 및 확산을 방지하는 분야가 무엇보다 필요하다.

우리의 일상생활을 향상시키고 공헌하는 미생물이야 말로 연구의 가치가 높다고 생각한다.

미생물이 육안으로 보이지 않는 이상 인류와의 관계가 아직 밝혀지지 않은 미생물도 다수 있다고 생각된다. 또한 이러한 미생물의 역할은 다양하여 여러 분야에서 응용

되고 앞으로도 계속될 것은 틀림없으며 미생물학의 발전으로 인류의 복지 증진이 기대된다.

〈표 1-1〉 미생물학의 범위

- **종류에 의한 분류**
  - 균학(Mycology)
  - 바이러스학(Virology)
  - 세균학(Bacteriology)
  - 원생동물학(Protoxoology)
  - 조류학(Phycology)
- **분야에 의한 분류**
  - 일반미생물학 (General micorobiology)
    - 분류학(Taxonology)
    - 분자생물학(Molecular Biology)
    - 세포학(Cytology)
    - 생리학(Physiology)
    - 생태학(Ecology)
    - 유전학(Genetics)
  - 응용미생물학 (Applied microbiology)
    - 토양미생물학(Soil microbiology)
    - 수생미생물학(Aquatic microbiology)
    - 해양미생물학(Marine microbiology)
    - 공중미생물학(Microbiology of air)
    - 식품미생물학(Food microbiology)
    - 낙농미생물학(Dairy microbiology)
    - 발효학(Fermentology)
    - 양조학(Zymology)
  - 병원미생물학 (Pathogenic microbiology)
    - 수의학미생물학 (Veterinary microbiology)
    - 의학미생물학(Medical microbiology)

Chapter

02

미생물의 구조와 기능

미생물의 구조와 기능

현미경 기술이 발달됨에 따라 미생물의 세계를 좀 더 자세히 관찰해 보면 미생물의 구조와 기능이 서로 크게 다른 면을 볼 수 있다. 예를 들면, 미생물의 세포막으로 구분되는 내부에는 핵과 같은 막구조로 형성된 복잡한 소기관 등을 통해서 가장 기본적인 차이점으로 볼 수 있다. 이러한 형태적인 차이점에 따라 원핵세포 구조와 기능을 갖는 하등미생물과 진핵세포 구조와 기능을 고등미생물로 구별하여 부르고 있다.

1 원핵세포의 구조와 기능

모든 세균은 하등미생물로 핵이 없는 단순한 구조를 하고 있으며 막으로 둘러싸인 복잡한 세포소기관이 없기 때문에 원핵세포라고 부른다. 원핵세포는 세포막, 세포질, 핵양체, 세포벽, 외부기관으로 크게 나누어 각각 구조와 기능에 대하여 설명하고자 한다(그림 2-1).

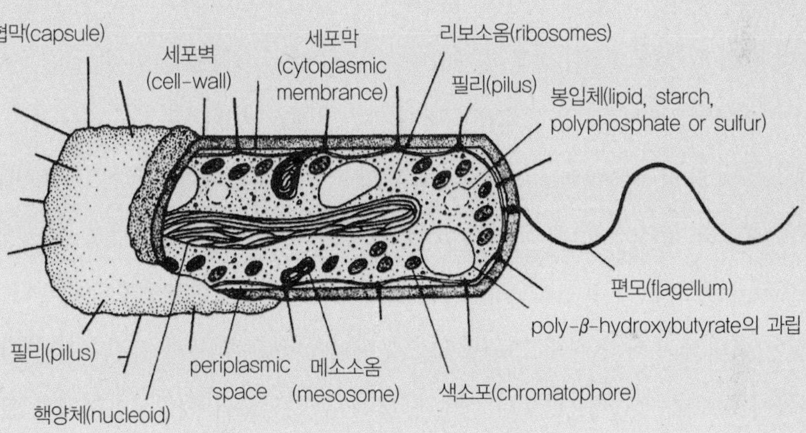

〈그림 2-1〉 원핵미생물의 구조

1) 세포막

모든 미생물은 세포막(plasma membrane)을 통해서 외부 환경에 대응하여 세포내부를 항상 일정한 상태로 유지하도록 조직화되어 있다. 세포막은 단백질과 지질로 이루어져 있다. 세균은 대부분 진핵세포의 세포막보다 단백질 함량이 높다. 세균의 세포막은 진핵세포에서 복잡한 세포질 소기관의 막이 담당하는 기능을 대신하여 단순한 구조와 기능으로 감당해야 하기 때문인 것으로 보인다.

세포막은 아주 얇은 구조로 대략 5~10㎚ 정도의 두께이다. 대부분의 막을 이루는 지질은 한쪽은 친수성(hydrophillic)이고 다른 끝은 소수성(hydrophobic)을 나타내는 인지질 분자의 이런 특성으로 인해 이중층의 막구조를 형성한다. 이 막구조는 작은 구형입자로 지질이 중층에 삽입되어 있는 막단백질로 생각된다. 표재성 단백질(peripheral protein)은 막에 느슨하게 연결되어 수용액에 잘 녹으며 전체 막단백질의 20~30%에 달한다. 막단백질의 70~80%는 내재성 단백질(integral protein)로 막과 분리하여 추출하기 어렵다. 세포의 바깥쪽에는 탄수화물이 부착되어 있는 막단백질도 있으며 여기에 부착된 탄수화물이 중요한 기능을 하는 것으로 보인다.

이제 세포막은 고도로 조직화되어 비대칭적인 체계이며 탄력적이고 동적인 유동 모자이크 모델(fluid mosaic model) 구조로 받아들여지고 있다. 외형적으로 볼 때 세포막의 기본구조는 같지만 실제 막의 구조와 기능은 아주 다양하다. 특히 세포벽이 없는 세포에서 세포질을 담고 있는 세포막은 세포의 내부를 주변환경과 분리한다. 세포막은 또한 선택적 투과의 장벽으로 필요한 분자의 이동은 허용하고 필수적인 성분은 새어나가지 않도록 막는다. 필요한 경우 물질의 통과를 도와주는 수송체계가 있어야 한다. 수송체계는 영양분의 섭취, 노폐물배설, 단백질분비 등에 꼭 필요하다. 또한, 원핵세포의 세포막에서는 호흡, 광합성, 지질과 세포벽 구성성분의 합성에서 염색체의 분리까지 다양한 대사과정이 일어난다. 마지막으로 세포막은 특수한 수용체 분자를 지니고 있어 원핵세포가 주변에 있는 화학물질을 감지하고 이에 반응할 수 있도록 한다. 세포막 없이는 미생물이 살아갈 수 없다.

2) 세포질

세포질(cytoplasmic matrix)은 세포막과 핵양체 사이의 물질을 말한다. 세포질은 대부분 물로 이루어져 있다. 광학현미경으로 보면 세포질에서 유기물이나 무기질로 이루어진 입자 또는 과립(granule)인 여러 종류의 봉입체(inclusion body)를 쉽게 관찰할 수 있다. 봉입체는 유기물 또는 무기물을 저장하는 데에 이용되기 때문에 봉입체 수는 세포의 영양상태에 따라 변한다. 대개 글리코겐(glycogen)이나 PBH(poly-β-hydroxybutyrate)을 포함하는 봉입체는 유기탄소의 저장고로 에너지와 생합성에 필요한 물질을 제공한다. 시아노피신(cyanophycin) 과립은 아미노산인 아르기닌과 아스파르트산이 들어 있는 거대한 폴리펩티드로 유기질소를 저장한다. 유기 봉입체인 가스소낭은 작고 속이 비어 있는 관모양의 기포가 아주 많이 모여 이루어진 구조로 작은 단백질로 이루어져 있다. 여기는 물분자는 투과하지 못하나 기체는 자유로이 투과할 수 있다. 가스소낭(gas vesicle)을 지니는 세균은 필요에 따라 빛의 세기, 산소농도, 영양분의 농도 등이 부력을 조절하므로 수면 위나 물속에서 떠다니며 생활한다. 무기 봉입체로는 폴리인산(polyphosphate) 과립은 핵산과 같은 중요한 세포 구성 성분이 되는 인산기를 저장하는 역할을 한다.

리보좀은 전자현미경으로 보면 별 특징이 없는 작은 입자로 보이지만 사실 단백질과 RNA로 이루어진 아주 복잡한 구조로 이루어져 있다. 세포질에 있는 리보좀은 세포 내 단백질을 합성하는 반면 세포막에 부착된 리보좀은 바깥으로 분비되는 단백질을 합성한다. 원핵세포의 리보좀은 진핵세포의 리보좀보다 작다.

원핵세포의 염색체는 불규칙한 모양으로 핵양체(nucleoid)라는 부분에 모여 있다. 진핵세포에서는 두 개 이상의 염색체가 막으로 둘러싸인 소기관인 핵 안에 들어 있는 반면 원핵세포는 막구조가 된 핵이 없는 것이 가장 큰 차이점이다. 핵양체의 모양은 염색하는 방법에 따라 달라지지만 전자현미경으로 보면 섬유모양 DNA를 관찰할 수 있다. 핵양체는 60%가 DNA이고 30%가 RNA이고 10%는 단백질이다.

세균에는 염색체 이외에 플라스미드(plasmid)는 환형 이중나선 DNA분자로 대개 염색체와 독립적으로 존재하며 염색체 내에 삽입될 수도 있다. 플라스미드가 세균의 생장과 생식과정에 필수적인 것은 아니지만 세균에 선택적 이점을 제공하는 유전자를 지니고 있다. 플라스미드 유전자는 세균이 약물에 내성을 갖게 하거나 새로운 대사능력을 지니게 하며 병원성을 갖게 하는 등의 여러 가지 새로운 특성을 부여한다. 플라스미드는 다른 세균으로 옮겨 갈 수 있어 약제내성과 같은 특성이 집단에 퍼질 수 있다.

원핵세포의 세포질에는 미토콘드리아나 엽록체와 같이 복잡한 막구조는 없지만 세포막이 함입된 작은 관이나 얇은 층상구조인 메소좀(mesosome)을 관찰할 수 있다. 메소좀은 핵양체 가까이에 붙어있고 분열 중에 잘 나타난다. 이것은 세포벽이 형성되는 과장에 관여하거나 염색체 복제나 딸세포로 염색체가 배분하는 과정에 중요한 역할을 하는 것으로 보인다.

3) 세포벽

세포벽은 세포막의 바깥쪽에 있는 비교적 단단한 껍질로 세포의 모양을 유지하는 동시에 삼투압으로 인해 세포가 파괴되지 않도록 보호한다. 즉, 삼투현상(osmosis)에 의해서 선택적 투과막인 세포막을 통해서 세포 안으로 물이 유입되어 세포막은 이런 삼투압을 견디지 못하기 때문에 세포벽이 없으면 세포가 터져 용균현상(lysis)이 나타난다. 세포내부의 물이 외부로 빠져나가 세포질이 세포벽에서 분리되는 원형질분리(plasmolysis) 현상은 음식을 보존하는 과정에 유용하게 활용된다. 원형질분리가 일어나 미생물은 대부분 건조식물이나 젤리 등에서 자랄 수 없기 때문이다.

세포벽의 형태와 세기는 주로 펩티도글리칸(peptidoglycan)에 달려있다. 세균이 생

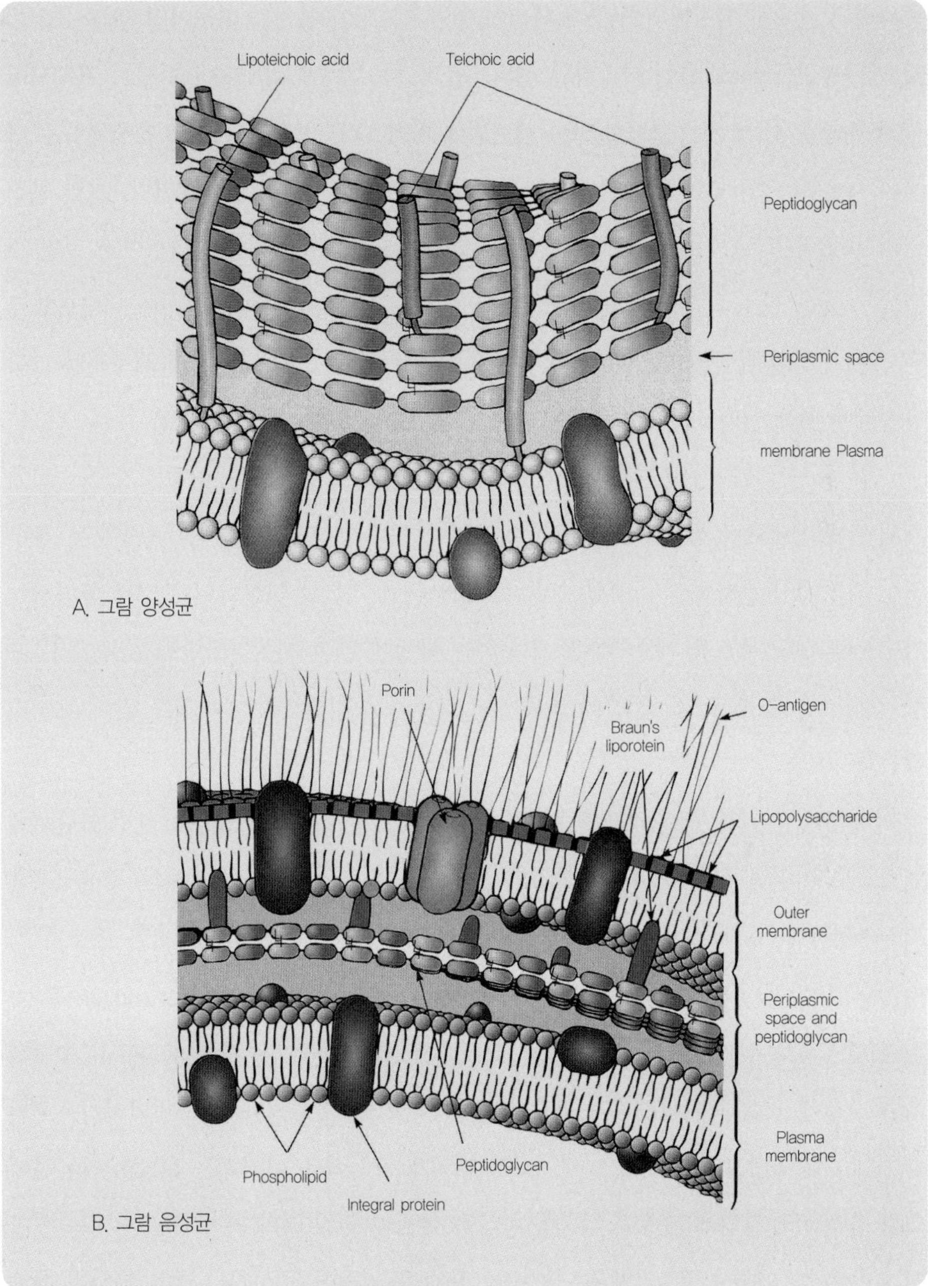

〈그림 2-2〉 그람 양성균, 음성균의 세포막과 세포벽

존하려면 반드시 세포벽의 구조가 완전하게 유지되어야 하지만 리소자임(lysozyme)이나 페니실린(penicillin)을 처리하면 펩티도글리칸을 가수분해되거나 합성이 저해되어 쉽게 용균된다. 세균은 그람(Gram) 염색법에 따라 그람 양성균과 그람 음성균으로 나누는 데, 투과전자현미경을 이용해서 이러한 구조적인 차이점이 밝혀졌다. 그람 양성균의 세포벽은 20~28㎚ 두께의 펩티도글리칸(peptidoglycan)으로 이루어진 반면 그람 음성균은 다소 복잡하여 펩티도글리탄 층은 2~7㎚ 정도의 두께이며 바깥쪽으로 7~8㎚ 정도의 외막(outer membrane)이 둘러싸고 있다. 그람 양성균의 세포벽은 그람 음성균에 비해 펩티도글리칸 층이 두껍기 때문에 더 단단하다(그림 2-2).

그람 음성균에는 세포막과 그 외막 사이에 펩티도글리칸의 망상구조가 느슨하게 채워진 주변세포질 공간(periplasmic space)이 있다. 주변세포질에는 영양분을 흡수하는 과정에서 관여하는 단백질이 많다. 예를 들면 핵산과 인산화된 분자를 공격하는 가수분해효소, 물질을 세포안으로 수송하는 과정에 관여하는 결합단백질 등이다. 그람 양성균은 주변세포질 공간이 존재하지 않으며 주변세포질 단백질도 많아 보이지 않는다.

외막은 얇은 펩티도글리칸 층의 바깥쪽에 위치하며 펩티도글리칸을 아주 단단하게 연결하는 지질단백질이 외막에 삽입되어 있다. 외막에 존재하는 특이한 구성성분은 지질다당체(lipopolysacchride,LPS)이다. LPS는 지질과 탄수화물의 복잡한 구조로 지질, 중심다당체, O항원 세부분으로 나누어 볼 수 있다. 특히 O항원(O antigen)은 가장 바깥쪽으로 뻗어 있는 다당류사슬 구조로 세균균주마다 그 구성이 다르고 숙주의 항체가 쉽게 인식하는 구조이나 그람 음성균은 O항원의 조성을 빨리 변환시킴으로써 숙주의 방어체계를 피하기도 한다. 그러나 인체에 독성을 나타내는 LPS로 작용하여 그람 음성균의 감염에 따르는 식중독 증상을 일으킨다. 외막의 가장 중요한 기능은 방어벽으로서의 작용이다. 외막은 담즙이나 항체 등 세균을 죽이거나 해를 입히는 다른 독성물질의 투과를 막거나 세포막에 비해 포도당이나 다른 단당류와 같은 작은 분자는 자유롭게 외막을 통과할 수 있다. 외막은 또한 주변세포질에 있는 단백질 등의 구성성분이 유실되는 것을 막아준다.

4) 세포 외부

세균에는 세포벽 바깥으로도 여러 가지 구조가 있어 세포를 보호하거나 다른 표면에 부착할 수 있으며 또한 움직일 수 있다. 협막(capsule)은 세포벽 외부에 세균이 분비하는 비교적 잘 조직화되어 있고 쉽게 떨어져 나가지 않는다. 점액층(slime layer)은 이보다 더 퍼져 있고 특정한 구조를 이루지 않으며 쉽게 제거된다. 협막과 점액층은 세균이나 다른 세포의 표면에서 외부로 퍼져 있는 다당류의 망상구조이다. 협막은 특수한 협막 염색법을 이용하면 광학 현미경으로 쉽게 관찰할 수 있다. 세균의 성장과 번식에 협막이 필요한 것은 아니지만 세균의 활동에는 여러가지 이점이 있다. 예를 들면 폐렴균(Streptococcus pneumoria)은 협막이 없으면 병을 일으키지 않으나 협막이 있는 균주는 급성으로 질병을 일으킨다. 협막에는 물분자가 많이 함유되어 세균이 건조해지지 않도록 보호하고 박테리오파지의 감염이나 계면활성제와 같은 소수성 독성물질의 침투를 막는다. 협막과 점액층은 표면이나 조직에 부착 또는 이동하는 것을 도와준다. 활주세균(gliding bacteria)의 경우에는 점액질을 분비하여 이동한다.

세균은 표면에 규칙적인 배열을 한 S층(S layer)이 있는데 바닥에 까는 타일과 같은 문양을 나타내며 단백질이나 당단백질로 구성된다. 그람 음성균에서는 S층이 외막에 직접 부착되어 있으며 그람 양성균에서는 펩티도글리칸 표면과 연결되어 있다. S층은 세균을 이온과 pH의 변동, 삼투압, 효소 또는 식균세균으로 부터 보호한다. 또한 일부 세균에서는 세포의 모양과 외피의 견고성을 유지하는데 도움을 준다.

그람 음성균 가운데에는 편모보다 얇고 운동성과 관계없는 짧고, 가는 실과 같은 외부기관을 지니는 것이 많다. 이러한 것은 대부분 핌브리아(fimbria)라고 한다. 핌브리아는 단백질로 나선형의 배열을 이루며 가느다란 관을 형성하고 지름은 약 3-10nm정도이며 길이는 수㎛에 달한다. 세균 중에는 물속의 바위나 숙주의 조직 같은 고체표면에 부착할 때 핌브리아를 이용하는 것도 있다. 필리(pili)도 이와 유사한 외부기관이다. 이는 대개 세포하나에 1-10개 정도 있으며 직경이 보통 9-10nm정도 핌브리아보다 크다. 필리는 대개 접합 플라스미드에 이를 합성하는 유전정보가 들어있으며 세균의 접합과정에 필요하다.

대부분의 세균은 편모(flagella)를 이용해 이동한다. 편모는 세포막과 세포벽에서부터 바깥으로 뻗어 나온 실과 같은 운동부속기관으로 가늘고 빳빳한 구조를 하고 있으며 지름은 20nm, 길이는 15-20㎛이다. 편모는 아주 가늘어서 두껍게 보여주는 특수한 염색기법을 이용해야만 관찰할 수 있다. 세균은 종에 따라 편모가 부착된 양상이 다르다. 단성편모 세균은 하나의 편모를 가지며 한 쪽 끝에 부착되어 있으면 극성편모, 양쪽 끝에 편모가 하나씩 달려 있는 양극성편모, 한 쪽이나 양쪽 끝에 여러개의 편모가 달려있는 군모성편모, 여러 개의 편모가 전체 표면에 균일하게 퍼져 있는 경우를 주모성편모라 부른다. 편모가 부착된 상태는 세균을 동정할 때 유용하게 사용된다. 편모는 아주 효율적인 이동수단이다. 세균은 나선형같이 생긴 편모를 이용해서 끈적거리는 점액이나 진흙과 같이 점성이 높은 매질을 헤치고 이동한다. 세균은 1초에 거의 20-90㎛의 속도로 움직일 수 있다. 이것은 초당 자기 세포길이의 2-100배까지 이동하는 것이다.

원핵미생물은 앞에서 자세히 설명한 것처럼 막구조로 이루어진 세포소기관이 존재하지 않으므로 구조와 기능적인 면에서 단순하지만 생화학적 특징은 진핵미생물과 유사하다(표 2-1).

〈표 2-1〉 원핵미생물의 구조와 특징

구 조	특 징
세포막(cell membrane)	영양물질과 노폐물의 투과 및 수송
세포질(cytoplasmic matrix)	유기물이나 무기물로 이루어진 과립체
세포벽(cell wall)	세포의 형태부여, 저장액에서 용균현상 억제, 세포의 기계적 보호
리보좀(ribosome)	단백질 합성
핵양체(nucleoid)	세포유전
메소좀(mesosome)	에너지 생산
편모(flagella)	세포운동
필리(pili)	세포표면에 부착, 세균의 접합
협막(capsule), 점액층(lime layer)	식균작용 억제, 표면부착

2 진핵세포의 구조와 기능

진핵세포는 세균과 달리 대부분 세포벽이 없지만 세포막에 콜레스테롤과 같은 스테롤 성분이 있어 막을 견고하게 만든다. 조류나 진균류에는 단단한 세포벽을 지닌 진핵미생물도 있다. 무엇보다 원핵세포와 큰 차이점은 막으로 둘러싸인 핵이 있으며 세포질 내에는 막 구조를 이용하여 세포소기관(organelle)을 형성하고 있다. 세포소기관은 여러 가지 기능을 지니는 세포내 막구조가 발달하면서 진핵세포를 보다 복잡하게 형성하였다. 세포소기관의 막구조는 진핵세포의 세포질을 공간적으로 나누어 대사활동, 물질수송 등의 생화학적 또는 생리적 기능을 적절하게 수행하도록 내막체계가 발달하였다. 그래서 세포소기관을 핵, 세포골격체, 소포체, 골지체, 미토콘드리아, 엽록체 등으로 나누어 각각 구조와 기능에 대하여 설명하고자 한다(그림2-3).

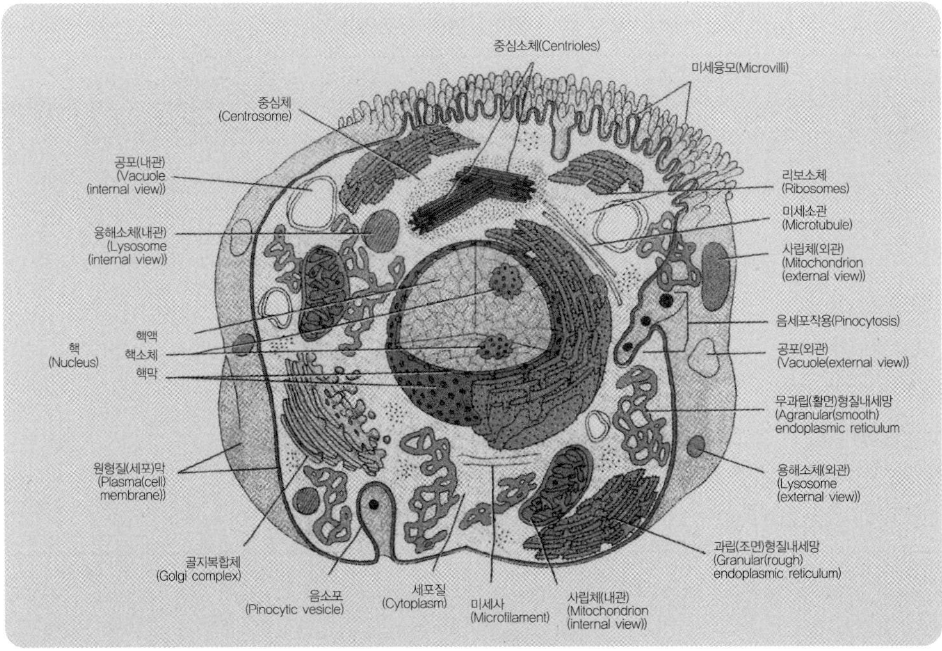

〈그림 2-3〉 진핵미생물의 구조

1) 핵

핵(nucleus)은 세포의 유전물질을 저장하며 세포 분열과 성장에 필요한 단백질 구조를 결정하는 중앙통제기관이다. 핵의 구조는 막으로 둘러싸인 구형 소기관으로 지름은 대략 5~7㎛정도이다. 핵막(nuclear envelope)은 세포질과 경계를 이루는 이중막으로 내막과 외막으로 이루어져 있고 핵공(nuclear pore)이 많이 뚫려 있으며 핵과 주변에 있는 세포질 사이의 물질교환을 담당한다. 세포를 염색하면 핵 안에 볼 수 있는 염색질(chromatin)은 섬유상 물질로 유사분열이 시작되면 응축되어서 염색체(chromosome)로 변화한다. 주성분은 DNA와 히스톤(histon)이라는 단백질로 구성되어 있다. 핵 안에는 눈에 가장 잘 띄는 인(nucleolus)은 막으로 둘러싸여 있지 않지만 내부는 단백질과 리보좀 RNA로 구성되어 있다. 인은 리보좀 합성에 주된 역할을 한다.

2) 세포골격체

세포질에는 세포의 형태나 운동성에 관여하는 조직적인 세포골격(cytoskeleton)체가 존재한다. 세포골격체는 미세섬유, 중간섬유, 미세소관로 형성된 아주 복잡하게 서로 얽혀서 망상조직이다. 미세섬유(microfilament)와 중간섬유(intermediate filament)는 각각 지름이 4~7nm와 8~10nm정도의 미세한 단백질 섬유로 세포질 내에 퍼져 망상구조나 평행구조를 이루고 있다. 또한, 미세소관(microtubule)은 지름이 약 25nm 정도의 원통형 소기관이고, 구형 단백질인 튜불린(tubulin)은 나선형 배열로 이루어진 복잡한 원통형 구조이다. 미세섬유와 함께 미세소관은 세포를 움직이거나 형태를 변화시키고 세포내 물질이동을 담당한다. 세포의 운동에는 색소과립의 운동, 아메바 운동, 그리고 점균류에 나타나는 원형질 움직임 등이 있다. 특히, 원생동물의 허족과 같은 구조에 미세소관이 많이 존재한다. 또한 방추사, 섬모, 편모와 같은 세포 또는 세포 소기관의 운동에 관여하는 부분에 주로 존재한다. 예를 들면 유사분열시의 방추사는 미세소관으로 이루어져 있다.

3) 소포체

세포질에는 세포골격체 외에도 대략 지름이 40~70nm의 작은 관이 납작한 주머니 형태의 시스터나(cisternae) 구조로 확장하며 지속적으로 나눠진 그물조직으로 소포체(endoplasmic reticulm, ER)가 있다. 소포체의 특징은 세포의 기능과 생리적 상태에 따라 단백질을 많이 합성하는 세포에서는 소포체 바깥쪽에 리보좀이 많이 부착된 조면 소포체(rough endoplasmic reticulm, ERE)가 있고, 지방질을 다량 합성하는 세포에는 리보좀이 부착되지 않은 활면소포체(smooth ER)가 대부분을 차지한다. 소포체는 여러 가지 중요한 기능으로 단백질, 지질 등 여러 종류의 물질을 합성하여 세포 전체에 구석구석 운반한다. 지질은 소포체에 연관된 효소에서 합성되고 단백질은 조면소포체에 부착된 리보좀에서 합성되어 조면소포체의 막을 통과하여 소포체 내강으로 들어가 다른 곳으로 운반한다.

리보좀은 세포질에도 존재하며 침강계수 80S로 세균에 있는 70S 리보좀보다 더 크지만 소포체에 붙어 조면소포체를 형성할 때 침강계수 60S 단위로 결합한다. 세포질 리보좀과 조면소포체 리보좀은 모두 단백질을 합성한다. 앞에서 언급했듯이 조면소포체에서 만들어지는 단백질은 소포체의 내강으로 들어가 수송되어 세포밖으로 분비되거나 막 단백질로 조면소포체 막에 삽입된다. 세포질에 있는 리보좀에서는 세포질에 존재하는 단백질을 합성한다. 세포질에서 합성되는 단백질 가운데 일부는 핵, 미토콘드리아, 엽록체 따위의 세포소기관 안으로 들어간다. 소포체는 또한 세포막 합성이 일어나는 주된 장소이기도 하다.

소포체는 분비 단백질과 막을 형성하여 골지체에 제공한다. 골지체는 세포막과 융합하는 분비소낭을 만들어 물질을 세포 밖으로 분비한다. 골지체에서는 또한 리소좀을 형성하여 이것이 엔도좀과 융합하고 식세포작용이나 음세포 작용을 통해 흡수한 물질을 분해한다. 세포막과 골지체 사이에서 막의 이동은 양방향으로 일어난다. 빈 소낭은 보통 재활용되며 파괴되지 않고 골지체와 막의 일부가 된다. 이렇게 막이 파괴되지 않은 채 교환됨으로써 소낭내의 물질이 직접 세포질에 노출되는 일은 일어나지 않는다(그림 2-4).

① 소모체와 골지체 사이에서 막구조의 상호이동

② 골지체와 세포막 사이에서 막구조의 상호이동

③ 골지체와 리소좀 사이에서 막구조의 상호이동

④ 세포내 흡입과정에서 막구조의 상호이동

⑤ 엔도좀, 리소좀 및 골지체에서 막구조의 형성

⑥ 엔도좀에서 리소좀으로 막구조의 이동

⑦ 리소좀의 자기소화

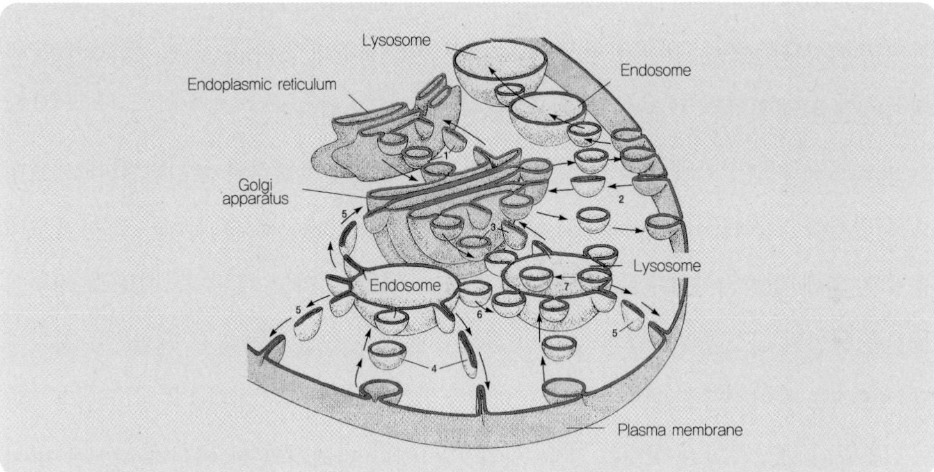

〈그림 2-4〉 진핵세포 내 소포체와 골지체에서 이와 연관된 막구조들의 상호 이동 과정

4) 골지체

골지체(Golgi apparatus)는 납작한 주머니 모양의 시스터나(cisternae)가 서로 포개진 형태로 리보좀이 결합되어 있지 않다. 지름이 15~20nm정도인 주머니가 보통 4~8개정도로 각각 20~30nm정도씩 떨어져서 포개져 있고 양쪽 끝에는 소관과 소낭이 복잡하게 얽혀 있다. 골지체의 기능은 소포체에서 생성된 물질을 포장하여 소낭을 이용해서 세포표면으로 이동하여 분비한다. 따라서 골지체는 소포체의 구조와 기능적 면에서 매우 깊은 관련이 있다.

골지체와 소포체의 중요한 기능은 또 다른 세포기관인 리소좀(lysosome)을 합성하는 것이다. 리소좀은 원생동물, 조류의 일부, 진균류 등의 다양한 미생물뿐만 아니라 동식물세포에 널리 존재한다. 리소좀은 둥근 공형태로 단일막으로 둘러싸여 있고 평균지름은 500nm정도이다. 리소좀은 세포내 소화를 담당하며 모든 종류의 생체고분자를 소화하는데 필요한 효소를 포함하고 있다. 소화효소는 조면소포체에서 생성되며 골지체에서 막으로 둘러싸여 소낭으로 포장되어 리소좀이 형성되거나 활면소포체의 한 부분에서 리소좀이 떨어져 형성된다. 리소좀은 세포내 흡입(endocytosis)과정을 통해 영양분을 섭취하는 세포에서 특히 중요한 역할을 수행한다.

세포는 세포막이 함입되어 형성된 막주머니로 용질이나 입자를 둘러싼 다음 세포내로 운반한다. 식세포작용(phagocytosis)과 음세포작용(pinocytosis)은 둘 모두 세포내 흡입에 의해 형성되었으므로 보통 엔도좀(endosome)이라고 부른다. 엔도좀 내부의 물질은 융합된 리소좀의 도움을 받아 소화되고 분해된 영양소는 다시 리소좀을 빠져나와 세포질로 들어간다.

리소좀이 엔도좀과 융합하는 것은 영양분을 얻기 위해서 뿐만 아니라 자신을 방어하기도 한다. 식세포는 몸에 침입한 세균을 삼켜 리소좀의 효소를 이용해 세균을 제거한다. 이것이 척추동물의 백혈구에서 흔히 볼 수 있는 과정이다. 또한, 자신의 세포질의 일부를 선택적으로 소화하기 위해서 세포질의 일부를 함입하여 막으로 세포질을 둘러 싼 채로 떨어져 리소좀과 융합하여 형성한다. 이러한 자가소화(autophagy)는 정상적인 물질 변환이나 세포구성 성분의 재활용 과정에 관계하는 것으로 생각된다. 세포에 일정기간 동안 영양공급이 되지 않으면 선택적으로 자신의 일부를 소화하여 생명을 유지한다. 세포 사멸 이후 리소좀은 세포조각을 소화하여 제거하는 것을 돕기도 한다.

리소좀이 작용하는 과정에서 가장 놀라는 것은 막으로 소화효소를 둘러싸서 세포질로 내보내지 않은 채 소포체와 골지체 및 이와 연관된 막구조로 이루어진 세포소기관 내에서 물질을 세포안으로 들여보내거나 세포밖으로 내보내는 이 모든 과정을 수행한다는 것이다. 만일 소화효소가 세포질로 빠져나오는 것은 세포를 파괴하는 재앙이 될 것이다.

5) 미토콘드리아

모든 진핵세포에서 발견되는 미토콘드리아(mitochondria)는 세포의 '발전소'로 TCA회로의 활성과 전자전달과 산화적 인산화 과정에 의한 ATP합성이 미토콘드리아에서 일어난다. 미토콘드리아는 대개 폭이 0.3~1.0㎛, 길이가 5~10㎛인 원통형 구조이다.

미토콘드리아는 이중막으로 둘러싸여 있으며 평활한 외막과 내부의 기질(matrix)로 주름이 많이 잡힌 내막 사이에는 6~8nm정도의 공간이 있다. 전자전달 및 산화적 인산화 과정에 관여하는 효소나 전자수용체는 미토콘드리아의 내막에만 존재한다. TCA회로와 지방산의 β-산화과정(β-oxidation)을 수행하는 효소는 미토콘드리아의 기질에 위치한다.

6) 엽록체

엽록체(chloroplast)는 조류나 고등 식물에 있는 세포소기관으로 보통 엽록소나 카로티노이드와 같은 색소를 지니고 영양분을 합성하거나 저장하는 장소를 말한다. 엽록체는 크기가 2~4㎛ X 5~10㎛정도의 타원형으로 미토콘드리아와 같이 두 층의 막으로 둘러싸여 있다. 엽록체는 빛에너지를 이용해 이산화탄소와 물을 탄수화물과 산소로 전환하는 광합성 기능을 수행한다. 엽록체에서 일어나는 광합성 반응은 미토콘드리아에서 일어나는 전자전달과 TCA회로반응과 마찬가지로 각기 다른 구획에서 분리되어 진행된다.

진핵미생물은 앞에서 자세히 설명한 것처럼 막구조로 이루어진 세포소기관이 발달하여 복잡한 구조와 기능적인 면을 나타내지만 생화학적 특징은 놀랄 만큼 원핵미생물과 매우 비슷하다(표 2-2).

〈표 2-2〉 진핵미생물의 구조와 특징

구 조	특 징
핵(nucleus)	유전물질 저장, 세포기능통제
세포골격체(sytoskeleton)	미세섬유, 중간섬유, 미세소간 등으로 세포의 형태와 운동성
소포체(endoplasmic reticulum)	물질수송, 단백질 및 지질 합성
리보좀(ribosome)	단백질 합성
리소좀(lysosome)	세포내 소화
골지체(golgi body)	물질의 분비와 포장, 리소좀 형성
미토콘드리아(mitochondia)	TCA회로, 전자전달, 산화적 인산화과정 등을 통한 에너지 생산
엽록체(chloroplast)	엽록소나 카로티노이드와 같은 색소를 지니고 광합성 반응

Chapter

03

미생물의 분류

1 미생물의 분류학상 위치

미생물이란 인간의 육안으로는 관찰이 불가능한 다양한 형태와 성상을 갖는 매우 작은 생물체를 지칭하는 명칭으로 전통적인 종래의 분류방법에서는 미생물 중 원생동물(protozoa)을 제외한 그 외의 다른 모든 미생물은 식물계에 속하는 것으로 분류하였다. 식물이란 탄산가스를 탄소원으로 빛 에너지를 이용하여 광합성을 하는 생물로서 자신에게 필요한 여러 가지 유기물을 독자적으로 합성하는 독립영양주(autotroph)이며, 동물은 생물의 세포 성분으로 이미 만들어진 유기물을 분해하여 에너지를 얻고 탄소원으로도 같은 유기물을 사용하는 종속영양주(heterotroph)에 해당한다.

식물계에서 미생물은 뿌리, 줄기, 잎 등이 분화되지 않은 엽상식물에 속하는 것으로 취급하였다(표 3-1). 이는 다시 엽록소가 있는 조류와 없는 균류, 지의류로 나뉘어 진다. 그런데 우리 주변에서 흔히 볼 수 있는 버섯은 외형적 특징은 식물과 비슷하나 영양형태는 동물과 같이 종속영양주에 속하며 특히 세균의 경우 빛 에너지를 이용하는 일부 독립영양주를 제외하고는 대다수가 유기물에서 에너지와 세포물질의 재료를 얻

〈표 3-1〉 전통적인 분류법에 의한 미생물의 분류학상 위치

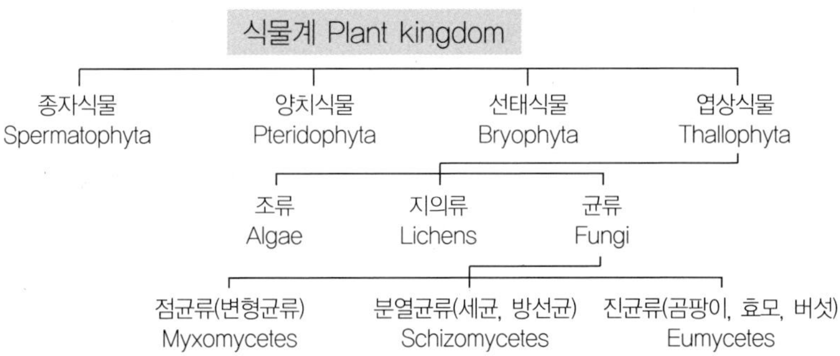

는 종속영양주에 해당한다. 따라서 전통적인 분류기준으로는 영양형태가 동물과 같이 종속영양주인 미생물을 식물계로 포함시키는 것에 대하여 어려움이 따르게 되었다. 그리하여 1866년 E. Haeckel은 생물을 그 조직분화정도에 따라 분류하여 동물계와 식물계 외에 새로이 원생생물(protist)계를 추가하자는 주장을 제기하였다.

이후 새로운 미생물이 다수 발견되고 미생물에 대한 연구가 진행되어 동식물계에 원생생물계, 즉, 미생물계를 새로이 추가하여 3대군으로 생물을 분류하게 되었다(표 3-2). 미생물이란 언급한 바와 같이 크기가 작은 생물을 가리키나, 반드시 작지 않아도 조직의 분화가 미미하면 이에 포함된다. 미생물 가운데 조류, 곰팡이류, 원생동물류는 고등식물이나 동물과 같은 진핵세포(眞核細胞; eucaryote) 생물이며, 세균류는 원핵세포(原核細胞; procaryote) 생물에 해당한다.

〈표 3-2〉 생물계에 있어서 미생물의 분류학상 위치

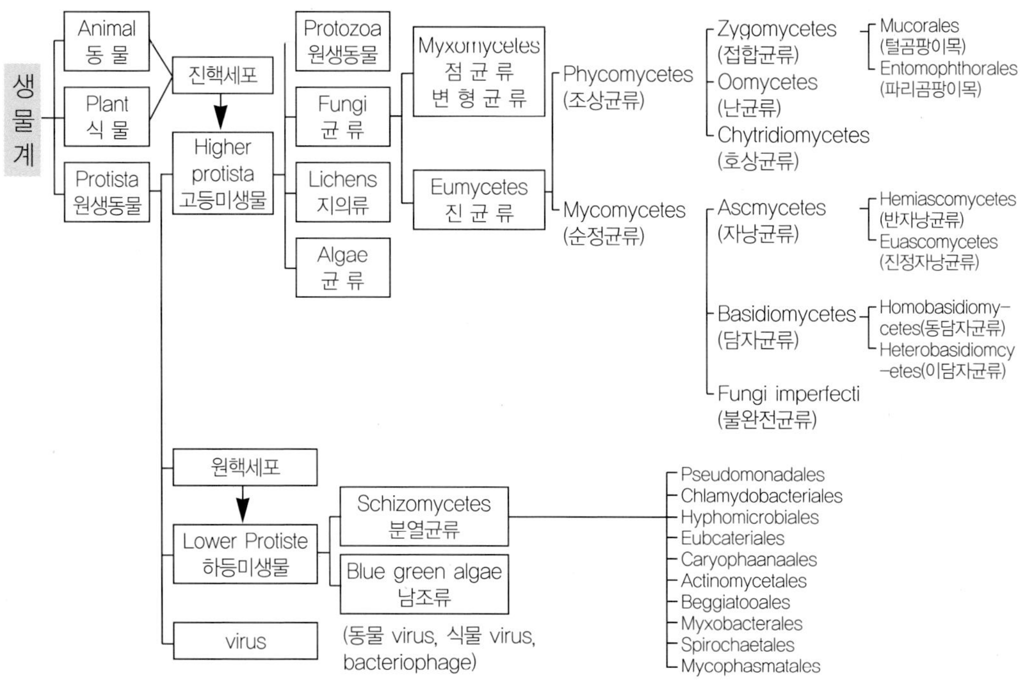

2 미생물의 명명법

동물이나 식물과 마찬가지로 미생물의 학명은 속(屬; genus)명과 종(種; species)명을 조합한 이명법(binomial system of nomenclature)을 사용하고 끝에는 명명자의 이름과 발표연도를 같이 표기하게 되어 있으나 생략하는 경우도 많다. 이러한 이름은 국제명명규약(International codes of nomenclatuer)에 따라서 지어진 것으로, 효모와 곰팡이 등은 국제식물명명규약(International Rule of Botanical Nomenclature)에 따라, 세균과 방선균은 국제세균명명규약(International Bacteriological Code of Nomenclature)에 따라 명명한다. 학명은 라틴어로 되어 있으며, 속명은 대문자로 시작하고 종명은 소문자로 표기한다. 보통 속명은 그 속에 속하는 미생물들의 공통적인 특징을 나타내고 종명은 그 균의 성상, 기원 등을 나타내는 특성에서 유래된 것이 많다. 예를 들면 Penicillium은 빗자루나 붓 모양을 의미하고, Aspergillus는 외생포자의 모양이 천주교 의식에서 성수를 뿌리는 살수기(aspergere)와 비슷하다 하여 지어진 이름으로 A. oryzae란 벼(쌀)에서 유래한 살수기를 닮은 균이라는 의미이다. 그리고 학명을 표기할 때는 글자체를 이탤릭체로 하거나 학명 밑에 밑줄을 그어 표시한다. 미생물을 분리하여 균을 동정한 결과 속은 판명되었으나 종을 결정하기 어려운 경우에는 속명 다음에 species의 약자인 sp.을 붙여서 표기한다. 또한 미생물의 종류에 따라 학명을 붙일 때 속명과 종명에 더하여 Lactobacillus casei subsp. casei와 같이 아종명(subsp. 또는 ssp.)까지 표시하거나 Lactococcus lactis subsp. lactis var. diacetylactis와 같이 변종명까지 표시하기도 한다.

3 미생물의 분류법

분류(classification)란 생물의 무리를 어떤 공통점을 찾아 묶어서 보다 큰 단위로 만드는 것이며, 동정(identification)이란 새롭게 분리한 균주가 어떤 분류체계에 속하는지를 밝히는 것을 말한다. 미생물을 분류하는 방법에는 자연적 분류(natural classification)과 인위적 분류(artificial classification)의 두 가지 방법이 있다. 자연적 분류는 미생물의 형태나 생식방법 등과 같은 본질적인 성질을 고려하여 계통적으로 분류하는 방법이고, 인위적 분류는 인위적으로 분류의 기준을 설정하여 그 기준에 따라 분류하는 방법이다.

1) 자연적 분류법

미생물의 형태나 생식방법 등과 같은 본질적인 성질이 오래 진화 과정에서 시간의 경과와 더불어 자연적으로 어떻게 진화되어 왔는가를 조사하여 그 유연관계를 알아내는 방법으로 곰팡이의 분류는 주로 이러한 자연분류법에 따라 분류하고 있다.

2) 인위적 분류법

유연관계나 계통을 고려하지 않고 인위적으로 식별하기 쉬운 생리학적, 형태학적 특징을 분류의 기준으로 설정하여 분류하는 방법이다. 생리학적인 특징을 분류의 기준으로 하여 붙여진 토양미생물이나 낙농미생물, 해양미생물 그리고 대사산물에 따라 젖산균, 메탄균, 질소고정균 등과 같은 명칭으로 분류되어 지나 이들 균들 간에는 일부 공통적인 성질이 있기는 하나 기타의 성질과 비교해 볼 때 단일한 그룹은 아니다.

3) 분자생물학적 분류법

미생물의 균주가 지니고 있는 DNA의 염기서열이나 DNA의 평균염기조성을 비교하여 분류하는 방법이다.

4) 생화학적 분류법

세균과 같이 자연분류를 행하기 어려운 미생물을 분류하기 위해서 세포벽의 화학조성의 차이, 각종 분해효소와 같은 효소 단백질의 존재유무 등과 같은 생화학적 성질의 차이를 이용하여 분류하는 방법이다.

5) 수치적 분류법

여러 가지 성질에 대하여 통계적으로 각 균주 간의 유사성(similarity value)을 찾아 전체의 유사성이 가장 높은 것을 순차적으로 모아서 분류하는 방법을 말한다. 이 방법은 통계상 적어도 수십 또는 수백 가지의 성질, 즉, 형태, 배양성상, 생리, 생화학적 성상 등이 필요하다.

Chapter

04

세균

세 균

지구상의 모든 생물체는 크게 진정세균(eubacteria), 고세균(archaea), 진핵생물(eukaryotes)의 세 부문에 속한다. *Escherichia coli*(대장균, *E. coli*), *Staphylococcus aureus*(포도상구균)와 같이 우리에게 친숙한 세균은 진정세균으로 분류된다. 지구상의 생물체는 때로는 원핵생물과 진핵생물로 나뉘기도 하며, 이 분류는 생물체가 핵과 기타 세포기관을 가지고 있는가에 근거하고 있다. 세균은 원핵생물로 분류되는 하등미생물로 폭이 1㎛ 내외의 구형 또는 막대기 모양의 단세포 생물이며, 세포분열에 의해 무성생식을 하는 것이 특징이다. 세균은 진핵세포에 비해 작고 구조가 간단하지만 특징적인 형태와 크기를 지닌다.

1 세균의 형태와 구조

1) 세균의 형태

세균은 일반적으로 세 가지의 형태를 나타낸다. 구형이나 타원형 모양의 세균을 구균, 원통형이나 막대기 모양은 간균(bacilli), 나선모양인 것은 나선균(spirillum)이라 한다. 세균의 크기는 0.1~0.2㎛ 정도의 아주 작은 것부터 10×40㎛나 되는 큰 것도 있다. 하지만 일반적으로 구균은 직경이 대략 0.5~1㎛ 정도이며, 간균은 0.5~1×1~3㎛의 크기를 갖고 있다.

(1) 구균(coccus)

구형이나 타원형 모양의 구균(coccus, 복수는 cocci)은 하나씩 따로 떨어져 있기도 하고 특정한 배열을 이루기도 한다. 세포분열 후 세포가 떨어져서 존재하는 단구균(monococcus)외에 분열세포가 분리하지 않고 특유의 연결상태를 보이는 것도 있다. 그림 4-1과 같이 구균이 쌍으로 존재하는 쌍구균(diplococcus, 예: Micrococcus속), 구균 넷 또는 여덟이 모여 있는 사련구균(tetracoccus), 팔련구균(octacoccus 또는 sarcina,

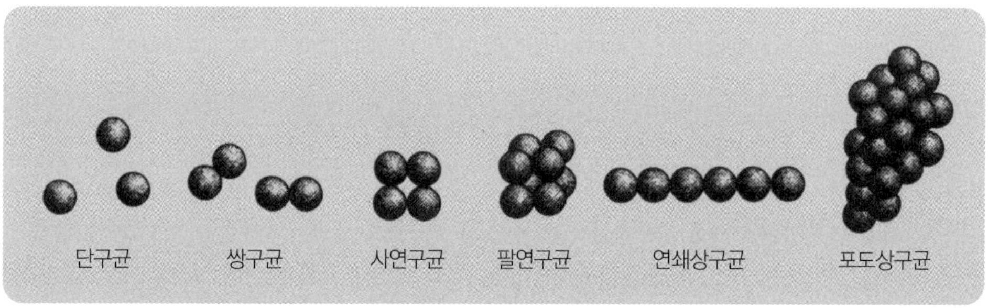

〈그림 4-1〉 구균의 형태

예: Sarcina속) 등의 형태가 있다. 계속해서 한쪽 방향으로 사슬처럼 연결되어 있는 구균을 연쇄상구균(streptococcus)이라 하며 Streptococcus, Enterococcus, Lactococcus속의 세균이 이러한 형태를 이룬다. 구균들이 모여서 덩어리 모양을 이루는 것이 있는데, 이를 포도상구균(staphylococcus, 예: Staphylococcus속)이라 부른다.

(2) 간균(bacillus)

원통형 또는 막대기 모양의 간균은 종류에 따라서 다양한 길이와 폭을 갖고 있다. 단간균(short rod)은 길이가 짧고 그 모습이 구균에 가까워 구형간균(coccobacilli, 예: Brevibacterium속)이라고도 한다. 장간균(long rod, 예: Lactobacillus bulgaricus)은 간균의 길이가 폭의 2배 이상으로 긴 막대기 모양을 하고 있다. 간균은 대부분 하나씩 따로 떨어져 존재하는 것이 대부분이지만 때로는 연쇄상으로 배열되어 긴 사슬 모양을 이루기도 하는데 이것을 연쇄상간균(streptobacillus, 예: diphteria)이라 한다. 그 외에 Corynebacterium속의 균들은 세포가 V, Y, L자 모양으로 연결되어 있으며, 이러한 형태의 균을 Coryne형 간균이라 부른다.

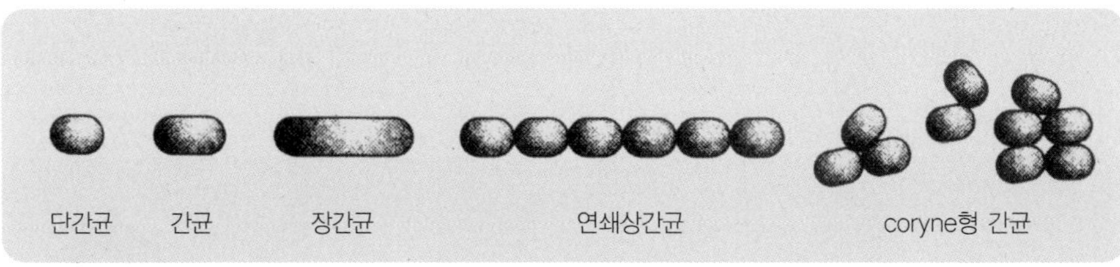

〈그림 4-2〉 간균의 형태

(3) 나선균(spillium)

긴 막대모양의 세균 가운데에는 나선형인 것도 많이 존재하는데, 나선균은 개개의 세포가 따로 존재하며 배열하는 경우는 거의 없다. 보통 나선형의 균이 견고한 형태이면 스피로헤타(spirochete)라고 하며, 유연하면 나선균(spirilla)이라 부른다. 또한 비브리오(Vibrio)균처럼 나선의 정도가 불완전하고 휘어져서 문장부호 중의 콤마(comma)와 같은 형태를 한 것도 있다.

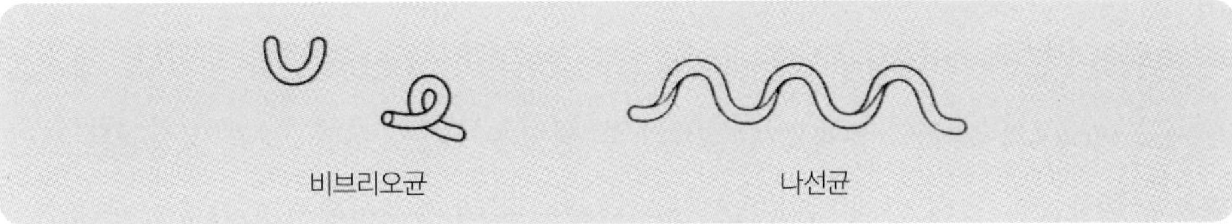

〈그림 4-3〉 나선균의 형태

2 세균의 구조와 기능

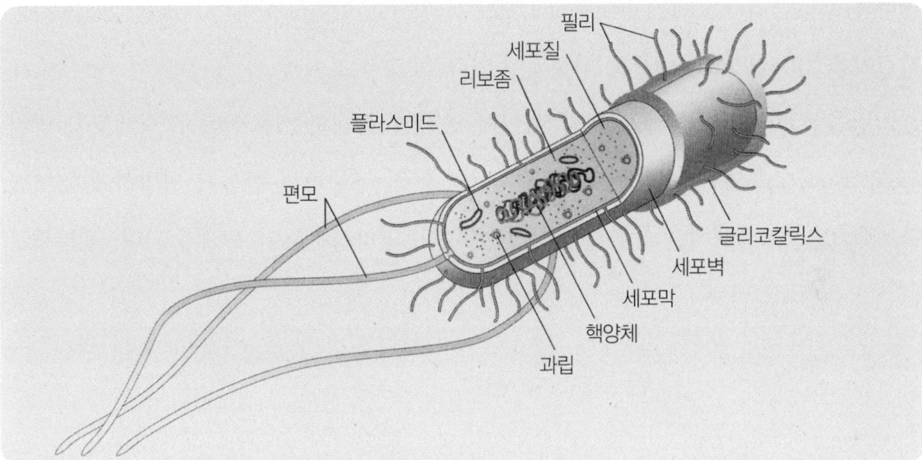

〈그림 4-4〉 세균세포의 구조

1) 세균의 표면구조

(1) 세포벽(cell wall)

세포벽은 세포막을 둘러싸고 있는 단단한 층으로 세포의 모양을 유지하는 동시에 삼투압으로부터 세포가 파열되지 않도록 보호해주는 역할을 한다. 거의 모든 세균들은 펩티도글리칸(peptidoglycan)으로 구성된 세포벽으로 둘러싸여 있다. 펩티도글리칸은 세포벽을 단단하게 하는 역할을 하며, 진핵생물체에는 존재하지 않는다.

세균은 그람 염색과정에 반응하는 양상에 따라 그람양성균(Gram positive bacteria)과 그람음성균(Gram negative bacteria)으로 분류하는 것이 일반화 되었다. 세균을 crystal violet과 요오드 용액으로 염색한 후 알코올처리를 하면, 그람 양성균은 보라색으로 염색되는 것에 반해 그람 음성균은 탈색이 되어 염색성에서 차이를 나타낸다.

그람양성균의 세포벽은 20~28㎚ 두께의 펩티도글리칸 단일 층으로 이루어져있으며 teichoic acid나 glycerol phosphate의 복합체를 함유하고 있다.

반면 그람음성균의 세포벽은 2~7㎚ 정도의 얇은 펩티도글리칸층과 그 바깥쪽을 둘러싸고 있는 외막(outer membrane)으로 구성되어 있다. 외막은 세포질막과 유사한 지질이중층(bipid bilayer)으로 구성되어 있다.

그람음성균은 세포벽과 세포막 사이에 공간이 존재하는데 이를 주변세포질 공간(periplasmic space)이라 부른다. 이곳에서는 여러 생물학적 반응이 활발하게 일어난다. 예를 들면, 세포막을 통과하기 너무 큰 유기 영양성분들이 분해가 되며, 펩티도글

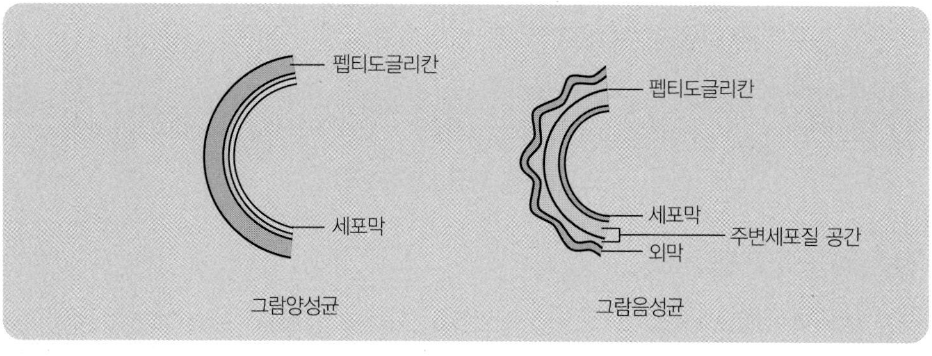

〈그림 4-5〉 그람양성균과 그람음성균의 세포벽

리칸의 합성이 일어나고, 세포막의 구성성분들이 이 공간을 통하여 지질막의 정확한 위치로 이동된다.

(2) 협막(slime layer, capsule)

여러 세균들의 세포벽은 협막 또는 점액층(slime layer)이라고 하는 점액물질에 의해 둘러싸여 있다. 점액물질이 세포에 단단히 붙어있으면 캡슐(capsule)이라 부르고, 끈적거리며 유동적이면 점액층(slime layer)이라 부른다. 그리코칼릭스(glycocalyx)는 협막과 점액층을 모두 포함하는 용어로, 다당류의 망상구조를 이루고 있다. 글리코칼릭스에는 물분자가 많이 함유되어 세균이 건조해지지 않도록 보호하고, 박테리오파지의 감염이나 계면활성제와 같은 소수성 독성물질의 침투를 막는다. 협막은 세균이 고체의 표면 또는 동식물의 체내 조직에 부착하여 바이오필름(biofilm)이란 매우 견고한 균층을 형성하는데 중요한 역할을 하고 있다. 많은 종류의 병원성 세균은 글리코칼릭스를 갖고 있다.

(3) 편모(flagella)

운동성을 가진 세균들은 편모에 의해 이동한다. 편모는 세포막과 세포벽으로부터 바깥으로 뻗어 나온 가느다란 실 모양으로 두께는 20㎚, 길이는 15~20㎛이다. 일반적으로 구균은 편모가 거의 없어 운동성이 없으며 간균과 나선균은 편모가 있는 것과 없는 것이 공존한다.

세균은 종에 따라 편모가 부착된 양상이 다르기 때문에 편모의 유무, 수, 위치는 세균을 분류하는데 중요한 요인이 된다. 편모가 세포의 한쪽 또는 양쪽 끝에 부착되어 있는 것을 극성편모(polar flagella)라 하며 단극모(monotrichous flagella), 양극모(amphitrichous flagella), 속극모(lophotrichous flagella)로 나뉜다. 단극모는 한쪽 끝에 하나의 편모가 부착되어 있는 것이고, 양극모는 양쪽 끝에 편모가 하나씩 달려있는 경우를 말한다. 편모다발이 한 쪽 끝에 달린 경우도 있는데 이를 속극모라고 부른다. 어떤 세균은 전체표면을 따라 균일하게 퍼져있는 편모를 가지고 있으며 이를 주모성편모(petrichous flagella)라 한다.

세균의 운동성은 편모의 회전 방향에 의해 결정된다. 단극모성 세균은 편모가 반시계방향으로 회전하면서 전진하며, 시계방향으로 회전하면서 정지하거나 운동방향을 전환한다. 주모성 세균도 비슷하게 여러 개의 편모를 한 묶음으로 만들어 반시계 방향

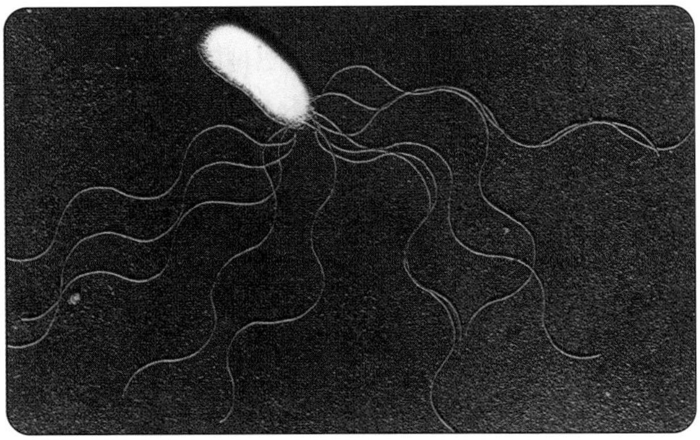

〈그림 4-6〉 세균 편모의 전자현미경 사진

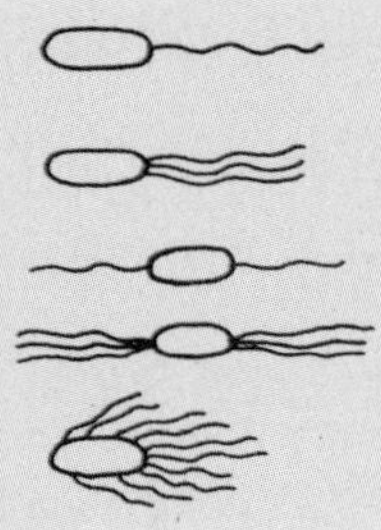

극 모(polar flagella)

1. 단극모(monotrichous flagellum)
2. 속극모(lophotrichous flagella)
3. 양극모(amphitrichous flagella)

주 모(peritrichous flagella)

〈그림 4-7〉 편모의 종류

으로 회전하면서 앞으로 이동하며 편모를 시계방향으로 회전하면 이 묶음이 흩어져서 세포의 방향이 바뀐다.

(4) 선모(fimbria)

그람음성균에서 주로 발견되는 선모(fimbria)는 운동성과는 관계없고, 세균을 숙주 세포의 조직이나 물체의 표면에 부착시키는 역할을 한다. 일반적인 선모는 짧고 가는 실 모양의 구조로 나선형의 코일처럼 감겨진 단백질로 구성되어 있으며, 두께가 약 3~10㎚ 정도이고 길이는 약 1㎛에 달한다. 세균이 감염할 때 선모를 이용하여 숙주 세포의 표면에 단단하게 부착한다.

성선모(sex pili)는 세균의 접합(conjugation)과정에서 중요한 역할을 한다.

(5) 세포막(cell membrane)

세포막(원형질막)은 세포질을 둘러싸고 있는 얇은 막으로 지질과 단백질로 구성되어 있으며, 세포 내외로 물질의 출입을 선택적으로 제한하는 역할을 한다. 세포막은 유동적이며 단백질들이 모자이크처럼 붙어있기 때문에 유동모자이크(fluid mosaic)라고도 부른다.

세포막을 이루는 지질은 물과 상호작용하는 친수성(hydrophilic) 말단과 물에 녹지 않아 서로 응집하려는 경향을 가진 소수성(hydrophobic) 말단의 특성을 갖고 있어 구조적으로 이중층을 이루고 있다. 저분자 소수성 물질이나 가스 등을 제외하고, 대부분의 성분들은 세포막 이중층을 자유롭게 통과할 수 없기 때문에 물질의 수송을 도와주는 수송기능이 있어야 한다. 수송기능은 영양분의 섭취, 노폐물의 배설, 단백질분비 등에 꼭 필요하다. 지질 이중층 사이에 끼어있는 많은 단백질들이 물질의 능동수송(active transport)에 관여하는 수송단백질(permease)의 기능을 수행하고 있다. 세균의 세포막은 수송단백질이외에 산소호흡에 관여하는 효소단백질을 갖고 있어 진핵세포의 미토콘드리아(mitochondria)의 기능도 수행하고 있다. 세균의 세포막은 대부분 진핵세포의 세포막보다 단백질 함량이 높은데, 이는 산소호흡의 기능까지 감당해야 하기 때문인 것으로 보인다.

2) 세균의 내부구조

세균의 세포질(원형질)은 세포막과 핵양체 사이의 물질로 약 70%는 물로 채워져 있으며, 진핵세포와 달리 지질이중층의 단위막으로 둘러싸인 소기관이 없다.

(1) 리보솜(ribosome)

리보솜은 40%의 단백질과 60%의 RNA로 구성이 되어 있으며 이곳에서 단백질이 합성된다. 세균의 리보솜은 진핵세포의 리보솜(80S)보다 작은 70S로 50S와 30S의 소단위로 구성되어 있다.

(2) 유전물질(genetic material)

원핵세포와 진핵세포의 가장 커다란 차이점은 유전물질이 보관되는 형태로 진핵세포 염색체는 핵막으로 둘러싸인 핵 내에 존재하지만, 원핵세포인 세균에는 막 구조로 된 핵이 존재하지 않는다. 세균은 세포질 안에 DNA 사슬이 닫혀진 고리모양으로 존재하는 하나의 염색체를 갖고 있다. 염색체는 세포질 내에서 응축되어 존재하는데, 이 부위를 핵양체(nucleoid)라 부른다. 간단한 세균의 DNA 길이는 약 1㎜로 ㎛ 단위의 세균에 비하여 약 1000배 정도 길기 때문에 세포내에 응축되어 코일형태로 감겨져서 존재한다.

많은 세균들은 염색체와는 독립적으로 플라스미드(plasmid)라고 불리우는 작은 환형의 DNA를 갖고 있다. 원형질에 존재하고 있는 플라스미드는 생존에 필수적이지 않은 단백질 유전자들을 갖고 있다. 플라스미드는 염색체와는 무관하게 자가 복제되기 때문에 유전자 연구에 있어서 중요한 수단으로 사용되고 있다. 산업적으로 사용되는 플라스미드는 쉽게 분리할 수 있으며, 특정 부위를 자를 수 있고, 새로운 유전자를 삽입할 수 있다. 이렇게 재조합된 플라스미드를 새로운 세균에 다시 삽입할 수 있으며, 특정 유전자를 발현시켜 원하는 단백질을 생산할 수 있다.

(3) 세포함유물(과립)

광학현미경으로 보면 세포질 내에 유기물 또는 무기물로 이루어진 입자인 여러 종류의 세포함유물을 관찰할 수 있다. 세포함유물은 물질을 저장(탄수화물, 무기질, 에너지 등)하는데 이용되며, 또한 분자를 특정한 형태로 가두어 둠으로써 삼투압을 감소시키기도 한다.

〈표 4-1〉 세균세포 구조의 특징

구 조	기 능	주요 화학적 성분
세포벽	세포의 형태를 유지하고 삼투압으로부터 세포 파열의 방지	펩티도글리칸 인지질 또는 teichoic acid
협막 또는 점액층	건조로부터 보호, 파지감염 억제 독성물질의 침투방해 바이오필름(biofilm) 형성에 관여	다당류
편모	운동성	단백질
선모	조직 또는 물체의 표면에 부착 접합시 DNA이동 통로 역할	단백질
세포막	물질 투과 및 수송	단백질과 인지질
리보솜	단백질 합성	단백질과 RNA
염색체	유전정보의 저장	대부분 DNA
세포함유물	영양원의 저장 및 축적	탄수화물, 지질, 단백질, 또는 무기질

세균세포의 저장물질은 약 3가지 유형으로 구분된다. 유기중합체(organic polymer)는 탄소원 및 에너지원으로, 볼루틴 과립(volutin granule)은 인산의 저장원으로, 황의 유적(sulfur, droplet)은 황세균(sulfur bacteria)에서 에너지원으로 역할을 한다.

3 세균의 증식

세균은 무성생식(asexual reproduction)을 하며, 하나의 세포가 자라 2개로 나뉘어지는 이분법(binary fission)에 의해 증식한다. 이분법으로 분열하는 동안, 먼저 세균은 길이가 2배로 커지고, DNA를 복제하여 두 개의 염색체를 만든다. 세포의 말단에서 세포막과 세포벽이 새롭게 형성되며 염색체가 새로운 세포들로 분리된다. 마침내 세포막과 세포벽이 분리되면서 2개의 세포로 분열한다. 이분법에 의해 분열 번식하며 생장을 위한 대사 작용을 하는 일반적인 세포를 영양세포(vegetative cell)라 한다.

한 세포가 성장하여 자손을 생기게 하는 데까지 걸리는 시간을 세대시간(generation time)이라 하며 번식 속도를 나타내는 척도가 된다. 가장 일반적인 세균인 대장균(Escherichia coli)은 이상적인 조건에서 세대시간이 20분으로, 매 20분마다 이분법에 의해 한번씩 분열하여 자손을 형성한다.

영양분이 계속적으로 공급되고 적절할 환경조건으로 생장에 제한요인이 없다면 세균은 이분법에 의해 매세대마다 2배로 증가된다. 즉, n을 세대수라고 할 때, 세균의 수는 20 → 21 → 22 → 23 → 24 → 25 ⋯ 2n으로 증가한다. N0의 초기균수를 갖는 세균이 n번 분열한다면, 최종 세균 수(N)는 N = N0 × 2n이 된다. 즉, 세대시간이 20분인 대장균의 경우 100개의 세포가 1시간이 지나면 800개, 2시간이 지나면 6,400개, 3시간이 지나면 51,200개의 세포가 된다.

세균은 세포분열을 통한 무성생식에 의해 증식하기 때문에 생성된 모든 자손들은 그들끼리 그리고 부모와도 유전적으로 동일하다. 이처럼 유전적으로 동일한 생물체를 클론(clone)이라 한다.

4 내성포자

그람양성균 중에는 영양 등 환경조건이 바뀌면 내생포자(endospore)라는 특수한 휴면상태의 세포를 형성하는 것이 여러 종류 있다. 이와 같은 균을 내생포자형성균(endospore forming bacteria)이라고 부른다. 내생포자를 형성하는 세균의 대부분은 토양에서 주로 발견되는 그람양성의 간균으로, Bacillus와 Clostridium이 대표적인 포자형성균이다. 드물게 구균인 Sporosarcina속에서도 발견된다.

내생포자형성균들은 세포가 활발히 분열하는 동안에는 영양세포로 존재하나 대수말기에 영양물질이 감소하고 증식 환경조건이 나빠지면 외부에 대하여 저항력이 강하고 휴면상태로 장기간 생존할 수 있는 포자를 형성하게 된다. 포자는 대사활동이 극히 낮고 건조나 가열, 자외선, 방사선, 화학물질과 산에 대한 저항성이 강하여 장기간 생존할 수 있다.

1) 포자의 구조 및 종류

포자는 메틸렌블루(methylene blue)와 같은 특수한 염료를 이용해 염색한 경우에만 광학현미경에 의해 관찰된다. 포자는 포자외막(exosporium), 포자외피(spore coat), 피질(cortex), 중심벽(core wall), 포자중심(spore core) 등으로 구성되어 있다. 포자의 가장 바깥쪽은 얇고 섬세한 포자외막으로 둘러싸여 있고, 포자외막 안쪽은 여러개의 단백질층으로 된 두꺼운 포자외피가 있다. 포자외피의 아래에는 영양세포의 세포벽보다 느슨하게 연결된 펩티도글리칸으로 구성된 피질이 있다. 중심벽으로 불리는 층은 피질의 안쪽에 위치하며 포자중심을 둘러싸고 있다. 포자중심은 포자원형질체(spore protoplast)로 세포막, 세포질, 포자 DNA를 함유하고 있다.

포자는 형태에 따라 Bacillus형, Clostridium형, Plectridum형으로 나눌 수 있다. Bacillus형은 포자를 형성할 때 세포모양이 변하지 않는 것으로 Bacillus subtilis와 같은 균주가 이에 속한다. Clostridium형은 포자가 세포의 중앙에서 팽창하여 방추형으로 된 것으로 Clostridium butylicum과 같은 균에서 발견된다. Plectridium형은

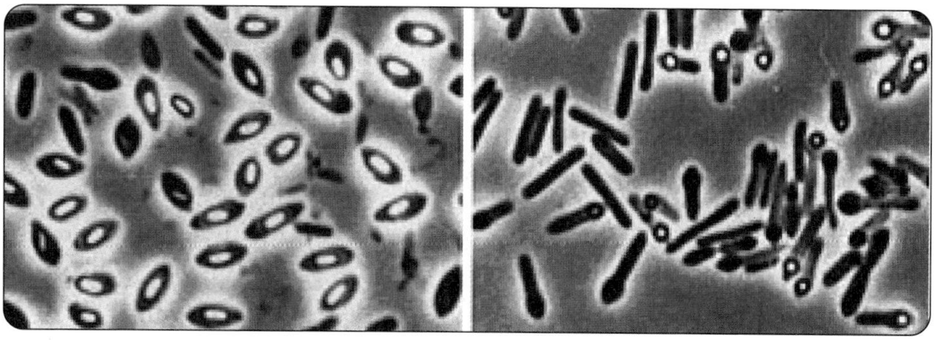

〈그림 4-8〉 내생포자의 전자현미경 사진

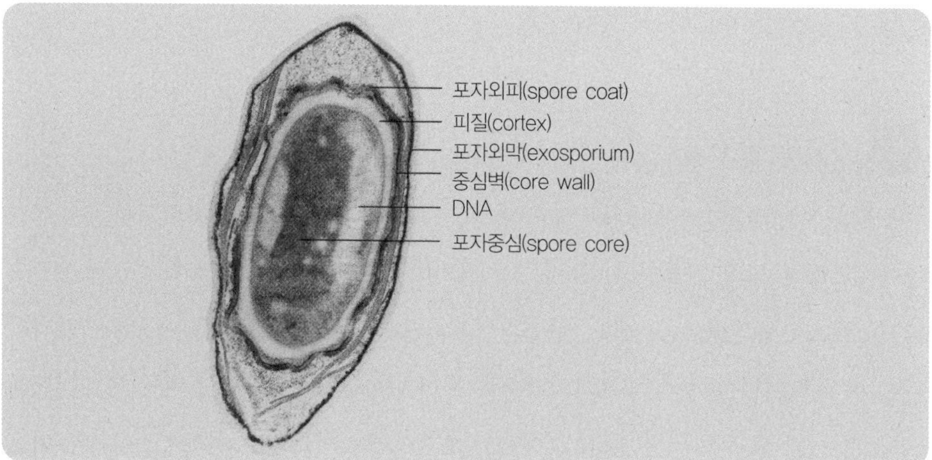

〈그림 4-9〉 포자의 구조

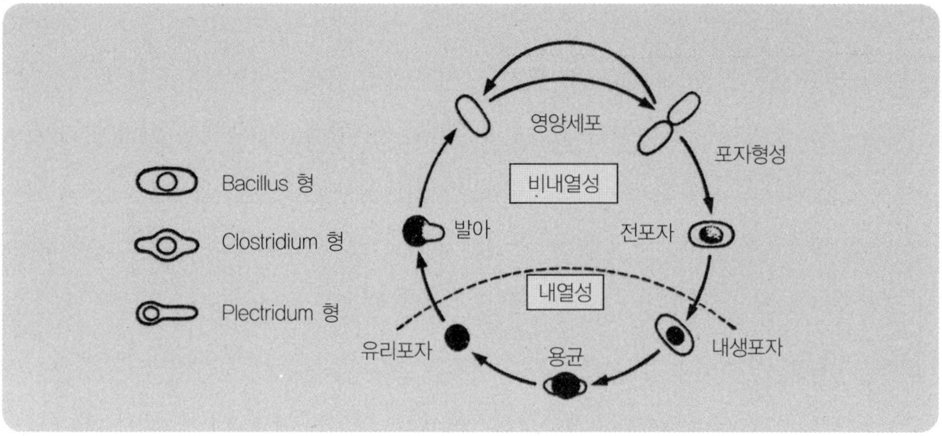

〈그림 4-10〉 내생포자의 형태와 포자형성균의 생활환

세포의 한쪽이 불룩해져 곤봉모양을 나타내는 것으로 Clostridium tetani와 같은 균주가 이에 속한다.

2) 포자의 저항성

내생포자가 열이나 그 밖의 환경적 스트레스에 강한 이유는 아직 정확히 알려지지 않았다. 디피콜린산(dipicolinic acid, DPA)은 영양세포에는 존재하지 않고 내생포자에만 있는 특이한 화학물질로 오랫동안 포자의 열저항성과 관련이 있다고 생각되어왔다. 포자의 중심은 디피콜린산과 칼슘의 함량이 풍부하여 칼슘-디피콜린산 복합체는 건조중량의 10~15%를 차지한다. 칼슘은 일반적으로 열 또는 산화물질에 대한 저항성을 부여한다.

내생포자의 중심은 부분적으로 탈수된 상태로 영양세포 수분함량의 약 10~30% 정도의 수분만을 함유하고 있다. 이러한 중심부위의 탈수는 포자의 내열성을 증가시키고 여러 화학물질에 대한 저항성도 부여해준다. 최근 분자량이 적고 산성용액에 용해되는 특수한 DNA 결합단백질인 SASP(small acid soluble protein)가 발견되었고, 이 단백질이 포자의 DNA와 치밀하게 결합하여 열, 방사선, 건조한 환경, 화학물질로부터 DNA를 보호하는 것으로 알려졌다.

포자는 한 시간 이상을 가열하더라도 생존할 수 있기 때문에 멸균을 하기 위해서는 반드시 고압멸균을 해야만 한다. 포자는 또한 영양성분이 충분한 조건으로 옮겨지면 발아하여 영양세포로 전환되고 분열, 증식을 하게 된다. 내생포자 형성균 중에는 위험한 병원균이 여러 종류 있기 때문에 산업적으로 포자를 멸균하기 위한 적합한 방법의 개발이 필요하다.

〈표 4-2〉 포자형성균의 영양세포와 내생포자의 특성 비교

특 성	영양세포	내생포자
구조	전형적인 그람양성 세포	두터운 포자피층 포자각, 포자외막
현미경적 외관	비굴절성	굴절성
칼슘 함량	적다	많다
디피콜린산	없다	있다
효소활성	높다	낮다
대사(O_2 흡수)	높다	없다
거대분자 합성	있다	없다
mRNA	있다	없다
내열성	작다	크다
방사선 내성	작다	크다
화학물질에 대한 내성	작다	크다
산에 대한 내성	작다	크다
염색성	일반적인 그람 염색법	특수염색
Lysozyme의 작용	민감하다	내성이 강하다
수분함량	높다(80~90%)	낮다(10~25%)
SASP	없다	많다
세포질 pH	pH 7 정도	pH 5.5~6.0

3) 포자의 발아

휴면상태의 내생포자는 영양조건이 충분한 상태가 되면 발아하여 영양세포로 전환된다. 이 과정은 1)활성화, 2)발아, 3)성장의 3단계에 걸쳐 일어난다. 활성화는 포자가 발아하는 것을 준비하는 과정으로 대체로 반치사적인 온도에서 수분동안 열처리 함으로써 이루어진다. 영양분이 충분하더라도 포자가 활성화되지 않으면 성공적으로 발아되지 못한다. 활성화된 포자를 특수영양분이 들어있는 배지에서 배양하면 발아과정이 진행된다. 발아는 포자의 휴면상태를 깨는 과정으로 빠르게 진행되며, 포자가 부풀어오르고, 포자의 굴절성이 없어지고, 물질대사의 활성이 증가되며, 열과 여러 화학물질에 대한 내성이 상실된다. 발아한 다음 마지막 단계인 성장이 일어난다. 성장과정동안 수분흡수가 이루어지고 포자의 원형질체에서 핵산과 단백질 합성이 일어나 세포가 크게 팽창되며, 결국 포자외피를 뚫고 나와 영양세포로 전환되고 분열, 증식을 계속하게 된다.

5 주요 세균

1) 그람음성 호기성 세균

(1) Campylobacter속

양모 혹은 단모로 운동하는 그람음성균으로 만곡형의 S자 또는 나선형을 나타낸다. 산소농도 3~15%의 미호기성 환경에서 성장하며 생육 최적온도는 42℃이다. C. fetus, C. jejuni, C. coli, C. sputorum의 4균종이 이 속에 포함된다. C. jejuni는 설사병과 위장염을 유발시키며, 집단 식중독을 일으키기는 원인균으로 빈번히 검출되고 있다. Campylobacter coli는 검출빈도는 높지 않으나 설사증 환자에서 검출되고 있다.

(2) Pseudomonas속

단모 혹은 속모로 운동하는 그람 음성의 호기성 간균으로 식품에서 다양한 종류의 탄수화물, 단백질, 지질을 이용한다. 어패류, 육류, 생유, 달걀, 채소 등 여러 가지 식품에 대한 부패세균이며 특히 저온에서 호기적으로 저장되는 식품의 부패에 가장 큰 작용을 한다. 이들은 몇 종을 제외하고는 대부분 비병원성이지만 다음과 같은 특성을 갖고 있어서 식품 변패의 원인균으로 중요시 되고 있다.

① 증식속도가 빠르고, 저온에서 잘 증식한다.

② 생육인자, 비타민류의 자기 합성능력이 있다.

③ 단순한 질소화합물을 이용할 수 있다.

④ 단백질 및 유지 분해력이 강하며 많은 암모니아를 생성한다.

⑤ 당, 유기산, 방향족 화합물을 강력히 산화한다.

⑥ 황록색의 형광색소 또는 황, 적, 갈색의 색소를 생성한다.

⑦ 여러 종류의 방부제에 대한 강한 저항성을 나타낸다.

P. fluorescence는 호냉성의 부패균으로 녹색 형광색소를 생산하며 살균하지 않은 생유(raw milk)에 발생하여 우유에 쓴맛을 준다. P. aeruginosa는 상처의 화농부에 번식하여 푸른색이나 청색색소를 형성하는 병원성균으로, 우유를 청변시키는 등 식품의 변패에도 관여한다.

(3) Xanthomonas속

Pseudomonas와 비슷한 특성을 지닌 식물의 병원균으로 과일과 채소의 부패균이다. Xanthomonas campestris는 식품 안정제로 사용되는 xanthan gum을 생산한다.

(4) 초산균(acetic acid bacteria)

초산균은 에탄올을 산화하여 초산을 생성하는 세균을 총칭한다. Acetobacter속과 Gluconobacter속의 두 속으로 분류된다. 이들은 그람 음성의 절대호기성 간균으로 비운동성인 것이 많으나 운동성을 가진 것도 있다. 비교적 내산성이 강하여 대부분의 균주는 pH 5.0 이하에서도 생육할 수 있다. 초산균은 에탄올을 함유하는 원료로부터 초산을 생성하는 식초생산균으로 중요하지만, 주정음료 공정에서는 에탄올을 감소시키는 유해균이 된다.

① Acetobacter속

초산생산력이 강하여 식초 양조에 이용된다. 쉽게 변이를 일으켜 40℃ 이상의 고온에서는 균총의 S → R(smooth → rough)변이 또는 균체색의 변이가 잘 일어난다.

② Gluconobacter속

초산을 생성하여 식초 양조에 이용되나 Acetobacter에 비하여 에탄올 산화력이 약하다. 포도당을 강하게 산화해서 글루콘산(gluconic acid)을 다량 생산하는 특성이 있다.

(5) Flavobacterium속

그람음성의 호기성균으로 구형에 가까운 간균 또는 긴 간균이며 운동성이 없다. 최적온도가 20～25℃가 되는 저온균이며 균주에 따라 4℃의 저온에서 증식하는 내저온성균(psychrotroph)도 있다. 부패활성은 강하지 않으나 황, 등, 적, 황갈색 등의 수용성 색소를 생산하여 육류표면을 착색시키며 어패류, 계란, 버터, 유유 등의 변패와 관련이 있다.

(6) Alcalcigens속

그람음성의 호기성균으로 간균 혹은 구형에 가까운 간균이며 운동성이 없다. 물, 토양, 분변에 주로 존재하며, 생육배지를 알칼리화하는 특징이 있다. 우유와 치즈를 점질화(ropiness)시키는 등 단백질이 풍부한 식품의 변패와 관련이 있는 부패균으로 알려져 있다.

(7) Brucella속

그람음성의 호기성균으로 구형에 가까운 간균이며 운동성이 없다. 병원성균으로 사람에게 파상열을 일으키고 돼지, 소, 양에서는 유산을 일으킨다. 소에 감염되는 B. abortus, 돼지에 감염되는 B. suis, 양에 감염되는 B. melitensis가 있다. 사람은 접촉이나 오염된 유유 및 육류를 생식함으로써 감염된다.

(8) Halobacterium속

그람음성의 호기성 간균으로 극모를 갖고 있어 운동성이 있다. 염(NaCl) 농도가 높은 곳에서 잘 증식하며, 생육 최적 식염농도는 28~32%이다. 낮은 식염농도에서는 세포가 붕괴되기 때문에, 생육을 위하여 최저 12%의 식염이 요구된다. 적색 carotenoid 색소를 생성해서 염장 생선과 고식염 식품 등을 적색으로 변색시킨다.

2) 그람음성 통성혐기성 세균

(1) 장내세균과(Enterobacteriaceae)

장내세균은 동물과 사람의 장관 내에 서식하는 균으로 포도당을 발효시켜 산과 CO_2 가스를 생성한다. 종종 토양이나 식물로부터 분리되기도 한다. 장내세균과에 속하는 균주는 Escherichia, Enterobacter, Salmonella, Shigella, Citrobacter,

Klebsiella, Erwinia, Serratia, Proteus속 등으로 식품의 부패균 또는 병원성균이다.

① Escherichia속

• 대장균군(coliform bacteria)

대장균군은 세균 분류상의 학명은 아니며, 유당(lactose)을 분해하여 산(acid)과 gas를 형성하는 그람음성의 호기성 또는 통성혐기성의 무포자 간균을 총칭한다. Escherichia속, Enterobacter속, Klebsiella속, Citrobacter속 등이 이에 속한다. 이들은 온혈동물의 장관에 상재하며, 분변 1g 당 108~1011 정도의 균이 존재한다. 대장균군의 검사법은 간단하고 국제적으로 통일되어 있기 때문에 물이나 식품의 위생지표 세균으로 활용되고 있다. 대장균군은 대변과 함께 항상 배출되어 일부를 제외하고 대부분 비병원성이지만 이들이 식품이나 물에서 검출되면 같은 장내 세균과에 속하면서 병원성을 갖는 Salmonella나 Shigella와 같은 균의 존재 가능성이 있다고 추측된다. 그러나 이러한 특성을 가진 세균은 자연계에도 널리 존재하므로 대장균군이 검출되었다고 반드시 분변에 오염되었다는 것을 의미하지는 않는다.

• 대장균(Escherichia coli, E. coli)

그람음성의 무포자 간균으로 세포크기가 0.5~1×2~6㎛인 장내세균이다. 발육최적 온도는 37℃로 대부분의 균은 주모로 운동을 한다. 일반적으로 lactose를 분해하여 산과 가스를 생성하는 통성혐기성균이다. 생화학, 유전학을 비롯하여 미생물학의 연구재료로 널리 사용되고 있으며, 식품위생에서는 음식물, 하수, 분변의 오염지표로 삼는다. 물, 식품, 토양 등에 널리 있으며 일상식품에서도 흔히 검출되는 부패세균의 하나이다. 일반적인 대장에 상재하는 대장균은 비병원성이며 비타민을 합성하는 등 오히려 유익한 작용을 한다. 사람과 동물의 장관에 침입하여 심한 설사를 일으키는 병원성 대장균은 일반대장균과 생화학적 성상은 비슷하나 항원성의 차이가 있다. 병원성 대장균 중에서도 변종인 E. coli O157 : H7은 장관출혈성 대장균으로 강력한 식중독을 야기하기 때문에 경계의 대상이 되고 있다.

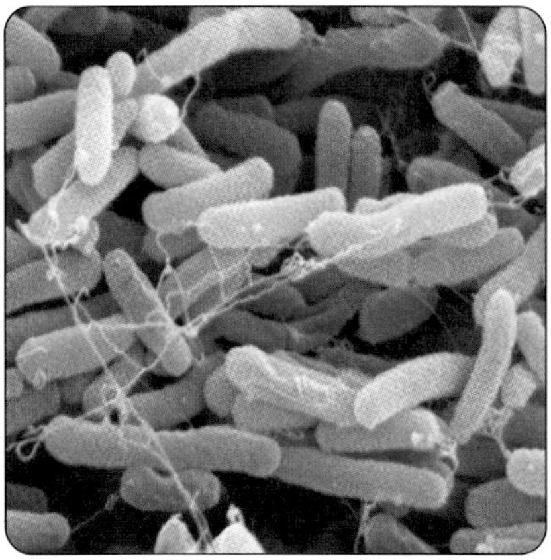

〈그림 4-11〉 대장균의 전자현미경 사진

② Enterobacter속

그람음성의 간균으로 주모로 운동을 한다. 장관내의 것은 병원성이 없으나 뇨, 담, 화농, 호흡기계통에서 기회병원균으로 분리된다. 대표적인 균종은 E. aerogenes로 사람의 장내에는 적으나 식품에는 오히려 많아 생선, 어패류, 두부, 샐러드, 생과자 등에서 E. coli보다 많이 검출된다.

③ Salmonella속

그람음성의 간균으로 대장균과 매우 유사하여 DNA의 염기서열도 45~50%가 같다. 대부분 주모를 갖고 있어 운동성을 나타내며 발육 최적온도는 37℃이다. Salmonella는 혈청학적 성상에 따라 세분되며 약 2,000여종으로 알려져 있다. 이 속의 균들은 포유동물, 조류, 파충류 등에 분포되어 있고, 하수와 하천수 등 자연환경에도 널리 분포되어 있다. 포도당 등 단당류를 이용하고 산과 가스를 생산하며 유당은 이용하지 못한다. 장티푸스를 일으키는 S. typhi와 같은 법정 전염성 균이 있으며, S. typhimurium, S. enteritidis, S. newport와 같은 식중독 세균 등이 있다. 이 균의 독은 끓는 열에 약하나 집단급식, 불충분한 저장과 열처리, 국제적 식품거래와 위생환경의 향상으로 인한 감염저항성의 약화로 이 균에 의한 식중독의 문제가 증대되고 있다. 증세는 구토, 복통, 두통, 오한, 설사, 불안, 발열, 근육위축 등이고 치사율은 평균 4%이나 S. choleraesuis는 21%이다.

④ Shigella속

그람음성의 간균으로 비운동성이고 호기성 내지 통성혐기성이다. 주로 사람의 장내에 분포된다. 세균성이질(bacillary dysentery)은 Shigella속의 균주에 의해 발병되는 설사병으로 대변-구강의 경로(fecal-oral route)로 감염되며 주로 음식, 손가락, 대변에 의해 전파된다. S. dysenteriae, S. sonnei, S. flexneri 등은 세균성 이질의 원인균으로 알려져 있다.

⑤ Erwinia속

그람음성의 간균으로 주모에 의해 운동을 한다. 식물병원성균으로 펙틴(pectin) 분해효소를 분비하여 채소, 과일 및 그 가공품에서 변패를 일으킨다. E. atroseptica는 감자에서 흑균병을 일으키는 원인균이며, E. carotovora는 protopectinase 활성이 강하여 청과시장에서 변패를 일으키는 주요 원인균으로 알려져 있다. 한편 E. dissolvens는 coffee beans에 이용되고 있다.

⑥ Proteus속

그람음성균으로 주모에 의해 운동을 한다. 변형균으로 배양조건에 따라 섬유상, 구형, 기타 이상형등 여러 가지 형태를 나타낸다. 장내뿐만 아니라 기타 자연계에서도 널리 분포한다. 단백분해력이 강하여 육류, 해산물, 달걀 등에서 급속히 증식하여 휘발성 염기질소(H_2S)를 생성한다.

⑦ Serratia속

그람음성의 간균으로 주모에 의해 운동을 하며 특유한 적색색소를 생성한다. 토양, 하수 및 수산물에 널리 분포된다. 대표적인 균주인 S. marcescens는 단백분해력이 강하여 육류, 생선, 생선묵, 수산연제품 등의 표면에 적변을 일으키며 심한 부패취를 발생시킨다. 중온성균이나 4~6℃의 냉장온도에서 생장하는 것도 있다.

⑧ Yersinia속

그람음성의 단간균으로 주모성 편모로 운동을 한다. 최적 생육온도는 27~30℃이나 0~5℃의 냉장온도에서도 생육이 가능한 균주도 있다. Y. enterocolitica는 설사증을 일으키는 식중독 원인균으로 냉장온도에서 생육이 가능하며, 오염된 물, 너구리, 사슴, 낙타, 개, 고양이, 새 등 가축 및 야생동물과 돼지고기, 양고기, 소고기, 생우유, 해산물 등 넓고 다양한 식품에 서식한다. 이 균은 60℃, 1~3분으로 사멸시킬 수 있으나 열에 강한 형의 독은 100℃, 20분 열에도 파괴되지 않는다. 식중독은 일반적 증세로 설사, 구토, 두통, 복통, 발열 등이 있다.

(2) 비브리오과(Vibrionaceae)

그람음성이며 간균 혹은 나선균으로 극편모를 갖고 운동을 한다. 대부분은 수생미생물로 담수, 해수, 어패류 등에 널리 분포한다. 산화효소(oxidase) 양성으로 모두 포도당을 유일한 또는 주요 탄소원과 에너지원으로 이용한다.

① Vibrio속

짧은 극모로 운동을 하며 작은 콤마 모양의 나선균이다. 균의 증식에는 NaCl이 필요한 호염성균과 필요없는 비호염성 균이 있다. 장염비브리오 식중독의 원인균인 V. parahaemolyticus는 2~4%의 식염을 함유한 해수에서 잘 생육하는 호염성 균으로 우리나라와 일본에서 하절기 어패류에 의해 발생하는 식중독의 대부분을 차지한다. 생육온도는 5℃에서 44℃이나 최적온도는 30~35℃이다. V. cholera는 비호염성 균으로 담수에서도 성장할 수 있으며, 경구감염에 의해 일어나는 위장장애와 급성 수양성 설사, 구토를 일으키는 전염병의 원인균으로 알려져 있고 이 독은 사람을 포함하여 쥐, 개의 적혈구를 용해시킨다. 열에 강한 형과 약한 형이 있다. 호염성 균인 V. fisheri는 생물발광(bioluminescence)을 하는 균으로 발광 효소인 루시페라제(luciferase)라는 효소의 활성 때문에 청록색 빛을 낼 수 있다.

② Photobacterium속

구형에 가까운 간균 또는 긴 간균으로 대부분 운동성이 없으나 극모를 가지고 운동을 하는 것도 있다. 해양세균으로 3~5% 식염을 가지는 배지에서 가장 잘 성장한다. 내저온성균으로 냉장온도에서도 번식하여 육류, 생선의 부패에 관여하기도 한다. P. phosphoreum은 발광 효소인 루시페라제(luciferase) 효소의 활성을 갖고 있어 생선이나 육류에서 청록색 빛을 내는 인광 발생균으로 알려져 있다.

③ Aeromonas속

간균으로 극모에 의해 운동을 하며 균의 발육 최적온도는 0~45℃로 넓다. 식염 0~4%의 농도에서 성장하여 고여 있는 물, 흐르는 담수, 담수와 해수가 유입되는 지역 등에 널리 분포되어 있다. A. hydrophila와 A. sobria는 독소형 식중독 균으로 야채, 하수에 오염된 식품이나 음용수 등에서 검출되며, 콜레라와 유사한 독소인 asaotoxin을 생산하여 수양성 설사를 유발시킨다.

④ Campylobacter속

C. jejuni는 미호기성균으로 생장하려면 3-6% 산소, 10% CO2가 필요하며 3.5% NaCl에도 생육한다. 이 균은 온혈동물과 관련되어 있고 그 중에서 가금류에 많다. 육류, 간고기, 우유, 분변과 물 등에서 볼 수 있다. 증세는 복통, 설사, 불안, 두통, 발열, 혈변 등이나 이 균 살균처리로 파괴되고 날생선의 교차오염이 문제이다.

3) 그람양성 구균

(1) Micrococcaceae과

그람 양성의 무포자 구균으로 단구균, 사연구균, 팔연구균 또는 불규칙한 덩어리로 존재한다. 대부분 편모를 갖고 있지 않아 운동성이 없다. 많은 종들이 노란색, 황색, 분홍색, 붉은색, 백색 등의 비수용성 색소를 생산한다.

① Micrococcus속

그람양성의 구균으로 호기성이고 catalase 양성이다. 토양, 물, 포유류의 피부, 토양, 먼지, 물 등에 널리 분포하고 있으며, 특히 피부가 가장 보편적인 서식처다. 또한 각종 식품에서 많이 분리되지만 부패활성은 대체로 강하지 못하다. M. flavas와 M.

roseus는 식품표면에 생육하여 각각 황색과 분홍색의 색소를 생성한다. M.varians는 내열성 균주로 우유의 저온살균에서도 생존한다. M. morrhae와 M. halodenitrificans는 내염성이 강하여 절임고기, 염장생선 등 고농도의 식염에서도 검출된다.

② Staphylococcus속

그람양성의 구균으로 호기성 또는 통성혐기성이다. 주로 한쌍이나 네쌍 또는 포도상의 덩어리 모양으로 존재하며, 운동성은 없다. S. aureus(황색포도상구균)는 coagulase(혈액응고효소) 양성으로, 건강한 사람의 비강, 인후, 피부 등을 비롯하여 주위환경에 널리 분포되어 있다. 사람이나 동물에서 화농성 질환, 패혈증을 일으키며, 열에 매우 강한 장독소(enterotoxin)를 형성하는 대표적인 독소형 식중독의 원인균으로 알려져 있으며 일반적인 식중독증세를 갖고 있고 치사율은 매우 낮다. 염농도 7-10% NaCl에서 생육할 수 있고 미생물억제물질에 저항성이 강하여 철저한 위생환경이 필요하다. S. epidermidis는 coagulase 음성으로, 병원성은 없고 동물의 유방, 유두, 피부를 비롯하여 생우유, 치즈 또는 양조물에서 많이 분리된다.

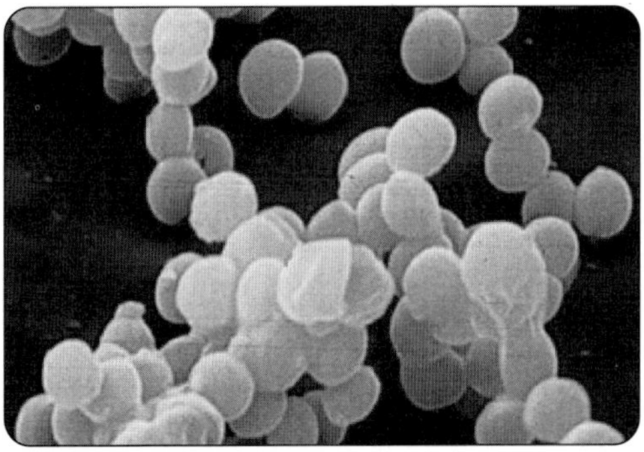

〈그림 4-12〉 황색포도상구균의 전자현미경 사진

4) 젖산균(lactic acid bacteria)

당을 발효하여 젖산을 생성한는 세균을 젖산균이라고 한다. 간균 또는 구균으로 미호기성이며 대부분 catalase음성으로 산소를 이용하지 못하고 산소분압이 낮은 곳에서 잘 증식한다. Cytochrome이 결여되어 있어 호흡보다는 당 발효로 인한 기질수준의 인산화에 의해 에너지를 얻는다. 영양적요구성이 높아 비타민 B군과 아미노산, 퓨린과 피리미딘을 배지에 반드시 공급해야만 자라는데 이들의 생합성 능력이 부족하기 때문이다. 주요 젖산균으로 구균인 Streptococcus, Leuconostoc, Pediococcus, Lactococcus 등이 있으며, 간균으로 Lactobacillus가 있다.

젖산균이 당을 발효하여 젖산을 생성하는 형식에는 homo형(정상발효형)과 hetero형(이상발효형)이 있다. EMF경로 과정을 이용하는 homo형 발효균은 당을 발효하여 젖산만을 생산하고, 오탄당인산회로(Pentose Phodphate Pathway)과정을 이용하는 hetero형 발효균은 당을 발효하여 젖산 이외에 초산, 에탄올, CO2 등을 생산한다. Streptococcus, Pediococcus, Lactococcus속은 homo형 발효균이고, Leuconostoc은 hetero형 발효균이다. Lactobacillus는 균종에 따라 homo형과 hetero형이 있다.

젖산균은 발효된 야채(피클, 김치, sauerkraut), 요구르트, 치즈, 양조식품 등의 제조에 이용 되며, 식품에서 젖산을 생성하여 부패균이나 병원균과 같은 유해세균을 억제하여 제조공정을 안전하게 하고 식품의 보존성을 높이는 역할을 한다. 올리고당은 유산균음료에 첨가되기도 하는데, 체내효소에 의해 분해되지 않고 선택적으로 유산균의 생육을 촉진시켜주는 역할을 한다. 젖산균의 생리작용으로 혈중콜레스테롤 저하, 비타민 합성, 항암작용, 변비개선작용, 면역증진작용, 장내유해세균 억제 및 정장작용 등의 유용한 효과가 있다고 추정된다. 반면, 젖산균은 유제품과 육제품에서 잘 생육하는 균종이 많아 우유와 버터를 산패시키고 육류, 소시지, 햄 등에서 잘 증식하여 표면에 점질물질을 생성하고 이취의 원인이 되기도 한다.

(1) Streptococcus속

Homo형 젖산발효를 하는 연쇄상 구균으로 당을 분해하여 젖산을 생성한다. 구형 또는 타원형으로 연쇄상으로 존재하며 운동성이 없다.

① Streptococcus thermophilus: 생육최적온도가 40~45℃의 내열성균이다. Lactobacillus bulgaricus와 함께 요구르트의 제조시 starter로 이용되며, formic acid와 pyruvic acid를 생성하여 L. bulgaricus의 증식과 산 생성을 촉진시켜준다. 구연산을 분해하여 우유 발효시 향기성분인 diacetyl을 생성한다. 스위스 치즈의 제조에도 이용된다.

② Streptococcus lactis: 버터, 치즈의 숙성용으로 사용된다.

③ Streptococcus faecalis: 사람이나 동물의 장관에서 잘 생육하는 균으로 분변오염의 지표로 이용되고 있다.

④ Streptococcus pyrogenes: 정상적인 서식지는 사람과 다른 동물의 구강 및 호흡기로 식품에 존재하는 경우는 드물다. 화농성 병원균으로 사람에게 후두염, 급성사구체신염, 류마티스열을 일으킨다.

(2) Leuconostoc속

Hetero형 젖산발효균으로 당을 분해하여 젖산 외에 초산, 에탄올, 탄산가스 등을 생성한다. 쌍구균 또는 연쇄상 구균으로 운동성이 없다. 사람과 동물 대장의 점막 등에 상재균으로 존재한다. 야채, 과일 등 식물에 많이 분포되어 있고 우유에서도 발견된다. 생육의 최적온도는 약 20~22℃로 비교적 저온이다.

① Leuconostoc dextranicum: 우유 중의 구연산을 발효하여 방향성분인 diacetyl을 만들며 유산구균의 생육을 촉진하므로 butter cheese의 starter로 이용된다. 설탕에서 dextran을 합성하므로 산업적으로 dextran의 생산에 중요한 균이다.

② Leuconostoc mesenteroides: 내염성으로 김치의 발효초기에 증식하여 산을 생성하고 김치를 혐기적 상태로 만들어 다른 세균의 생육을 억제한다. 설탕에서 점질물질인 dextran을 다량 생산하여 제당공장의 파이프를 막히게 하는 유해균으로도 알려져 있으나 의학산업용으로 이용되기도 한다.

(3) Pediococcus속

단구균, 쌍구균, 4연구균의 상태로 존재하는 homo형 정상발효균이다. 내염성을 갖고 있어 5~10%의 식염에서도 잘 증식한다. P. halophilus는 간장발효에 중요한 젖산균으로 20% 이상의 식염에서도 생육할 수 있다. P. cerevisiae는 맥주양조에서 dicetyl을 생성하는 유해균으로 알려져 있다.

(4) Lactococcus속

쌍구균 또는 긴 연쇄상 구균으로 존재하는 homo형 정상발효균이다. L. lactis subsp. lactis의 일부 균주은 그람양성 뿐 아니라 일부 그람음성균에 대하여 강한 항균력을 지닌 nisin(bacteriocin의 일종)을 생산한다. L. cremoris는 치즈 및 일부 요구르트의 제조시 starter로 Leuconostoc속 젖산균과 함께 이용되고 있다.

(5) Lactobacillus속

연쇄상으로 연결된 길고 가는 장간균으로 구형에 가까운 간균도 있다. 미호기성으로 catalase 음성이며 대부분 운동성이 없다. 다른 젖산균에 비해 산에 대한 내성이 강하며 pH 4~5 부근에서도 잘 생육한다. 대부분 homo형 정상발효균이나 일부 hetero형 발효균도 존재한다. Lactobacillus속은 낙농산업에서 매우 중요한 균으로 발효된 야채(김치, 피클, sauerkraut), 요구르트, 치즈, 발효버터, 음료(맥주, 와인, 주스), 소시지 등의 음식을 만드는데 사용된다.

① Lactobacillus bulgaricus: Homo형 발효균으로 당류를 발효하여 3~4%의 젖산을 생성한다. 단백 분해력이 높아 요구르트의 제조시 starter로 첨가되어 casein을 분해하여 함께 첨가된 Streptococcus thermophilus가 쉽게 이용할 수 있는 peptide를 제공한다. 점질물질을 생산하는 균주는 요구르트에 조직감을 부여해준다.

② Lactobacillus acidophilus: Homo형 발효균으로 내산성이 강하다. 유산균 제제와 발효유의 일종인 acidophilus milk 제조에 이용된다. 사람의 장내에 정착하여 정장작용을 한다고 알려져 있다.

③ Lactobacillus casei: Homo형 발효균으로 casein 분해 능력이 있어 치즈의 숙성에 관여한다.

④ Lactobacillus delbrueckii: Homo형 발효균으로 발효야채, 곡류 등으로부터 분리된다. 젖산 생성능력이 강하여 전분당화액이나 당밀로부터 젖산의 제조에 이용된다.

⑤ Lactobacillus plantarum: Homo형 발효균으로 내산성이 강하여 김치 발효 후기에도 왕성하게 존재하므로 P. cerevisiae와 더불어 김치의 산패에 관여한다.

⑥ Lactobacillus sake: Homo형 발효균으로 일본 청주의 양조에 관여하여 주모로 첨가되며, 젖산을 생성하여 잡균의 생육을 방지시키는 역할을 한다.

⑦ Lactobacillus homohiochii: Homo형 발효균으로 알콜 농도 15%의 청주에서도 잘 생육하여 단백질을 침전시키고 향미를 저하시키는 균으로 화락균(hiochii)이다.

⑧ Lactobacillus brevis: Hetero형 발효균으로 피클, 김치, saurkraut 등 야채발효식품, 치즈, 우유 등에서 많이 검출된다.

5) 내생포자 형성균

내생포자를 형성하는 세균의 대부분은 주로 토양에서 발견되는 그람양성의 간균으로, Bacillus와 Clostridium이 대표적인 포자형성균이다. 드물게 구균인 Sporosarcina속에서도 발견된다. 세포가 활발히 분열할 때는 내생포자가 형성되지 않지만 영양성분이 고갈되는 등 증식조건이 나빠지면 내열성이 매우 강하고 불리한 환경에 대하여 저항성이 있는 내생포자를 형성한다. 포자는 물, 토양, 공기 중에도 부유하고 자연계에 널리 존재하여 식품에 혼입될 기회가 많다.

(1) Bacillus속

포자를 형성하는 그람양성의 간균으로 호기성 또는 통성혐기성이다. 토양, 공기 등 자연계에 널리 분포되어 있으며 운동성이 있는 것과 없는 것이 있다. 포자는 80~100℃에서 수~수십 분 가열해도 사멸되지 않고, 가열처리한 식품에서 살아남아 식중독을 일으키는 균도 있다. 많은 균주들이 단백질, 전분, 지질을 분해하는 세포외 효소를 생산한다.

① Bacillus subtilus: 강력한 amylase와 protease를 분비하여 예전부터 장류나 청국장의 제조에 이용되어 왔으며 산업적으로 이들 효소의 생산에 이용되기도 한다. Subtilin, subtenolin, bacillomycin 등의 항균물질을 생산하는 것도 있다.

② Bacillus cereus: 135℃에서 4시간의 가열에도 견디는 내열성 포자를 형성하는 호기성 균으로 편모를 갖고 있다. 김밥 등에 증식하여 설사 또는 구토형 식중독을 일으킨다. 열에 강한 구토형 독소도 있다.

③ Bacillus megaterium: 호기성균으로 비타민 B12를 생산하는 균주가 있으며, 또한 청주박초의 숙성에도 관여한다.

④ Bacillus coagulans: 호기성 또는 통성혐기성균으로 비교적 고온에서 증식할 수 있다. 내열성이 강한 포자를 형성하기 때문에 통조림이나 병조림의 flat-sour 변패원인이 된다.

⑤ Bacillus stearothermophilus: 50~60℃에서 성장하는 고온성균으로 통조림의 flat-sour를 일으키는 원인균이다.

⑥ Bacillus anthrax: 인수공통전염병인 탄저병의 원인균이다.

(2) Clostridium속

내열성이 강한 포자를 형성하는 그람양성의 간균으로 주모로 운동을 하지만 비운동성인 것도 있다. 절대혐기성 균으로 통조림을 포함하여 햄, 소세지 등 많은 음식물 부패의 원인이 된다. 중온균 또는 고온균으로 토양에 널리 분포되어 있다. 일반적으로단백질을 분해하여 암모니아, 황화수소, 지방산, 아민 등을 형성하기 때문에 식품 중에 증식하면 불쾌한 냄새를 일으킨다. Clostridium속의 포자는 열이나 건조에 대한 저항성이 강하기 때문에 적당히 가열처리한 가공식품에서는 포자가 생존하고 영양세포로 전환되어 증식하므로 식품의 제조, 보존 및 위생상 중요하게 취급된다.

① Clostridium botulinum: 식품의 부패보다는 독성이 매우 강한 (30,000,000 mouse LD_{50}/mg)botulinus toxin이란 신경독소(neurotoxin)를 생성하는 식중독 균이며 일반적 식중독증세와 졸음, 건조, 변비, 근육마비, 겹쳐보임, 호흡곤란, 치사 등이고 치사율은 30~65% 이다. 그러나, 이 독소는 열(80℃, 10분)에 파괴되며 이 균은 식품의 pH가 낮은 경우(pH 4.6 미만)에는 문제가 되지 않는다. 이 균의 포자는 내열성이 강하여 식품의 pH가 높은(pH 4.6 이상) 통조림 살균의 제일 큰 목적이 이 균의 포자를 죽이는 것이다.

② Clostridium perfrigens: 웰치균 또는 가스괴저 유발균으로 장독소(enterotoxin)를 생산하며 독소형식중독의 원인균이다. 토양, 물, 식품, 먼지, 양념류, 사람을 포함한 동물의 내장에 있으며 포자를 형성하여 건조, 열, 미생물 억제물질에 강하다. 이 독에 의한 치사율은 노약자를 제외하면 낮고 열처리(60℃, 10분)로 파괴된다.

③ Clostridium sporogenes: 육류, 어육 등과 같은 단백질 식품에서 부패를 일으키며 통조림의 부패, 팽창의 원인이 된다.

④ Clostridium tetani: 병원성균으로 파상풍의 원인균이다.

⑤ Clostridium acetobutylicum: 아세톤-부탄올 발효균으로 gelatin 액화력이 있으며 전분 및 당을 발효하여 부탄올, 에탄올, 프로판올, 아세톤, 유기산, CO2, H_2 등을 생성한다.

6) 형태가 일정치 않은 그람양성 간균

(1) Corynebacterium속

그람양성의 간균으로 운동성이 없다. 호기성 또는 통성혐기성으로 catalase 양성이며, 세포의 말단이 팽대하여 곤봉형으로 되는 경우가 많다. 토양에서 잘 검출되고 하천, 해수, 생선, 얼음, 달걀, 생유, 육류, 식물, 표피 등 분포가 넓다.

C. diphtheriae는 디프테리아성 병원균이며, C. pyrogenes은 젖소의 유방에 상존하여 유선염을 일으킨다. C. bovis는 부패성 균으로 우유크림에서 산패를 일으킨다. 산업적으로 glutamic acid 등의 아미노산을 생성하는 C. glutamicum과 같은 유용균도 있다.

(2) Microbacterium속

그람양성의 호기성 간균으로 homo형 젖산 발효를 한다. 생육최적온도는 30℃이나 내열성이 강해 80~85℃의 가열처리에 의해서도 생존하므로 저온 살균된 우유나 분유 등에서 빈번히 검출된다. M. lacticum은 유제품에서 자주 검출되며, Micobacterium ammoniaphilum은 glutamic acid 생성균으로 알려져 있다.

(3) 프로피온산균(Propionic acid bacteria)

그람양성이며 작은 간균으로 흔히 구형으로 변하고 때로는 연쇄상으로 존재한다. 혐기성 또는 내기성으로 젖산과 당을 발효하여 대량의 프로피온산을 비롯하여 초산과 CO_2를 생성한다. 이 속의 균종은 유제품과 우유 등에서 자주 검출된다. P. shermanii는 Emmental 치즈의 숙성에 관여한다. 이 균은 젖산균이 생성한 젖산을 기질로 하여 치즈에 향미를 부여하는 프로피온산을 생산하며, 동시에 생성된 탄산가스에 의해 치즈에 특유한 구형의 기공을 형성한다. P. freudenreichii는 비타민 B_{12} 생성균으로 알려져 있다.

(4) 비피더스균(Bifidobacterium속)

그람양성의 간균으로 운동성이 없으며 다양한 모양을 하고 있다. 약간 굽은 모양의 형태를 보이나 곤봉모양과 가지모양의 것도 있다. 편성혐기성으로 당을 발효하여 초산과 젖산을 생성하지만 이산화탄소는 생성하지 않는다. 장내 세균 중 가장 유익한 균으로 모유영양아 장내 균총의 90% 이상을 차지하나 그 후로는 10~20%로 감소된다. 생리작용으로 장내 부패세균의 증식 억제, 면역증강능력, 항종양효과, 비타민 B군의 생산, 변비예방효과 등이 있는 것으로 추정되어 B. infantis, B. bifidium, B. longum 등은 우유와 요쿠르트 제품에 첨가되기도 하며 정장제의 제조에도 이용된다.

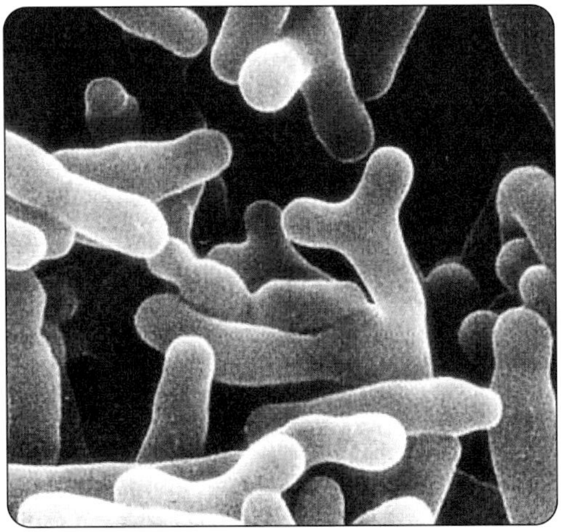

〈그림 4-13〉 비피더스균의 전자현미경

6 방선균(Actinomycetes, ray fungi)

방선균은 원시핵 세포를 가진 하등미생물로 형태적 분화의 정도가 높은 균사상의 세균이다. 세균과 곰팡이의 중간적인 위치에 있는 균으로, 이분열법에 의해 증식하며, 외생포자를 형성하는 것과 형성하지 않는 것이 있다. 대부분 토양미생물이기 때문에 토양에서 잘 분리되나 동물병원균, 수생균, 식물병원균도 있으며, 식품과의 관련은 적다.

방선균을 세균에 포함시켜 분류하는 이유는 첫째, 균사의 미세구조가 원시핵 세포형으로 세균과 같다는 점과 둘째, 세포벽의 화학구조가 Gram(+)세균과 비슷하다는 점이다. 즉, 세포벽의 기본구조가 muco복합체(mucopeptide)와 teichoic acid로 되어 있다. 셋째, 형태학적으로 일반세균에 가까운 형태를 가진 균이 균사상으로 이어져 존재하나 격벽이 없기 때문이다.

방선균의 포자는 구형, 난형, 원통형이 많은데, Streptomyces속의 포자는 표면이 평활한 것, 가시가 돋은 것, 모발상 또는 돌기가 있는 것이 있으며, Actinomyces속의 포자는 극속모성 편모를 가지고 운동도 한다.

대부분의 방선균은 토양 중에 존재하며 식품에 번식하면 불쾌한 냄새(흙냄새)의 원인이 되고 또한 식품의 외관을 손상시킨다. 즉, Streptomyces속균이 육류에 번식하면 육류의 흙냄새의 원인이 되며, 또한 생유에 번식하면 생유의 쓴 흙냄새의 원인이 되고, 수중의 흙에 이 균이 번식하면 진흙냄새의 맛이 생선에 흡착되기도 하고, 달걀 주위의 짚에 번식하면 흙냄새가 달걀에 흡착되기도 한다.

1944년 Waksman이 Streptomycin을 발견한 이후, Streptomyces속에서 많은 항생물질(antibiotics)이 생산되어 각종 항생물질 생산균으로 유명하다. 항생물질 생산균으로서는 다음과 같은 균이 있다.

- Streptomyces aureofaciens: Aureomycin, Chlorotetramycin, Tetracycline을 생산한다.
- Streptomyces erythreus: Erythromycin을 생산한다.
- Streptomyces griseus: Streptomycin 및 V-B_{12}를 생산한다.
- Streptomyces rimosus: Teramycin, Oxytetracycline을 생산한다.
- Streptomyces venezuelae: Chloramphenicol을 생산한다.
- Streptomyces kanamyceticus: Kanamycin을 생산한다.

- Streptomyces kitasatoensis: Leucomycin을 생산한다.
- Streptomyces antibioticus: Actinomycin을 생산한다.
- Streptomyces nodosus: Amphotericin B를 생산한다.
- Streptomyces olivaceus: V-B_{12}를 생산한다.

Chapter

05

곰팡이

1 곰팡이의 형태

곰팡이(mold)는 포자가 발아하여 균사상으로 발육하는데, 배지면에 착생한 균사는 분지 및 신장에 의해 균사체(mycelium)를 이룬 다음 자실체(fruit body)를 형성한다. 이때의 균사체와 자실체를 합하여 균총 또는 집락(colony)이라고 하며, 기질 속으로 침투하거나 표면을 따라 신장 및 생육을 하면서 식물의 뿌리와 같이 자신의 영양분을

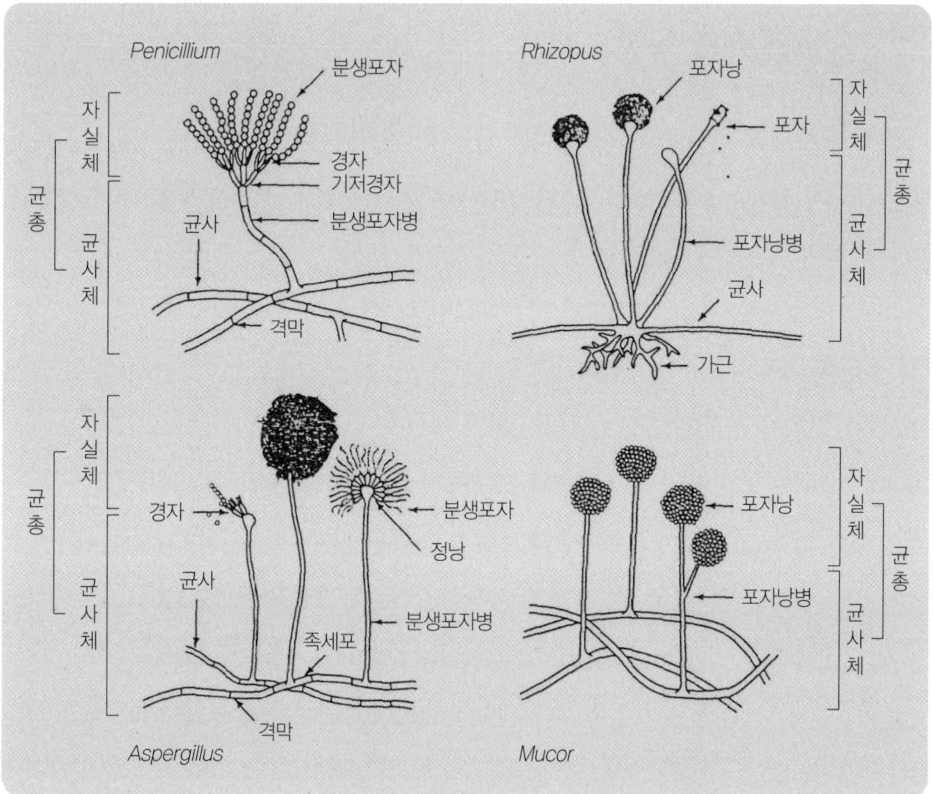

〈그림 5-1〉 곰팡이의 일반적 형태

섭취하는 부분을 영양균사(vegetative hypha)라 하고, 포자 등을 형성하는 번식기관이기도 하며 보통 기질의 표면에서 공중으로 곧게 신장하는 부분을 자실체라 한다. 곰팡이는 어느 정도 성장하면 포자를 형성하게 되는데, 포자와 포자형성기관의 형질 그리고 포자형성 방법 등은 진균류의 분류에 중요한 지표가 되고, 또한 격막의 유무, 격막의 차이 등도 좋은 지표가 된다. 담자균류는 격막을 형성할 때 취상돌기(clamp connection)이라는 독특한 방법으로 이루어지며, 균사는 균종에 따라 색상, 벽면의 성상, 직경의 대소, 분지의 유무, 속장(束狀)으로의 집합 여부 등의 차이가 있다.

2 곰팡이의 동정

균체가 사상인 미생물군을 곰팡이라 하는데, 곰팡이는 먼저 균사에 격벽(septa)이 없는 조균류(조상균류)와 septa가 있는 고등균류로 나누며 그 다음의 분류는 아래와 같다. 즉, 격벽의 유무에 따라,

(1) 조균류(조상균류) – 격벽이 없다

포자낭포자를 형성하면 → 털곰팡이과

- 가근과 포복지가 없음 → 털곰팡속(Mucor)
- 가근과 포복지가 있음 – 거미줄곰팡이속(Rhizopus)
  활털곰팡이속(Absidia)
- 기타속: Zygorhynchus속, Phycomyces속,
  Thamnidium속, Syncephalastrum속 등

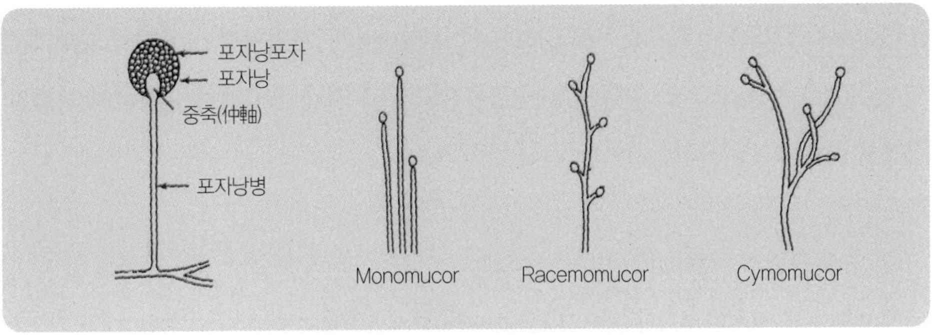

〈그림 5-2〉 *Mucor*속의 형태

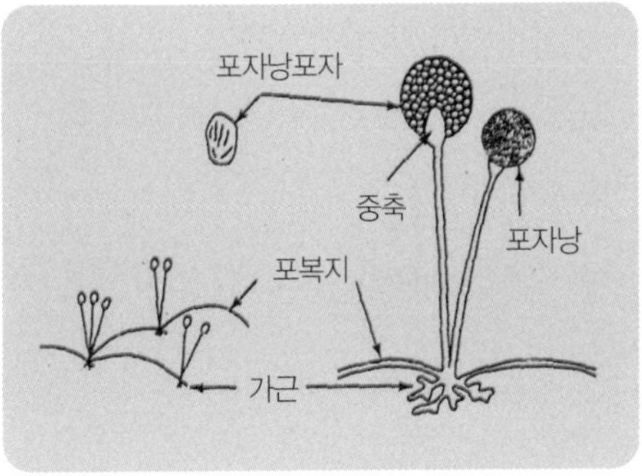

〈그림 5-3〉 *Rhizopus*속의 형태

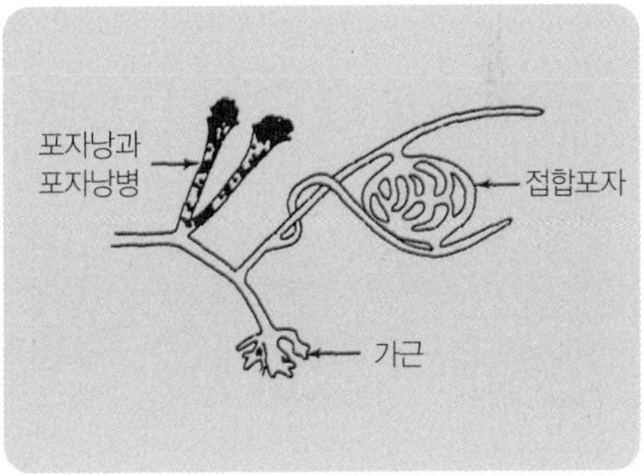

〈그림 5-4〉 *Absidia*속의 형태

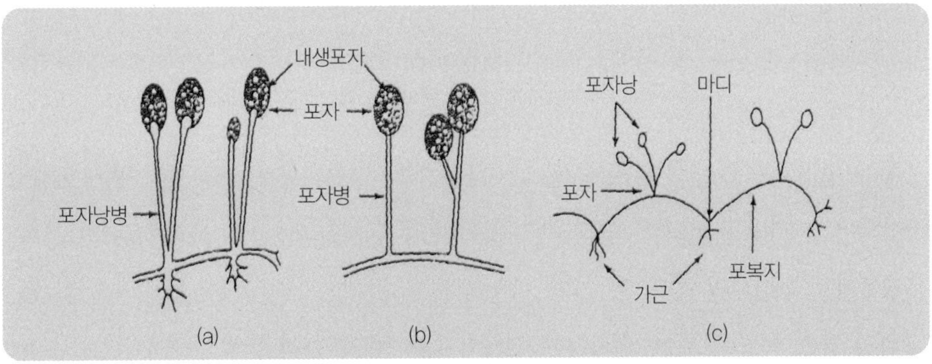

〈그림 5-5〉 *Rhizopus*(a), *Mucor*(b), *Absidia*(c)속의 형태

Mucor속은 다시 포자낭병의 분지상태에 따라 monomucor, racemomucor, cymomucor로 나눈다(그림 5-2 참조). Rhizopus속은 포자낭병이 가근의 기부에서 형성되었고, Absidia속은 포자낭병이 포복지(가근과 가근사이)에서 분지하여 형성된 점이 Rhizopus속과 다른 점이다(그림 5-5 참조).

(2) 고등균류 – 격벽이 있다

분생포자를 형성하면 → 누룩곰팡이과(국균과) – 누룩곰팡이속(Aspergillus)

– 푸른곰팡이속(Penicillium)

– 기타속: Monascus속

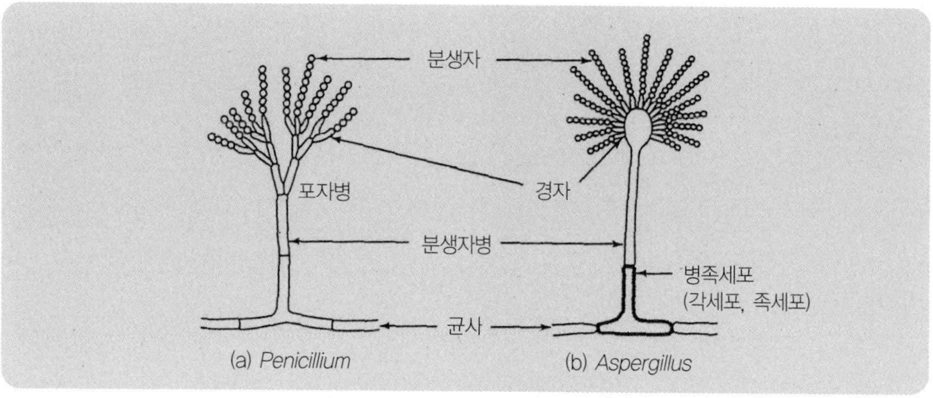

〈그림 5-6〉 *Penicillius*속(a) 및 *Aspergillus*속(b)의 형태

Aspergillus속은 병족세포(foot cell), 분생자병, 정낭, 경자(sterigma), 분생포자로 구성되며, Penicillium속은 분생자병, 붓이나 빗자루모양(취상체; penicillus)의 경자, 분생포자로 구성되어 있다.

이상 곰팡이의 각 속에 속하는 종은 25~30℃에서 맥아즙 한천배지나 Czapek-Dox한천배지의 사면배지나 평판배지에 배양하여 균총의 특징을 조사하고, 또 slide

배양을 한 다음 형태학적인 특징을 조사하여 동정을 하는데, 동정을 위해서는 다음의 참고서적이 이용된다. 즉,

i) G.C. Ainsworth et al. : The Fungi, vol.1~4, Academic Press(1973).

ii) H.L. Barnett and B.H. Barry: Illustrated Genera of Imperfect fungi, Burgess Pub. Co(1972).

iii) K.B. Raper and D.I. Fennell: The Genus Aspergillus, Robert E. Krieger Pub. Co(1973).

iv) K.B. Raper and C. Thom: Manual of the Penicillia, The Williams and Wilkins Co(1949).

v) E.A. Bessey: Morphology and Taxonomy of Fungi, Commonwealth Mycological Institute Kew(1954).

3 곰팡이의 증식

곰팡이의 증식은 균사의 각 부분에서도 이루어지나, 원칙적으로는 자실체에서 형성되는 포자에 의하며, 포자에는 무성포자(asexual spore)와 유성포자(sexual spore)가 있는데 난균류, 접합균류, 자낭균류, 담자균류 등은 유성포자와 아울러 무성포자를 형성한다. 이와 같이 유성포자에 의해 증식을 하는 세대를 완전세대(perfect stages)라하고, 무성포자에 의해 증식을 하는 세대를 불완전세대(imperfect stages)라 한다.

1) 무성생식

Gamete(배우자)가 관계하지 않는 증식으로 무성포자에 의하는데 무성포자의 종류는 다음과 같다.

(1) 외생의 무성포자

① **분생포자(phialospore)**: 분생자병 위에 형성되는 난형 또는 flask형의 포자로서, Aspergillus, Penicillium, Trichoderma, Fusarium속 등에서 볼 수 있으며, 일명 분생자라고도 한다.

② **후막포자(chlamydospore)**: 영양균사의 끝이나 중간 부위에 격벽이 생기고 팽대된 두꺼운 막으로 형성된 휴민성 세포이며 불리한 환경 속에서 저항성 있는 내구성 세포이다.

③ **출아포자(blastospore)**: 포자는 원심적으로 1개 또는 연쇄로 형성되며 가장 꼭대기의 것이 제일 어린 포자이다. 분생자병 위의 작은 구멍을 통해 형성되는데, Alternaria, Curvularia, Helminthosporium속 등에서 볼 수 있다.

④ **분절포자(arthrospore)**: 균사나 포자병에서 구심적으로 격벽이 생성되어 분절되므로써 형성된다.

(2) 내생의 무성포자

① **포자낭포자(sporangiospore)**: 영양균사에서 기균사가 분지하여 이것이 포자낭병(sporangiophore)으로 되며, 그 끝에 세포가 팽대하여 생긴 포자낭이 생기면서 그 안에 포자낭포자가 형성된다. Mucor, Rhizopus속 등에서 볼 수 있다.

② **유주자(zoospore, 운동포자)**: 수생의 난균류는 1~2개의 편모를 가지는 많은 유주자를 유주자낭(zoosporangium) 속에 형성된다.

2) 유성생식

유성생식을 하는 곰팡이는 그 유성포자의 모양이나 형성법에 의해 분류하는데, 유성포자에 속하는 포자로는 난포자(oospore), 접합포자(zygospore), 자낭포자

(ascospore), 담자포자 등이 있다.

4 곰팡이의 생리적 성질

대부분의 곰팡이는 생육적온이 25~30℃ 범위의 중온균이나 0~-10℃에서도 생육하는 호냉성의 Cladosporium, Sporotrichum, Aureobasidium, Fusarium 등도 있다. 또한 pH 2~8.5의 범위에서 생육할 수 있으나, 대체로 약산성인 pH 5.0~5.5에서 잘 생육한다. 특히 Rhizopus나 Mucor속 균의 colony는 회흑~회백색이 많으며, 균사는 엉성하고 petri dish에 배양하면 균사가 접시에 가득하게 자란다.

5 식품 관련 주요 곰팡이류

(1) 털곰팡이속(Mucor)

일반적으로 Mucor속은 포자낭병의 분지상태에 따라 세가지(그림 5-2 참조)로 나누는데, 첫째가 monomucor군으로 이것은 포자낭병이 외대로, 전혀 분지하지 않은 상태로 M. mucedo, M. hiemalis 등이 있으며, 둘째가 racemomucor군으로 외대의 포자낭병을 중심으로 좌우를 대칭적으로 포자낭병이 분지하며, M. racemosus, M. pusillus 등이 이에 속한다. 셋째가 cymomucor군으로 포자낭병의 분지상태가 가축상(假軸狀)으로 제멋대로 분지하며 포자낭병이 생기는 데, 예로는 M. rouxii, M. javanicus 등이 있다.

- Mucor mucedo: monomucor형으로 육류, 빵, 채소, 과일, 퇴비, 토양, 말똥, 썩은 나무나 나뭇가지 등에 분포되어 있으며, 낙농 또는 피혁공업의 유해균임.
- Mucor hiemalis: monomucor형으로 토양 등에 많이 분포하며, pectin분해력

이 강하다. 후막포자를 형성함.

- Mucor racemosus: racemomucor형으로 Mucor속 중 가장 분포가 넓고 특히 부패한 과일이나 맥아에 잘 발생하며, 후막포자와 분열자도 형성한다. V-B_1 및 B_2의 합성력이 강함.
- Mucor pusillus: racemomucor형으로 응유효소(rennin)의 생산균주로 주목받음.
- Mucor rouxii: amylomyces α균으로 cymomucor형에 속하며, 1897년 Calmett와 Boidin에 의해 Amylo법을 창안시킨 균임.
- Mucor javanicus: cymomucer형으로 자바의 ragi에서 분리된 균이고 강한 전분 분해능력이 있음.

(2) 거미줄곰팡이속(Rhizopus)

〈그림 5-3〉과 같이 포복지의 기부에 가근(Rhizoid)이 형성되며, 그 위에 포자낭병을 형성하는 균속으로 대표적인 균종은 R. nigricans이다. 토양, 공기 등 분포가 넓으며 과일이나 맥아에도 기생하며 대부분 사물(死物)기생을 한다. 이 속에 속하는 균의 종을 검색하는 데는 oryzanin분말을 0.5% 첨가한 Pfeffer's soln. 배지에 30℃, 14일간 배양한 후 관찰한다.

- Rhizopus nigricans: Rhizopus속의 대표적인 균종으로 맥아, 곡류, 빵, 과일 등에 잘 발생하며, 고구마 연부병의 원인균이기도 함.
- Rhizopus japonicus: Amylomyces β균으로 amylo법에 쓰였던 균이며 전분 당화력 및 pectin분해력이 강함.
- Rhizopus tonkinensis: Amylomyces γ균으로 Tonkin산의 중국 누룩에서 분리되었고 amylo법에 중요하게 쓰였던 균임.
- Rhizopus javanicus: 자바의 ragi에서 분리되었고 특히 감자류의 전분에 대한

당화력이 강해, 현재 amylo법에 중요하게 쓰이는 균임.

- Rhizopus delemar: amylo법의 창안자인 Boidin의 제자 Delemar가 소흥주에서 분리한 균으로 특히 전분당화력이 강하고 산을 생성하는 힘은 약하기 때문에 현재 amylo균으로 중요시되는 균이며, glucomylase를 생성함.
- Rhizopus tritici: 소흥주에서 분리되었으며 우리나라의 누룩에서도 검출되는 균으로 전분당화력과 pectin분해력이 강해 과즙 청징제 제조에 쓰임.

(3) 활털곰팡이속(Absidia)

Rhizopus속과 같이 포복지와 가근을 형성하지만, 포자낭병은 포복지의 중간에서 분기하여 형성된다(그림 5-5 참조). 전분당화력이 있으며, 토양, 건초, 곡물, 발효식품 등에서 검출된다.

- Absidia lichthemi: 고량주의 누룩에서 분리되었으며, 소흥주 양조에 관여함.
- Absidia hyalospora: 간장국에서 분리되었으며, 포자는 난원형으로 후막포자를 형성함.

(4) Phycomycetes속

포자낭병이 20~30㎝이며, 암색 또는 청록색의 금속광택을 보이는 것이 특징이다.

- Phycomycetes nitens: 유지류나 그 용기 및 유박(油粕) 등에 잘 발생함.
- Phycomycetes blakesleeanus: 균사에 β-carotene을 생성함.

(5) Thamnidium속

포자낭병의 맨 끝에 큰 포자낭을 형성하고, 옆가지에는 소포자낭(sporangioles)을 형성한다.

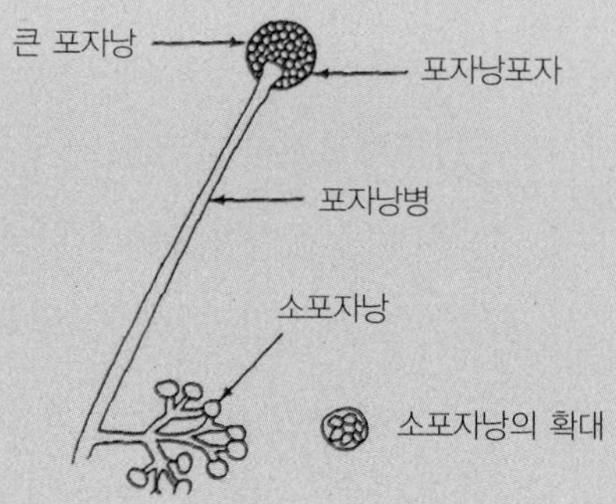

〈그림 5-7〉 *Thaminidium*속의 형태

- Thamnidium elegans: 대포자낭은 흑색 이고, 소포자낭은 2~12개의 포자를 가지며, 후막포자를 형성하는 균으로 냉장한 육류 등에 발생하는 냉온균의 하나이며, 실온의 곡류에서도 분리됨.

(6) Eremothecium속

- Eremothecium ashbyii: 균사는 riboflavin색소로 황색을 나타내며, 균사의 곳곳에 그 결정이 보인다. V-B_2 생산용으로 이용됨.

(7) Ashbya속

- Ashbya gossypii: Eremothecium ashbyii와 비슷하지만 자웅동체인 점이 다르며, V-B_2의 생산균임.

(8) Aspergillus속

식품 및 발효공업 등에 중요한 역할을 하는 곰팡이가 많은 속으로 토양, 식품 및 공업제품 등에 분포하며, amylase와 protease 활성이 강해, 우리나라 및 동양각국에서는 주류, 장류 등의 양조생산에 이용하였으며, 또한 diastase, glucoamylase, protease 등 의약이나 효소제 생산에도 이용된다. 분생자병은 병족세포에서 형성되며, 그 끝이 팽대하여 정낭이 된다. 이 속의 type strain은 Aspergillus flavus이다.

- Aspergillus glaucus: 풀색곰팡이라고도 하는 균으로, 고농도의 설탕이나 식염에 내성이 강해 식품을 잘 변패시킴.
- Aspergillus fumigatus: 저장 곡류에 번식하여 fumigatin이란 mycotoxin을 생산함.
- Aspergillus ochraceus: 빵, 건어물 등에 번식하여 변패시키며, 신장 및 간장 장해를 일으키는 ochratoxins를 생산함.
- Aspergillus niger: 흑색의 분생자로 덮여 전 집락이 흑갈색으로 보이며, α-amylase, glucoamylase, invertase, tannase, protease 등의 효소를 생성하고, 특히 구연산이나 gluconic acid를 많이 생성하며 흑국균 중 pectin분해력이 가장 강하다. 흑국균의 대표적인 균으로 종래 소주양조에 이용되었으며, 분생자의 색이 흑갈색에서 담황갈색으로 변이된 A. niger mut. kawachii는 우리나라에서 백국균의 하나로 탁주, 약주양조에 중요하게 쓰임.
- Aspergillus awamori: 흑국균의 하나로 당화력이나 구연산 생산력이 강하며, 유구(流球)의 포성(泡盛)소주(awamori)용 국균으로 이용됨.
- Aspergillus usami: 흑국균의 하나로 이 균의 변이주인 A. usami mut. shirousami는 백국균의 하나로 탁주, 약주 양조에 잘 이용됨.
- Aspergillus flavus: 집락은 황록색이며, 아주 강력한 간암유발물질인 aflatoxin이란 mycotoxin의 생산균주임. A. parasiticus 등도 aflatoxin 생산균주이다.

- Aspergillus oryzae: A. flavus군에 속하며 청주, 장류 등의 양조에 쓰이는 황국균으로 α-amylase, glucoamylase, invertase, cellulase, inulase, pectinase, protease, lipase, catalase 등의 효소를 생산하며 V-B2 생산균주도 있고, 개량메주제조에 이용됨.
- Aspergillus tamarii: A. flavus군에 속하며 일본의 류(溜)국 중의 주요 곰팡이임.
- Aspergillus wentii: amylase, cellulase, protease 등의 효소 생성력이 강한 균으로 자바 간장의 양조에 관여하는 중요함 곰팡이임.

(9) Penicillium속

토양, 공기, 곡류 등의 자연계에 널리 분포하며, 분생자두가 취상체(penicillus)를 형성하는 것이 특징이고, 분생자두의 형태에 따라 4군으로 대별되는 데 이것은 Penicillium속 분류에 중요한 지표가 된다. 즉, 분생자두가 ① 단윤생군(monoverticillata)인 것 → P. javanicum, P. sclerotiorum, P. citreoviride ② 쌍윤생군(biverticillata)인 것 → P. purpurogenum, P. islandicum ③ 다윤생군(polyverticillata) 인 것 → P. albicans ④ 비대칭군(asymmetrica)인 것 → P. citrinum, P. notatum, P. chrysogenum, P. camemberti, P. roqueforti, P. cyclopium, P. italicum으로 나뉜다. 종래 이 속은 빵, 떡, 치즈, 귤 등의 과일이나 채소 등을 변패시키고, 독성을 생성하는 등 식품공업에 유해한속으로 취급되었으나 penicillin생산균주 및 치즈 숙성에 관여하는 균주, pectinase생산 균주, 수산, 구연산, gluconic acid 등 각종 유기산을 생성하는 등 유용균주도 많다.

- Penicillium javanicum: Java의 부패한 차나무 뿌리에서 분리되었으며 균사에 많은 유지(6~16%)를 축적하므로 유지 생산균으로서 주목됨.

- Penicillium sclerotiorum: 이노신산 제조에 쓰이는 5'-phosphodiesterase를 생성함.
- Penicillium citreoviride(P. toxicarium): 대만산 쌀의 황변미에서 분리된 균으로 중추신경계에 작용하여 전신마비, 호흡곤란을 일으키는 강한 신경독 mycotoxin인 citreoviridin을 생산함.
- Penicillium purpurogenum: 토양과 곡류에서 검출되며, 간장 장해를 일으키는 mycotoxin인 rubratoxin A, B를 생산하는 균주로 Pen. rubrum도 이 mycotoxin을 생산함.
- Penicillium islandicum: 이집트산 쌀의 황변미에서 분리된 균으로 간장 장해를 일으키는 지용성 황색색소인 luteoskyrin과 수용성 함염소peptide인 cyclochlorotin 및 islanditoxin같은 mycotoxin을 생산함.
- Penicillium albicans: 집락은 배지에 깔려 있는 균사 또는 기균사의 결속으로 이루어지며, 분생자는 난원형으로 처음엔 백색, 나중엔 적색을 띰.
- Penicillium citrinum: 태국산 쌀의 황변미에서 분리한 균으로 신장독 mycotoxin인 citrinin을 생산하며, 이 색소는 강한 형광을 발생함.
- Penicillium notatum: 공기나 과일 등에서 검출되며, 1929년 Fleming이 Penicillin을 발견하는 동기가 되었던 곰팡이로 penicillin을 비롯하여 notatin(glucose oxidase) 등을 생산함.
- Penicillium chrysogenum: 과일 등에 널리 분포하며, penicillin생산 균주로 유명하다. 현재 penicillin생산균주로 이용되는 P. chrysogenum Q 176과 기타 변이주들은, 이 균주를 이용하여 변이시킨 균주임.
- Penicillium camemberti: Camembert치즈의 숙성에 관여하여 향기를 주는 곰팡이로, 이외에 Pen. caseicolum 등도 치즈숙성에 관여함.

- Penicillium roqueforti: Roquefort치즈의 숙성에 관여하는 중요한 균으로 casein을 분해하여 독특한 향미를 부여하고, 치즈에 녹색의 고운 반점을 생성하며, silage와 퇴비 등에서도 검출됨.
- Penicillium cyclopium: 곡류, 오래된 된장, 간장, 딸기 등 각종 과일에 널리 분포함.
- Penicillium italium: 귤의 연부병에 관여함.
- Penicillium digitatum: 귤의 연부병에 관여함.
- Penicillium expansum: 저장 중의 사과나 배의 연부병에 관여하며, 사과쥬스 등에 patulin이란 mycotoxin을 생성하는 원인균임.

(10) Monascus속

균사에 적색색소를 생성하므로 집락이 적색으로 보이며, 자낭포자와 분생자를 형성하는 것이 특징이다.

- Monascus purpureus: 중국과 Malay지역의 홍주(ang-chu)제조에 사용되는 홍국(ang-khak)에 중요한 곰팡이를 우리나라의 누룩에서도 많이 검출되며, 집락은 적색이나 적갈색을 띠는데, 이것은 anthraquinone유도체인 monascorubin 때문이며, 물에는 녹지 않으나 주정 등의 유기용에는 잘 녹는다. succinic, lactic 및 gluconic acid도 생산함.
- Monascus barkeri: Morocco지방의 samzu 주에 쓰이는 누룩이나 ensilage에서 검출됨.
- Monascus anka: 대만의 홍주 양조용 홍국의 종균으로써 그리고 홍유부제조에 이용되며, pectinase분비력도 강해 과즙 청징제 제조에 이용됨.

(11) Neurospora속

빵에 번식하여 붉게 변색시키고 옥수수속대 등에 잘 발생하며 집락은 등적색을 띤다. 불완전세대는 Monilia속이다.

- Neurospora sitophila: 난형의 담홍색 내지 등적색 분생자를 착상하는 Neurospora속의 대표종으로, Java에서 ontjon(땅콩을 원료로 한과자)제조에 이용되며, amylase, protease, lipase, zymase, mannase, sucrase, peroxidase 등의 효소를 분비한다. 특히 배양조건에 따라 분생자에 provitamin A 인 carotene을 많이 함유하는 것이 주목됨.
- Neurospora crassa: 유전학 연구재료로 중요한 균임.

(12) Chaetomium속

자낭果를 형성하며 그 위에 자낭포자를 가지는 데 자낭포자는 점질물에 싸여 있다. 곡류 등에서 분리된다.

- Chaetomium globosum: 이 속의 대표종으로 가장 흔하고 섬유질 특히 종이에도 발생하며, 섬유제품의 곰팡이방지 시험용균으로 이용되고, 당 첨가 감자배지에 잘 생육한다. cellulase 생성균주로 알려져 있음.

(13) Phoma속

사탕무나 토마토 등의 부패균으로 곡물 및 냉동식품에서도 분리되며 Phoma herbarum이 대표종임.

(14) Catemularia속

내삼투압성으로 40~60%의 함당배지 특히 양갱 등에 선택적으로 잘 발생하며

Catemularia fuligina가 대표종임.

⒂ Diplodia속

분생자는 암흑색으로 2세포형이며, 채소나 과일의 변패균이 많고, 고구마의 흑부병균인 D. tubericola와 땅콩의 뿌리줄기부패균인 D. natalensis 등이 있음.

⒃ Geotrichum속

식품, 토양, 오수, 과일 및 부패물 등에서 분리되며 G. candidum이 대표종임.

⒄ Botrytis속

포도, 딸기 등의 회색곰팡이 병원균으로 토양, 부패과일 등에서 분리되며 B. cinerea가 대표종임.

⒅ Trichoderma속

토양, 목재, 펄프, 식물, 곡물 등에서 잘 분리되며, T. reesei QM 9414균주는 cellulase를 강하게 분비하는 균주로 알려져 있고, 그 외에 섬유소 분해력이 강한 균으로서는 Stachybotrys속이 있음.

⒆ Cephalosporium속

격막이 없는 분생자병의 선단에 투명하고 무색인 단세포의 포자가 형성되며 이것은 분비되는 점액에 의해 엉켜서 소괴를 형성한다. C. gramineum이 대표종으로 소맥의 줄무늬 병균으로 알려졌으며 대맥, 귀리에도 침범함.

(20) Cladosporium속

많은 식품이나 양조장 벽, 냉장한 수육, 달걀 껍질 등에 흑색반점을 만드는 검은 곰팡이로, C. herbarum은 보리, 벼, 수수 등의 흑변병균이며, C. fulvum은 토마토 잎 곰팡이병균이고, C. carpophillum은 복숭아, 매실의 흑성병균, C. cucumerinum은 오이의 흑성병균으로 알려져 있음.

(21) Alternaria속

토양, 식품, 담배, 공기 등에 널리 분포하며, 식품의 변패 또는 식물의 흑색반점병균으로 A. tenuis, A. brassica가 있고, 귤의 변패균인 A. citri가 알려져 있다. 몇 종은 돌연변이를 일으키는 mycotoxin을 생산하기도 한다.

(22) Helminthosporium속

화본과 식물의 엽고병 등 식물병원균이 많으며 채소에도 번식한다. H. sativum은 보리의 반점병균이며, H. oryzae는 벼의 엽고병균, H. maydis는 옥수수의 반점병균임.

(23) Pullularia속(Aureobasidium속)

흑효모라고도 하며, 목재, 토양, 공기, 채소, 꽃꿀〔花蜜〕, 과일, 오니 등에 널리 분포한다. 새우 등의 부패균인 P. pullulans가 잘 알려져 있음.

(24) Fusarium속

옥수수, 소맥, 보리 등의 곡물류와 토양, 식물 등에서 잘 분리되며 식물의 뿌리나 잎으로 침입하는 병원균으로, 분생자가 형성된 곳은 잘 발달된 병족세포가 있다. 맥류의 붉은 곰팡이 병균인 F. graminearum 및 F. nivale 등은 mycotoxin인 deoxynivalenol, fusarenon-X, 3-acethyl-deoxynivalenol, nivalenol을 생성하며, F. tricinctum, F. poae, F. sporotrichioides는 강력한 피부염 유발물질인 T-2 toxin을 생성하는 균주로 알려져 있다. 그 외에 벼의 도장병균으로 알려진 F. moniliforme(Gibberella fujikuroi)은 gibberellin같은 식물 생장 촉진물질과 moniliformin, fusarin C, fumonisins과 같은 mycotoxin을 생성하기도 한다. 특히 fumonisins은 식도암과 관련된 발암물질로서 알려져 있다. 잘 건조되지 않은 옥수수와 잘 제조되지 않은 메주에서 문제가 될 수 있다.

Chapter 06

효모

효 모

효모는 단세포로 주로 출아법에 의해 증식하는 진균류(fungi)를 총칭한다. 진핵세포로 구형, 난형 또는 타원형이며 세포분열은 주로 출아법(budding)에 의해 일어나지만 분열법(fission) 혹은 출아분열법(bud fission)에 의한 것도 있다. 효모는 같은 진균류에 속하는 곰팡이와는 달리 균사와 격막이 없고 단세포로 존재하며, 토양, 공기, 물속, 과실의 표면 등 자연계에 광범위하게 분포한다.

효모의 세포크기는 세균에 비하여 훨씬 크며 진핵세포의 구조를 가지고 있기 때문에 구조적, 기능적으로 고등동식물의 세포와 많은 공통점을 갖고 있다. 많은 효모들이 반수체 융합에 의한 교배과정(mating)을 통하여 유성생식을 하며, 이를 통해 접합체(zygote) 내에 자낭포자를 형성한다.

효모는 알코올 발효능이 강하여 알코올 제조, 양조, 제빵 등에 이용되어 왔으며, 이들의 균체는 식용, 사료용, 단백질, 비타민류, 핵산관련물질 등의 생산에도 이용된다. 하지만 candida증이나 cryptococcosis증 등을 유발시키는 병원성 효모와 양조식품 등에서 변패를 일으키는 효모도 있다.

산업적으로 가장 중요한 효모는 빵제조용 및 양조용 효모인 Saccharomyces cerevisiae로 다루기 쉽고 진핵생물의 모델로서 생물학의 각 분야에서 실험 재료로 많이 사용되고 있다.

1 효모의 형태와 구조

1) 효모의 크기와 형태

효모세포의 크기와 형태는 종류, 배양조건, 발육시기, 증식방법 등에 따라 다르다. 일반적으로 효모세포의 크기는 3~8×5~12㎛로 세균에 비해 상당히 큰 편이다. 배양효모는 야생효모에 비해 큰 편이고, 배수체 세포는 반수체보다 크다. 오래된 세포일수록 폭이 좁아져 긴 세포로 된다.

효모의 형태는 구형, 난형, 타원형의 것이 많으나 소시지형, 삼각형, 레몬형, 위균사형 등도 존재한다.

① 구형(torula type): Torulopsis versatilis가 대표적으로 간장의 숙성에 관여하여 맛과 향미를 부여하는 효모이다.

② 난형(cerevisiae type): 효모의 대표적인 형태로 맥주, 청주, 빵 등의 발효에 이용되는 Saccharomyces cerevisiae가 이 속에 속한다. 난형은 배양을 오래하면 소시지 형이나 타원형으로 되는 수도 있다.

③ 타원형(ellipsoideus type): 포도주의 양조에 관여하는 Saccharomyces ellipsoideus가 대표적으로 타원형 또는 장원형의 형태이다.

④ 레몬형(apiculatus type): 방추형이라고도 불리며 Saccharomyces apiculatus, Hanseniaspora속, Kloeckera속 등에서 볼 수 있다.

⑤ 소시지형(pastorianus type): Saccharomyces pastorianus가 대표적인 소시지 모양으로 맥주 양조에서 불쾌한 냄새를 일으키는 야생효모이다.

⑥ 삼각형(trigonopsis type): Trigonopsis variabilis가 대표적이다.

⑦ 위균사형(candida type): 출아된 세포가 길게 신장되고 그 후에 분리되지 않아 균사와 비슷한 모습을 하고 있어 위균사(pseudomycelium)라 불린다. Candida 속 등의 효모에서 볼 수 있다.

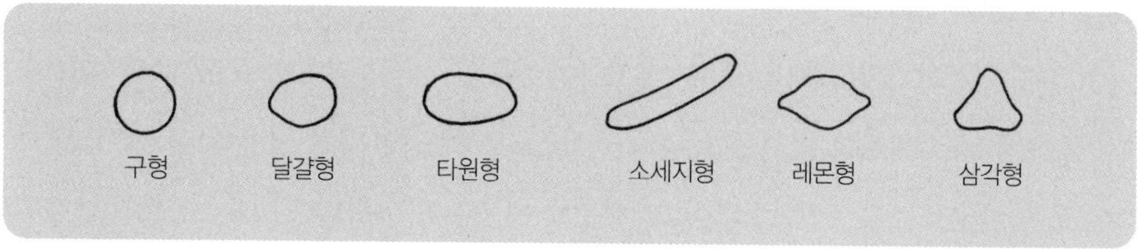

〈그림 6-1〉 효모의 형태

2) 효모의 세포구조

효모는 진핵세포로 구조적으로 고등동식물의 세포와 많은 면에서 공통점을 갖고 있다(그림 6-2). 효모세포의 바깥쪽은 두터운 세포벽에 의해 둘러싸여 있으며, 그 안쪽에는 얇은 세포막(원형질막)이 있다. 세포벽은 효모의 형태를 보호하고 유지하며, glucan과 glucomannan과 같은 고분자물질, 단백질, 탄수화물 등으로 구성이 되어 있다. 출아에 의해 딸세포가 떨어져나간 모세포의 표면에 출아흔(bud scar)이 생긴다(그림 6-3). 출아흔처럼 현저하지 않지만, 출아 후 낭세포의 표면에는 탄생흔(birth scar)이 남게 된다.

세포막은 세포질을 둘러싸고 있는 얇은 막으로 물질의 출입을 선택적으로 조절하는 역할을 한다. 단백질과 지질의 이중층으로 구성되어 있으며, 콜레스테롤과 같은 스테롤(sterol)이 함유되어 있어 막을 견고하게 해준다.

세균과 달리 진핵세포인 효모는 막으로 둘러싸인 핵(nucleus)이 있으며 미토콘드리아(mitochondria), 소포제(endoplasmic reticulum), 골지체(golgi appratus), 액포(vacuole)와 같은 소기관이 세포질 내에 존재한다.

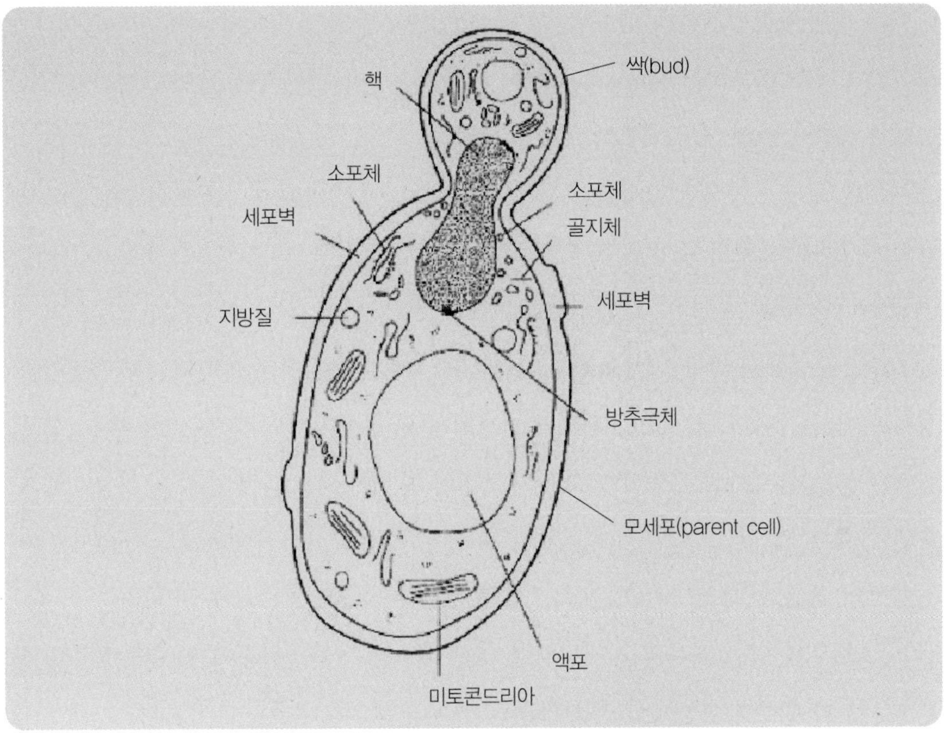

〈그림 6-2〉 출아법에 의해 증식하는 효모세포의 구조

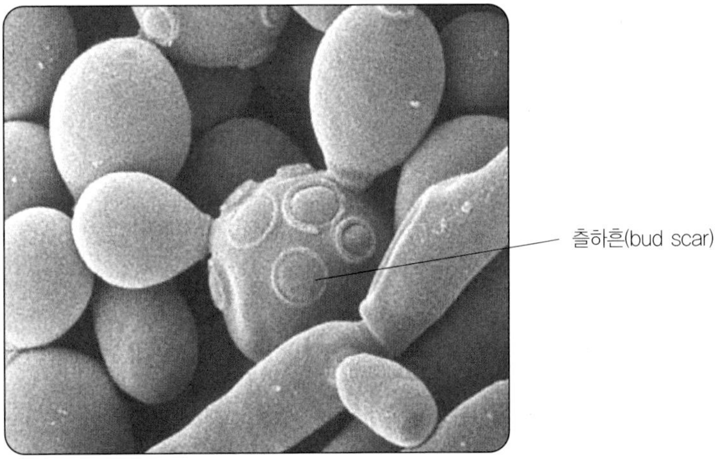

〈그림 6-3〉 출아효모의 전자현미경 사진

핵은 핵막으로 둘러싸여 있으며, 핵 내에는 기다란 선형으로 된 여러개의 염색체가 들어있다. DNA는 히스톤(histone)이란 작은 단백질과 결합되어 있으며 여러 수준의 꼬임과 응축에 의해 조밀하게 핵 내에 존재한다.

세포질 내에는 단백질 합성에 관여하는 많은 리보솜이 있으며, 효모의 리보솜은 세균의 리보솜(70S)보다 큰 80S로 60S와 40S의 소단위로 구성되어 있다. 소포체는 납작한 주머니 형태의 시스터나(cisternae) 구조를 이루고 있다. 많은 리보솜과 결합되어 있는 조면소포체에서 막단백질(membrane protein)과 세포 밖으로 분비되는 단백질의 합성이 일어난다. 소포체는 또한 세포막 합성의 주된 장소이기도 하다. 소포체에서 형성된 단백질은 골지체로 이동이 되어 당단백질이 합성이 되고 세포의 주요 기관으로 수송된다.

효모의 세포질 내에는 여러 개의 미토콘드리아(mitochondria)가 존재한다. 이곳에서 TCA회로에 의한 대사와 전자전달에 의한 산화적 인산화반응이 일어나 호흡을 통한 대부분의 ATP가 이곳에서 만들어진다.

액포(vacuole)는 세포질 내에 여러 개가 존재하며 세포가 노화되면 융합하여 커다란 상태로 된다. 영양분을 저장하는 장소로 여러 가지 가수분해효소를 함유하고 있다.

2 효모의 증식

효모의 증식은 무성 생식(asexual reproduction)과 유성 생식(sexual reproduction)에 의한다. 영양세포에 의한 무성생식에는 출아법(budding), 분열법(fission), 출아분열법(bud fission) 등이 있다. 효모는 환경조건이 나빠지면 반수체 접합에 의한 교배과정(mating)을 통하여 유성생식을 하며, 이를 통해 접합체(zygote) 내에 자낭포자를 형성한다.

1) 무성 생식(영양 증식)

(1) 출아법(budding)

영양세포에 의한 대표적인 증식방법으로 대부분의 효모는 출아에 의해 증식한다. 성숙된 세포의 표면에서 싹(bud)과 같은 작은 돌기가 생기고 이것이 점차 커짐과 동시에 핵이 둘로 나뉘고 새로운 세포벽이 생기면서 독립된 세포로 된다. 모세포(mother cell)로부터 출아에 의해 새롭게 형성된 세포를 낭세포(daughter cell)라 한다.

때로는 출아된 세포가 모세포에서 떨어지지 않고 여러 개가 연결된 상태를 보인다. 이것을 출아연결이라고 하는데 배양효모에서 흔히 볼 수 있다. 한 세포의 출아수는 효모의 종류에 따라 다르나 맥주효모에서는 일반적으로 5~7회이다.

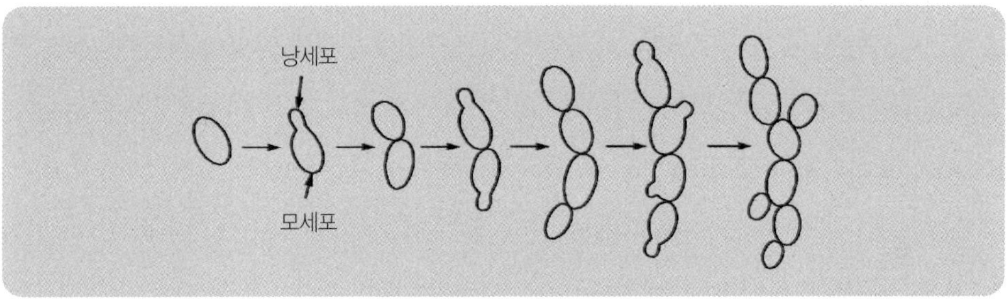

〈그림 6-4〉 효모의 다극출아

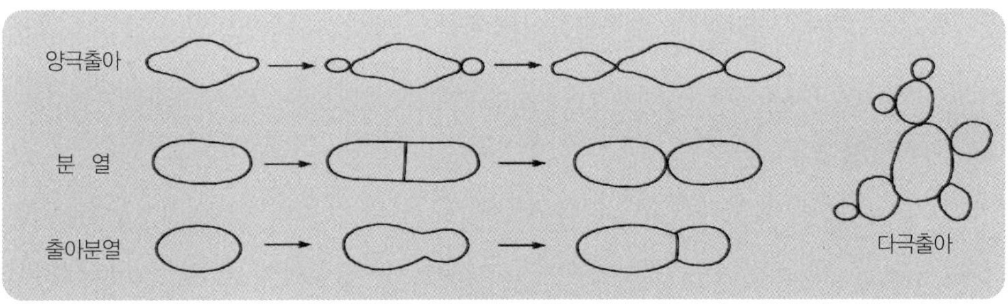

〈그림 6-5〉 효모의 영양증식법

출아방법으로 다극출아(multialteral budding)는 세포의 어느 곳에서나 출아가 일어나는 것으로 Saccharomyces cerevisiae가 대표적인 균종이다. 양극말단출아(bipolar terminal budding)는 세포의 양극에서만 출아하는 것으로, Saccharomycodes속, Hanseniaspora속, Nadsonia속, Wickerhamia속, Kloeckera속, Trigonopsis속 등이 이 방법에 의해 증식한다.

출아된 세포가 분리되지 않고 길게 늘어나면서 연결되어 균사상을 나타낼 때가 있다. 이러한 형태를 위균사(pseudomycelium)라 하며, Candida속의 특징이기도 하다. 특히 Endomycopsis속과 Trichospora속의 위균사는 곰팡이처럼 격막(septum)을 가지므로 진균사(truemycelium)라 한다.

(2) 분열법(fission)

세균의 경우와 같이 세포 내의 원형질이 양분되면서 중앙에 격막이 생겨 두 개의 세포로 분열하는 것을 분열법이라 한다. 이러한 방법에 의해 증식하는 효모를 분열효모(fission yeast)라 하며, Schizosaccharomyces속이 여기에 속한다.

(3) 출아분열법(bud fission)

출아와 분열을 겸한 혼합형식의 증식법으로 Saccharomycodes속의 효모 세포는 출아한 후 그 기부가 쪼개지면서 분열하기도 하는데 이를 출아분열이라 한다.

2) 포자형성

효모는 생육조건이 불리해지면 증식수단과 생활환의 일부로 유성생식에 의해 자낭포자(ascospore)를 형성한다. 즉, 반수체(haploid)들의 접합에 의해 자낭(ascus)을 형성하고, 자낭 속에 자낭포자가 만들어진다. 포자를 형성하는 효모는 유포자 효모인 자낭포자효모(ascosporogenous yeast)에 한정이 되어 있다. 포자의 형성은 주로 유성적으로 이루어지나 간혹 무성적으로 자낭포자를 형성하기도 한다.

한 개의 자낭 내에 포자의 수는 보통 1~4개로 대부분 2개 또는 4개로 존재하며, 드물게 8개 또는 16개의 포자를 형성하는 효모도 있다.

자낭포자의 형태는 구형, 달걀형, 타원형의 것이 많으며 신장형, 모자형, 토성형, 방추형 등의 것이 있다. 포자는 내구성으로 살균이 어렵다.

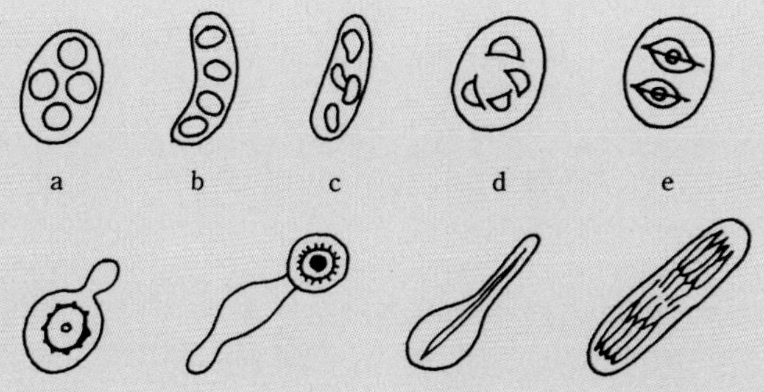

〈그림 6-6〉 효모의 자낭포자 형태

a. 구형 (*Saccharomyces cerevisiae*)
b. 구형~타원형 (*Schizosaccharomyces pombe*)
c. 신장형 (*Kluveromyces marxianus*)
d. 모자형 (*Hansenula anomala*)
e. 토성형 (*Hansenula saturnus*)
f. 표면에 돌기가 있는 구형 (*Debaryomyces*속)
g. 표면에 가시가 있는 구형 (*Nadsonia*속)
h. 바늘모양 (*Metschnikowia*속)
I. 방추형 (*Nematospora*속)

3) 효모의 생활환(life cycle)

자낭포자효모에는 영양증식 중의 세포가 반수체(haploid)의 경우와 배수체(diploid)의 경우가 있다. 반수체 시기에는 세포 하나당 염색체 수는 n이고 배수체의 시기는 2n이다. Saccharomyces cerevisiae의 경우 반수체 세포는 16개의 염색체를, 배수체의 경우는 32개의 염색체를 갖고 있다.

S. cerevisiae의 경우 성장하는 세포는 반수체 또는 배수체로 영양조건이 좋을 때는 출아법에 의해 증식하며 각각 동일한 반수체와 배수체의 딸세포를 형성한다.

반수체 효모들은 일반적으로 두 가지 유형의 서로 다른 교배형(mating type)을 가지

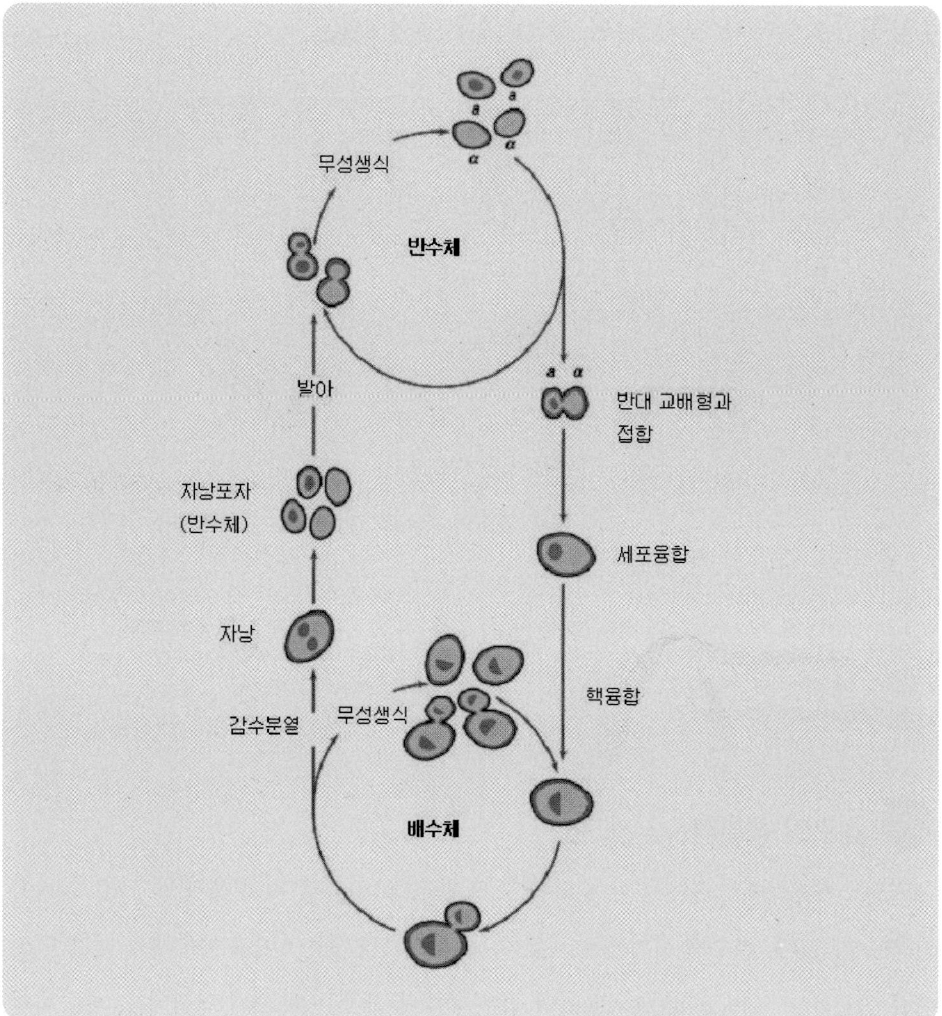

〈그림 6-7〉 *Saccharomyces cerevisiae*의 생활환

는데, 이들은 사람의 정자와 난자와 유사하게 생각될 수 있을 것이다. 반수체 세포들은 적당한 환경에서 반대 유형과의 교배에 의해 배수체 세포를 형성한다. 반수체의 교배결과 형성된 첫 번째 배수체 세포를 접합자(zygote)라 한다. S. cerevisiae는 a와 α형의 두 가지 교배형을 갖고 있으며, 서로 다른 형들 사이의 교배에 의해서만 배수체(a/α) 세포가 만들어진다.

배수체 세포는 생육조건이 나빠지면 감수분열(meiosis)을 일으켜 반수체를 형성한다. S. cerevisiae의 경우 하나의 배수체 세포로부터 4개의 반수체 세포가 형성되는데 이들을 배우자(gamete)라고 하며 a와 α 두 가지의 교배형이 형성된다. 배우자가 형성된 세포를 자낭(ascus)이라 하며, 자낭 안에 있는 세포를 자낭포자(ascospore)라 한다. 포자는 생육조건(특히 영양과 온도)이 좋아지면 발아하게 되며, 발아된 반수체 세포들은 서로 다른 교배형들과 접합하여 배수체로 되고 출아하여 증식한다.

이와 달리 Saccharomycodes속의 경우는 포자가 자낭 내에서 접합하여 배수체로 되어 출아하는 특징을 갖고 있다.

3 효모의 생리적 특성

효모는 호기성 또는 통성혐기성균으로 호기적 또는 혐기적 조건에서 생육할 수 있다. 균종에 따라 차이가 있으나 효모의 생육최적온도는 25~30℃이고, 최적 pH는 5~6의 미산성이다.

일반적으로 효모를 당을 발효하는 미생물로 생각하는 경향이 많으나 성장조건에 따라서는 호기적으로 당을 이용하는 능력도 갖고 있다. 당액에 효모를 첨가하여 혐기적 조건으로 배양하면 효모는 발효작용(fermentation)을 하여 당분을 알코올(ethanol)과 CO_2로 분해한다. Saccharomyces cerevisiae의 경우 포도당의 약 95%가 알코올

(48.4%)과 CO_2(46.6%)로 전환되며, 미량으로 acetic acid, glycerol, acetaldehyde 등과 같은 부산물을 생성한다. 이와 같이 효모를 당액에서 혐기적으로 배양하면 알코올을 생성하므로 맥주, 포도주, 청주, 탁주, 과실주 등의 양조공업에 이용하고 있다.

발효작용 Glucose → 2Ethanol + $2CO_2$ + 58kcal(2ATP)

호흡작용 Glucose + $6O_2$ → $6CO_2$ + 686kcal(38ATP)

그러나 공기의 존재하에서는 발효능력이 감소하여 호흡작용에 의해 최종 생산물로 CO_2와 물이 생성된다. 이러한 현상을 Pasteur 효과(Pasteur effect)라고 한다. 호흡작용 시 발효에 비해 약 10배 이상의 에너지가 생산되며, 당분을 효모자신의 생육에만 이용하기 때문에 많은 양의 균체가 생성된다. 이러한 현상은 제빵효모의 생산에 응용되어 알코올 생성을 최소화하면서 많은 효모균체를 얻을 수 있다.

효모가 발효시 쉽게 이용하는 것은 glucose, fructose, mannose, galactose와 같은 육탄당(hexose)으로 발효성당(zymohexose)이라고 불린다. 오탄당(pentose)은 일반 양조효모가 이용할 수 없지만, Candida utilis나 Candida tropicalis와 같은 균종은 잘 이용한다.

이당류 중 maltose와 sucrose는 효모에 의해 쉽게 발효가 되지만, lactose는 발효가 되지 않는다. 예외적으로 Kluveromyces속의 균주는 lactose를 발효하여 알코올을 생성할 수 있다.

삼당류인 raffinose(galactose-glucose-fructose의 형태)는 하면발효효모에 의해 완전히 발효되지만, 상면발효효모는 1/3만을 발효한다. 이것은 전자가 melibiose (galactose-glucose의 이당류)를 분해하는 melibiase와 sucrose(glucose-fructose의 이당류)를 분해하는 invertase의 두 가지 효소를 모두 생산하나 후자는 invertase만을 생산하기 때문이다. 따라서 상면발효효모는 melibiose를 발효하지 못한다. 또한 다당류 중에서 전분(starch)과 이눌린(inulin)은 효모에 의해 직접 이용되지 않는다.

4 식품과 관련된 주요 효모

효모의 분류에서는 어느 한 가지 절대적인 기준은 존재하지 않으며 1) 형태적인 특징, 2) 영양증식법, 3) 포자형성유무, 4) 유성생식 방법, 5) 다양한 탄소원 및 질소원의 이용여부, 6) 성장온도 등의 생리적인 특성, 7) 호흡계의 quinone이나 세포벽의 구성성분, 8) 분자생물학적인 특성 등을 종합하여 분류하는 다상적 분류방법을 따른다. 효모의 종(species)은 세포간의 교배 유무와 DNA 상동성에 따라 구별된다. 일반적으로 65% 이상의 상동성을 나타내는 것을 동일한 종으로 한다.

효모는 단세포로 그 형태가 간단하며 생리적 특성에 따라 유포자 효모와 무포자 효모로 나눈다. 유포자 효모는 자낭균류에 속하며 자낭 속에 포자를 만든다. 무포자 효모는 불완전균류에 속하고 포자를 형성하지 않는다. 효모는 자낭균류와 불완전균류에 속하는 것이 대부분으로 일부는 담자균류에 속한다.

생리적, 생화학적, 분자생물학적인 특성에 따른 분류 외에도, 실용적인 면에서 분류하기도 하며 맥주효모(brewer yeast), 청주효모(sake yeast), 빵효모(baker yeast), 장유효모(soy sauce yeast), 사료효모(fodder yeast) 등의 이름으로 불리는 경우도 있다.

맥주 양조에 있어서는 생육에 따라 상면발효효모(top fermentation yeast)와 하면발효효모(bottom fermentation yeast)로 분류된다. 상면발효효모는 영국식 Ale 맥주를 만들어주는 효모로 발효말기에 액면의 상부에 뜨는 효모이고, 하면발효효모는 독일식 Lager 맥주의 제조에 이용되는 효모로 발효가 끝나면 밑바닥으로 침강하는 효모이다.

효모의 소재에 따라서는 야생효모(wild type)와 배양효모(culture yeast)로 나눈다.

야생효모는 자연계에서 분리된 상태의 효모이고 배양효모는 맥주효모, 와인효모, 청주효모 등과 같이 자연계에서 우수한 성질의 효모를 순수 분리하여 목적에 맞게 계대배양을 하면서 사용되는 효모를 말한다.

1) 유포자 효모(ascosporogenous yeasts)

자낭포자를 생성하는 효모로 Saccharomyces속, Schizosaccharomyces속, Zygosaccharomyces속, Pichia속, Hansenula속 등이 있다.

(1) Saccharomyces속

주류제조, 제빵 등 발효공업과 식품산업에 이용 되는 효모의 대표적인 속으로 알코올 발효력이 강하다. 세포는 구형, 타원형, 난형으로 다극 출아에 의해 증식한다. 유성생식동안 형성된 자낭 내에 1~4개의 포자를 갖고 있다. 생육최적 온도는 일반적으로 30℃이다.

① Saccharomyces cerevisiae

Saccharomyces속의 대표적인 균종으로 영국의 맥주공장에서 최초로 분리되었으며 산업적으로 사용되는 맥주효모, 빵효모, 알코올효모, 탁주효모 등은 모두 이 균종에 속한다. 반수체 또는 배수체의 형태로 존재 가능하다. 세포는 구형 또는 난형이며 폭과 길이의 비가 1 : 1~2이고 크기는 3~10×4.5~12㎛이며 짧은 출아연결을 보인다.

발효성 효모로 당을 이용하여 빠르게 에탄올과 이산화탄소로 전환시킨다. 맥주산업에서 상면발효효모로 사용되며, 맥주발효의 말기에 액의 표면에 거품과 함께 떠올라 발효액을 혼탁하게 만드는 특성을 갖고 있어 Ale 맥주의 제조에 이용되고 있다. 하면발효효모와는 달리 melibiose를 발효하지 못한다.

Glucose, maltose, galactose, sucrose를 발효하지만 lactose는 발효하지 않는다. 세포 내에서 thiamine을 비교적 많이 생성하므로 약용효모로도 이용된다. 일본 청주의 양조에 사용되는 S. sake, 고량주 효모인 S. manchurius, 포도주 효모인 S. cerevisiae var. ellipsoideus, 누룩의 주모로 사용되는 S. coreanus, 당밀로부터 에탄올 발효에 이용되는 S. fomosensis 등도 S. cerevisiae로 분류된다.

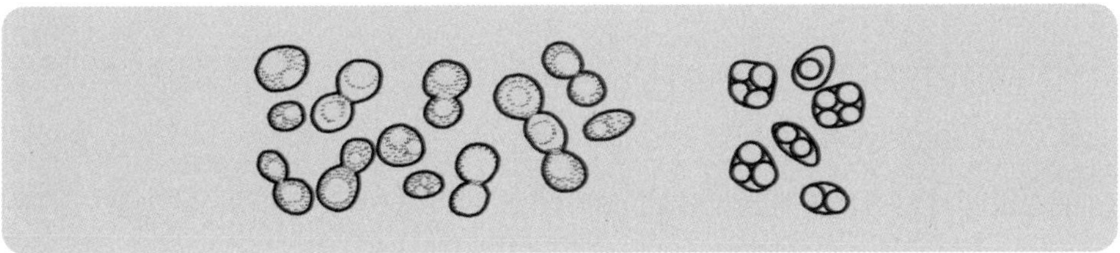

〈그림 6-8〉 *Saccharomyces cerevisiae*의 영양세포와 포자

② Saccharomyces carlsbergenesis

덴마크의 Carlsberg 맥주공장에서 분리된 하면발효 효모로 맥주 주발효의 후반기에 균체가 침강되어 발효액을 투명하게 하는 특성이 있다. 발효력이 강하여 독일, 미국, 우리나라 등에서 Lager 맥주의 양조에 사용되고 있다. S. cerevisiae와 같은 모양이나 melibiose를 발효할 수 있다.

③ Saccharomyces cerevisiae var. ellipsoideus

포도주 양조에 관여하는 효모로 S. cerevisiae와 같은 종으로 분류하며 크기는 2배 정도 크고, 포도 과피에서 볼 수 있다.

④ Saccharomyces pastorianus

하면발효의 야생효모로 맥주에 불쾌한 냄새와 쓴맛을 주고 청징을 나쁘게 하는 유해효모이다. 당 발효력이 강하여 glucose, galactose, sucrose, maltose, raffinose를 발효한다. S. cerevisiae와 같은 종으로 분류되고 있다.

⑤ Saccharomyces diastaticus

Dextrin이나 전분을 분해하여 발효하는 특성이 있어 맥주 양조 중에 혼입되면 고형물을 감소시키고 악취를 나게 하는 유해균이다.

⑥ Saccharomyces fragilis

유제품에서 중요하며 lactose를 분해하여 마유주(馬乳酒)를 만든다. 40℃에서 생육하며 inulin도 발효시킨다.

⑦ Saccharomyces rouxii

18% NaCl에 견디는 내삼투압성 효모이며 간장에 풍미를 주는 유익균이다.

(2) Zygosaccharomyces속

다극출아에 의해 증식하며 영양세포는 구형, 타원형, 원통형의 형태를 보인다. 위균사가 형성되며 균사에는 격막이 없다. 영양세포는 대부분 반수체로 존재하며, 접합에 의해 형성된 포자낭은 1~4개의 포자를 형성한다.

① Zygosaccharomyces rouxii

호염성효모(halophilic yeast)로 고농도 식염에서도 잘 생육하여, 간장 및 일본된장(미소)의 숙성에 관여하여 독특한 풍미를 부여해준다. 이 균은 또한 내삼투압성(osmophilic)으로 잼과 같이 당농도가 높은 식품에 생육하여 변패를 일으킬 수 있다.

② Zygosaccharomyces mellis

Zygoaccharomyces rouxii와 비슷한 내삼투압성 효모로 60~80%의 당 농도에서도 생육 가능하여 벌꿀, 잼, 시럽에 변패를 일으키는 유해균이다.

(3) Schizosaccharomyces속

세포의 형태는 원통형으로 분열에 의해 증식하는 것이 특징이다. 유성생식동안 형성된 자낭 내에 4~8개의 자낭포자를 형성한다. 일반적으로 열대지방의 과일, 당밀, 토양, 벌꿀 등에서 분리된다.

① Schizosaccharomyces pombe

이 속의 대표적인 균종으로 아프리카 원주민이 마시는 pombe 술에서 분리되었다. 열대지방의 과일, 당밀, 토양, 벌꿀 등에서 잘 검출되며 알코올 발효력이 강하다. 한 자낭 내에 4개의 자낭포자를 형성한다. 생육최적온도는 다른 효모보다 높아 37℃이다.

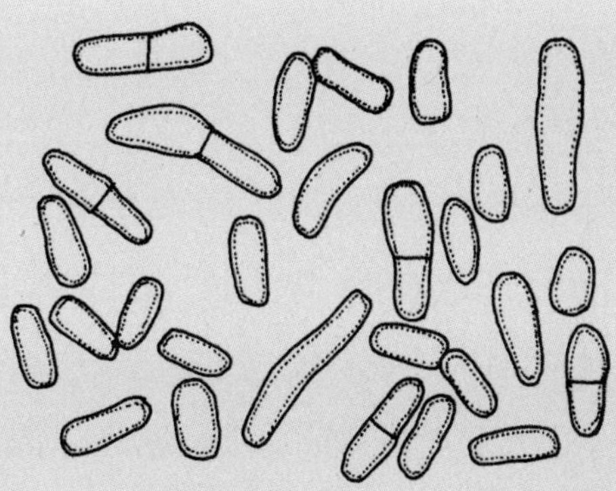

〈그림 6-9〉 *Schizosaccharomyces pombe*의 영양세포

② Schizosaccharomyces octosporus

내삼투압성으로 건포도에서 분리되었으며 세포의 형태는 구형 또는 끝이 둥근 원통형이다. 한 자낭 내에 6~8개의 자낭포자를 형성한다.

(4) Saccharomycodes속

떡갈나무 수액으로부터 분리되었으며, 세포의 형태는 레몬형으로 양극으로부터 출아하여 증식한다. Sucrose를 발효하지만 maltose를 발효하지 않는 특성을 지니고 있어, sucrose를 첨가한 맥아즙을 이 효모로 발효시키면, maltose가 남아서 감미가 있는 술이 만들어지게 된다. 이 속에는 Saccharomycodes ludwigii 한 종만 포함된다.

(5) Kluveromyces속

Lactose를 발효하여 에탄올을 생성하는 특징이 있는 유당발효성 효모이다. 다극 출아를 하며 증식한다. 한 개의 자낭 내에 보통 1~4개의 자낭포자를 형성하나, 16개 또는 그 이상의 포자를 형성하는 것도 있다. 대표적인 균주는 K. fragilis, K. lactis이다. 이 들은 lactase를 분비하여 우유속의 유당을 제거 할 수 있다.

(6) Pichia속

양조과정에서 주름이 많은 얇은 피막을 형성하는 산막효모(film yeast)이며 유해균인 경우가 많다. 다극 출아에 의해 증식하지만 출아된 세포가 길게 늘어나면서 연결되어 위균사를 형성하기도 한다. 한 개의 자낭 안에 구형, 반구형, 모자형, 토성형 등의 포자를 1~4개 형성한다. 호기적 조건에서 성장하며 당의 발효성은 없거나 매우 미약하다.

대표적인 균종인 Pichia membranaefaciens는 에탄올을 산화하여 이용할 수 있는 균주로, 맥주나 포도주 등의 양조과정 중에 피막을 형성하는 유해균이다.

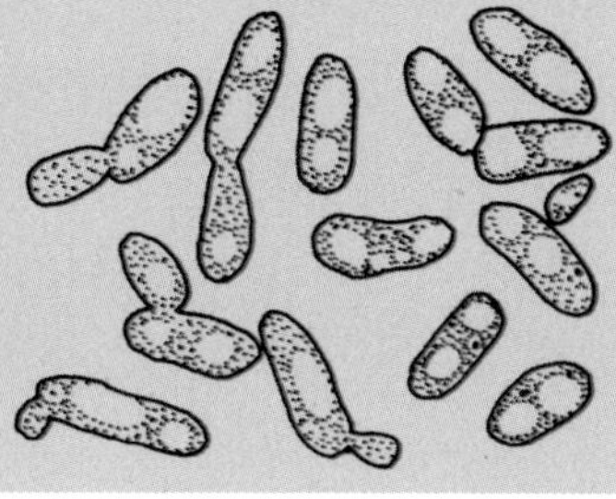

〈그림 6-10〉 *Pichia membranaefaciens*의 영양세포

(7) Hansenula속

Pichia속과 같은 산막효모로 배양액면에 피막을 형성한다. 당의 발효성은 종에 따라 없거나 미약하며, 에탄올을 이용할 수 있다. 질산염을 동화시키는 것이 Pichia와 다르다. 야생효모로 자연계에 널리 분포하며 특히 양조과정에 혼입하여 표면에 피막을 만들과 알코올을 소비하는 유해균으로 알려져 있다. Ester를 생성하는 것이 많아, 포도주나 일본청주의 숙성시 풍미를 부여해주는 역할도 한다.

대표적인 균종인 H. anomala는 자낭 내에 모자형의 포자를 1~4개 형성한다. Ester를 생성하며 청주 등 주류의 숙성시 과일향의 풍미를 주는 효모로 알려져 있다.

(8) Debaryomyces속

호기적 조건에서 다극 출아에 의해 증식하며 발효성은 거의 없거나 미약하다. 일반적으로 모세포와 낭세포의 접합으로 자낭을 형성하며, 표면에 돌기가 있는 포자를 형성하는 것이 특징이다. 이 속의 대부분 종들이 내염성이 강한 산막효모로 김치나 소금에 절인 육류로부터 흔히 분리되며, 호기상태에서 저당된 베이컨, 소시지 등의 육제품에서 점질물질을 생성한다.

(9) Lipomyces

세포가 점성이 있는 협막으로 싸여 있으며, 세포에 큰 지방구가 생기므로 유지효모라고도 한다. 발효성은 없다. 대표적인 균종인 Lipomyces starkeyi는 건조균체의 약 60%가 지방으로 유지 생산균으로 이용가능 하다.

(10) Hanseniaspora속

영양세포는 레몬형으로 양극출아에 의해 증식한다. 포자는 처음 구형이나 후에 모자형 혹은 헬멧형으로 바뀐다. 포도주에 악취를 주고 알코올을 감소시키며 휘발산을 증가시키는 유해균으로 Hanseniaspora valbyensis가 대표적인 균종이다.

2) 무포자 효모(불완전 효모류: imperfect yeast)

(1) Candida속

영양세포는 구형, 달걀형, 원통형 등 다양하며 대부분 다극출아에 의해 증식한다. 위균사를 잘 만들며 균종에 따라서는 진균사를 만들기도 한다.

C. tropicalis, C. rugosa, C. pelliculosa 등의 균종은 탄화수소자화력이 강하며 단세포 단백질(SCP, single cell protein) 생성균주로 주목되고 있다. 또한 이 속에는 C. albicans와 같이 사람의 피부, 인후 점막 등에 기생하여 candida증을 일으키는 병원성 균도 있다.

① Candida tropicalis

이 속의 대표적인 균종으로 세포는 크고 짧은 난형으로 위균사를 잘 형성한다. Xylose를 잘 동화하므로 사료용 효모로 이용되며 탄화수소 자화성이 강한 균주도 있다.

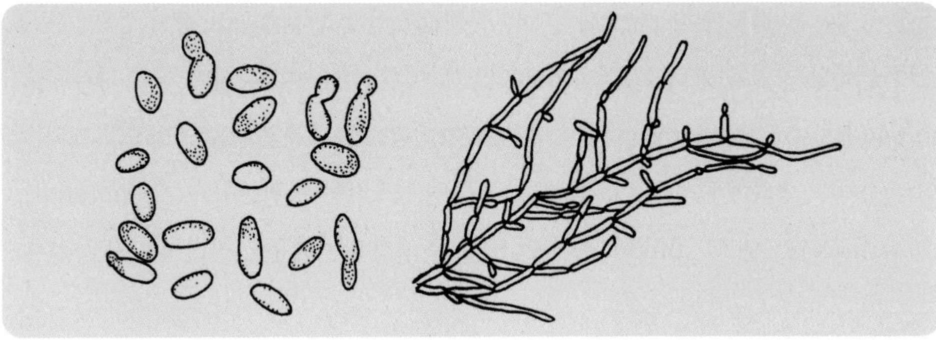

〈그림 6-11〉 *Candida utilis*의 영양세포

② Candida utilis

Xylose와 같은 오탄당의 동화력이 강하기 때문에 아황산 펄프 폐액 등을 원료로 하여 사료용 효모 제조 또는 inosinic acid의 제조에 이용되고 있다.

③ Candida lipolitica

강한 활성의 lipase를 생성하는 효모로 버터 또는 마아가린에서 분리되며 이들의 부패에 관여한다. n-paraffin으로부터 대향의 α-ketoglutaric acid나 구연산을 생성하는 것이 있어 공업적으로 이용되기도 한다.

④ Candida versatilis

호염성으로 간장발효시 풍미를 부여하는 후숙효모로 알려져 있다.

(2) Cryptococcus속

세포는 구형 또는 난형으로 때로는 길쭉한 모양을 하고 있으며, 위균사는 형성하지 않는다. 점조성의 협막을 형성하기 때문에 균총은 점질이며 carotenoid성의 황색색소를 생성하는 것도 있다. 산성배지에서 전분 유사물질은 생성하고 당의 발효성은 없으며 산화성 자화를 한다. 자외선이나 건조에 대한 저항성이 강하며 공기 중에 흔히 존재한다. C. neoformans는 이 속의 대표적인 균으로 중추신경을 침범하고 기타 폐나 피부에 기생하여 소위 cryptococcosis증을 일으키는 병원균이다. C. laurentii는 carotenoid색소를, C. albidus는 pectinase를 생성하는 균주로 알려져 있다.

(3) Torulopsis속

세포는 일반적으로 작은 구형 또는 난형으로 대표적인 무포자 효모이다. 황홍색 색소를 생성하는 것도 있으나 carotenoid 색소는 아니다. 위균사를 형성하지 않는 점으로 Candida속과 구별하고 전분 유사물질을 생성하지 않는 점으로 Cryptococcus속과 구별된다. 내당성, 내염성 효모로서 당이나 염분이 많은 곳에서 잘 검출된다. 당 함유량이 높은 오렌지 쥬스 또는 벌꿀 등의 변패에 관여한다. T. versatilis는 내염성이 강하여 강장 덧에 향기를 부여하며, 간장 발효 후기에 관여하는 T.etchellsii와 함께 유용한 균종이다.

(4) Brettanomyces속

세포는 구형 또는 난형이나 길고 양단이 뾰족한 타원형을 하는 것도 있다. 다극출아에 의해 증식하며 위균사를 형성한다. 산소가 당 발효를 촉진하는 역 Pasteur효과를 나타내, 호기적 조건에서 당으로부터 대량의 acetic acid를 생산한다. 대표적 균종인 B. bruxellensis는 상면발효맥주의 후발효에 관여하지만 하면발효맥주, 포도주, 청량음료 등에서는 유해균으로 알려져 있다.

(5) Rhodotorula속

세포는 원형, 타원형 또는 소시지형이고 위균사를 만든다. 대부분 점성을 가지며 피막은 형성하지 않는다. 발효성은 거의 없어 산화성 자화를 한다. Carotenoid 색소를 생성하는 균주로 육류와 침채류에 적색 또는 홍색의 반점을 만든다. R. glutinis는 대표적인 균종으로 공기중에서 잘 검출된다. 지방 축적력이 강하여 균체중 60% 가량이 지방으로 유지 생산균으로 주목된다.

Chapter

07

버섯류와 조류

버섯류와 조류

버섯류와 조류는 계통학적 분류체계와 관계없이 용어가 지정되어 공식적인 의미는 없다. 그렇지만 형태학적, 생식적, 생태학적 특성으로 인하여 버섯류(mushroom)는 전형적인 큰 자실체를 형성하고, 조류는 엽록소와 광합성을 수행하는 엽상체 식물로 연관되어 사용되고 있다.

1 버섯류

버섯은 분류학상 대부분 담자균류에서 만들어지고 일부는 자낭균류에 속한다. 버섯은 진균류 중에서 포자를 착생하는 자실체가 육안으로 볼 수 있을 정도로 크게 발달하여 줄기와 갓으로 이루어진 단순한 형태를 하고 있다. 담자균류는 진균류 중에서도 고등균류로 균사에 격벽이 있고 균사의 끝에 특징적인 담자기를 형성하며 그 외면에 무성포자인 4개의 담자포자를 외생한다(그림 7-1).

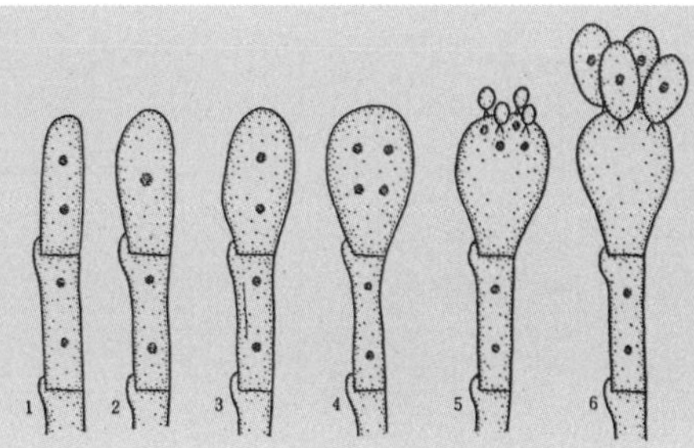

〈그림 7-1〉 담자포자의 형성과정

전형적인 버섯의 생활사는 자실체의 주름부분에서 만들어진 담자포자가 비산하면 발아하여 단핵의 1차 균사로 된다. 유전적 성질이 다른 1차 균사끼리 세포질이 융합하여 2핵의 2차 균사로 된다. 2핵은 융합을 하지 않고 성장하여 균사체를 형성한다. 적당한 조건하에서 2차 균사에서 자실체인 버섯을 만드는데 이 버섯의 균사를 3차 균사라 한다(그림 7-2).

담자균류는 세계에 약 15,000여 종이 알려져 있고 식용 버섯은 대부분 동담자균류의 송이버섯목에 속하고 약 600여 종이 알려져 있다. 대표적인 식용버섯은 송이(Tricholoma matsutake), 팽이버섯(Flammulima velutipes), 느타리버섯(Pleurotus osteatus), 양송이(Agaricus bisporus), 표고버섯(Lentinus edodes) 등이 있다. 송이버섯목에는 광대버섯(Amanita muscarina), 화경버섯(Lampteromyces japonicus) 등의 강한 독버섯도 있다.

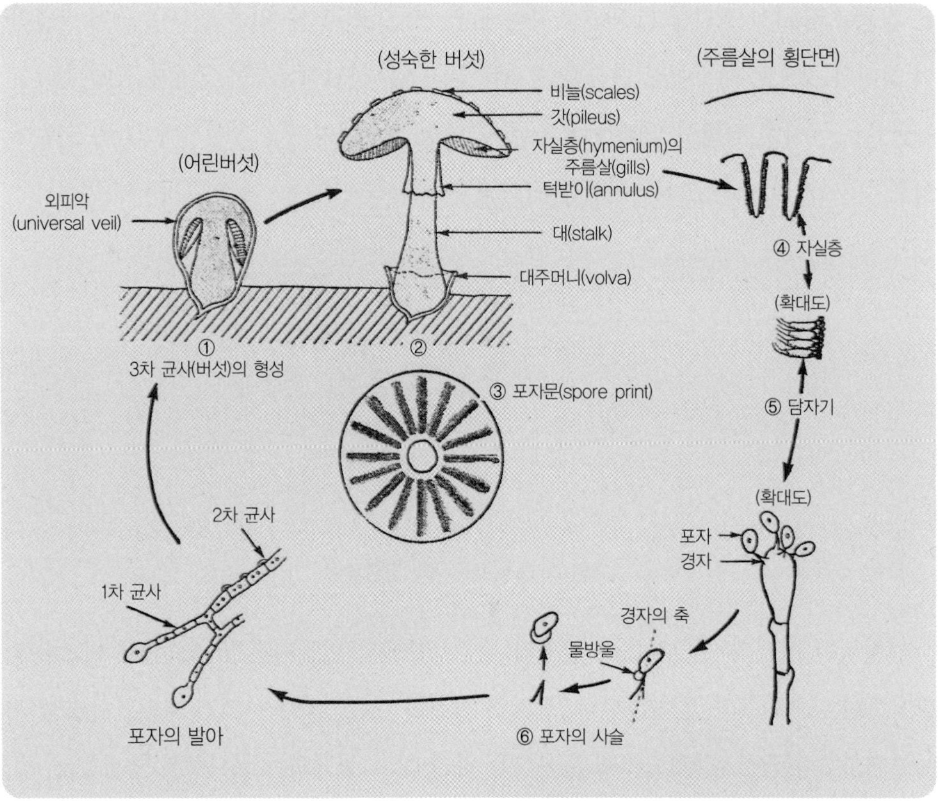

〈그림 7-2〉 버섯의 생활사

식용버섯의 주성분은 대부분 glucan, chitin, mannan 등의 다당류로 구성되어 있다. 버섯 성분중에 5'-guanylic acid(5'-GMP), 유리아미노산은 버섯 특유의 맛과 향을 내게 한다. 최근 다당류 등의 버섯성분이 항암 및 면역 효과로 주목을 받고 있다.

독버섯에는 독성이 강한 성분으로 neurine, muscarine, phaline, amanitoxin, psilocybin 등을 함유하고 있다.

2 조류

조류(algae)는 엽록소가 있고, 산소를 생산하는 광합성을 수행할 수 있는 진핵생물체라고 정의할 수 있다. 조류는 대부분 물에서 발견되는 데, 자유롭게 부유하는 수중생물체를 플랑크톤(plankton)이라고도 부른다. 분류학상의 용어가 아니고 습관적으로 사용되는 말이며, 남조류를 제외한 조류는 고등미생물에 속한다. 식물성 플랑크톤은 조류와 작은 식물로 되어 있으며 동물성 플랑크톤은 동물과 광합성을 하지 않는 원생생물로 구성되어 있다. 어떤 조류는 산호초나 원생동물 또는 연체동물의 세포내에서 광합성으로 공생관계를 맺으며 살아가기도 한다. 식물과도 세포내 공생관계를 맺으며 살아가는데 어떤 조류는 균류와 결합하여 지의류를 형성하기도 한다.

1) 조류의 구조와 생식

진핵조류세포는 얇고 단단한 세포벽으로 둘러싸여 있다. 어떤 조류는 세포벽 바깥쪽에 존재하는 기질은 유연한 젤라틴 성분으로 세균의 협막과 유사하며 이 기질은 편모처럼 이동수단이 된다. 핵은 핵공을 가진 전형적인 핵막이 있으며 핵 안에는 핵인, 염색질이 있다. 엽록체에는 막으로 둘러싸인 틸라코이드(thylaloid)라고 불리는 액포가 있어 광합성을 담당한다. 또한 녹말의 합성과 저장에 관여하면 단백질이 밀집되어 있는 부분인 피레노이드(pyrenoid)도 엽록체에 존재한다.

조류는 엽상체의 구조로 생장하다. 엽상체는 세균만큼 간단한 단세포 형태에서 길이가 75m 이상의 대형 켈프처럼 다세포로 구성된 매우 복잡한 형태에 이르기까지 다양하다. 조류는 무성생식과 유성생식을 한다. 대부분 단세포성 조류는 무성생식을 한다. 무성생식에는 분절, 포자형성, 이분법으로 엽상체가 분절되어 잘려져 나가 뒤 각각의 절편부위가 다시 자라 새로운 엽상체를 형성한다. 포자는 보편적인 증식세포나 포자낭이라고 하는 특수화된 구조 안에서 형성된다. 편모를 가지 이동성이 있는 포자를 유동포자라고 한다. 어떤 종류의 단세포성 조류는 이분법을 하는데 핵이 먼저 분열하고 나중에 세포질이 분열하는 방법을 쓴다.

2) 조류의 분류

조류는 광합성에 이용되는 엽록소와 색소의 종류, 세포벽의 형태, 영양분의 저장방법, 엽상체의 형태, 편모의 형태와 수 등에 분류한다. 대부분 식물로 분류되고 어떤 조류는 독립적인 계통으로 분류되며, 원생동물로도 분류된다.

남조류(blue green algae)는 단세포로 세포내에 엽록체가 없고, 광합성색소인 엽록소는 분산되어 있으며, 세균과 같이 원핵세포 구조를 하고 있다.

연두벌레식물류(euglena)는 대부분 운동성의 단세포로 분열에 의해서 증식한다. 세포내에 엽록체가 존재하며 chlorophyll a 및 b와 베타카로틴, 잔토필 등의 색소를 함유한다.

녹조류(green algae)는 단세포로 chlorophyll a 및 b를 다량 함유하는 엽록체를 가진다. 대표적인 담수조류인 chlorella는 2~12㎛크기가 구형으로 분열에 의하여 한 세포가 4~8개의 낭세포로 되고 빛에너지에 간단한 무기염과 이산화탄소로 쉽게 발아하여 증식한다. Chlorella는 1g당 약 5.5kcal 의 열량을 가지고 있으며 엽록체와 단백질 함량이 높기 때문에 건강기능식품으로 이용된다.

규조류(diatoms)는 담수, 해수, 토양, 고등식물에 널리 분포하는 대표적인 식물 플랑크톤이다. 세포막은 많은 규산질을 함유하고 엽록소 외에 조황소(phycoxantin)를 가

진다. 세포는 상자모양으로 2개의 피각으로 싸여 있는 특징을 보이고 기름같은 유적에는 비타민 A와 D가 풍부하다. 이것이 다량 퇴적하면 규조토가 된다.

갈조류(brown algae)는 해수에 살며 육안으로 볼 수 있는 다세포형으로 유주자를 형성하는 무성생식과 유성생식을 한다. 세포내에 다량의 갈색소(xanthophyll)를 함유하고violaxanthin, flavoxanthin, neoxanthin, fucoxanthin, neofucoxanthin 등의 종류가 알려져있다. 대표적인 해조류는 다시마, 미역, 톳, 켈프 등이 있다(그림 7-3).

홍조류(red algae)는 해수에 살며 육안으로 볼 수 있는 다세포형으로 chlorophyll a와 b, carotein, xanthophyll, phycoerythrin, phycocyan 등의 색소를 함유하며 홍색을 띠는 것은 phycoerythrin의 함량이 많기 때문이다. 세포막은 보통 cellulose와 pectin으로 되어 있으나 칼슘을 침착시키는 것도 있다. 대표적인 해조류는 우뭇가사리, 김 등이 있다.

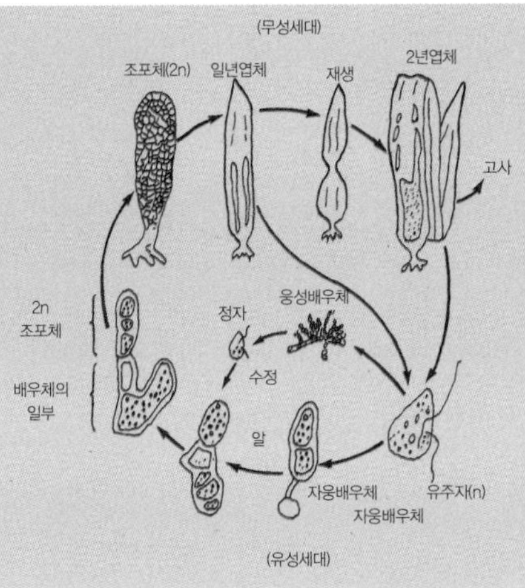

〈그림 7-3〉 다시마의 생활사

쌍편모조류(dinoflagellates)는 대부분 해수에 살며 운동성인 단세포로서 2개의 편모를 가진다. 규조류처럼 쌍편모조류도 담수와 해수 플랑크톤으로 많은 먹이사슬의 하단부를 이룬다. 세포벽은 셀롤로오스 성분으로 고형화된 판에 다양한 무늬와 2개의 홈이 가로와 세로로 나있다. Noctiluca는 빛을 낼 수가 있어서 밤바다에서 볼 수 있는 빛을 이룬다. 쌍편모조류는 대량으로 번식하여 적조를 이루고 강력한 신경독소를 분비하여 물고기를 대량 폐사시킨다(그림 7-4).

대표적인 유독 플랑크톤은 Peridinium, Gymnodinium, Gonyaulax, Dinophysis 등으로 먹이사슬로 어패류에 독소가 축적되어 독화된다. 독화된 어패류는 인체에 마비성패독(paralytic shellfish poison), 설사성패독(diarrhetic shellfish poison), 기억상실성패독(amnestic shellfish poison), 시가테라(ciguatera) 등의 식중독을 일으킨다.

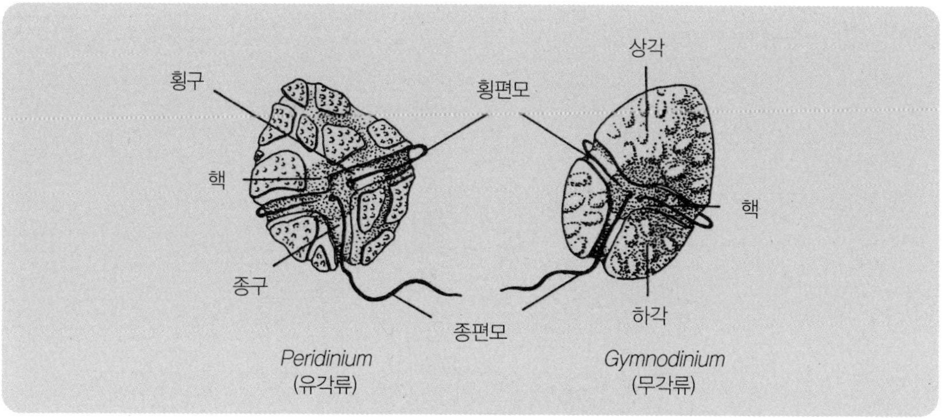

〈그림 7-4〉 와편모조류의 구조

Chapter

08

바이러스

1 바이러스와 phage

바이러스는 라틴어로 독소(poison)라는 뜻이며 동식물과 세균세포에 기생하여 증식하는 미생물을 지칭하는 말이다. 바이러스는 세균을 걸러낼 수 있는 여과막을 통과하는 크기가 대단히 작은 초여과성 병원체로서 광학 현미경으로는 관찰이 불가능하다. 바이러스는 일반미생물과 달리 유전자로서 RNA나 DNA 중 한 가지 핵산만을 가지고 있으며, 이는 capsid라 불리는 보호단백질에 싸여 있고 일부 바이러스는 외피(envelope)에 싸여 있는 경우도 있다. DNA를 유전자로 갖고 있는 바이러스를 DNA virus, RNA를 유전자로 갖는 종류를 RNA virus라 한다. 바이러스는 숙주세포 밖에서는 독자적으로 증식이 불가능하나 숙주세포 안에서는 숙주세포의 핵산이나 효소 등을 이용하여 증식이 가능해진다.

바이러스는 숙주(host)세포의 종류에 따라 인간을 포함한 동물세포에 감염되는 동물 바이러스와 Tabacco mosaic virus(TMV)와 같은 식물 바이러스, 대장균 등과 같은 세균에 기생하는 세균 바이러스 등으로 구별할 수 있다. 특히 세균에 기생하여 증식하는 바이러스를 bacteriophage 또는 phage라고 한다. 바이러스는 막대나 다면체 등의 다양한 모양을 갖고 있으며 그 크기는 10~20㎚(대장균 F_2 phage)에서 230×300㎚(천연두 바이러스)정도로 세균의 1/10 정도이다.

바이러스의 감염의 대상이 되는 세포를 숙주라 하는데 하나의 phage는 여러 종류의 세균이 아닌 특정한 세균에만 침입하는 특성이 있다, 이러한 성질을 숙주특이성(host-specific)이라 한다. 이 숙주에 대한 특이성은 phage와 숙주세포에 있는 phage 수용체(receptor)사이에 특이적인 결합에 의한 것으로 만일 세균에 돌연변이가 일어나 수용체의 구조가 변화하면 phage 내성 변이가 일어나 더 이상 phage가 감염할 수 없게 된다.

2 phage의 종류 및 구조

전자현미경의 발달로 phage의 다양한 형태와 미세구조가 밝혀지게 되었다. phage 중에서 그 구조가 가장 잘 알려진 것은 대장균의 T phage로 T_1부터 T_7까지 7종류가 있다. T_2 phage는 머리, 꼬리, 6개의 spike가 달린 기부(base plate)와 그 끝에 부착되어 있는 꼬리섬유(tail fiber)로 구성되어 있다(그림 8-1). T_2 phage의 머리 부분은 capsid라 불리는 단백질에 싸고 있는 단백질 주머니로 그 안에는 이중 나선상의 DNA가 들어 있다. 꼬리부분의 초(sheath)는 단백질이 나선형으로 배열된 구조로 그 내부는 비어 있다. 갈고리 모양의 spike는 phage가 숙주세포에 기생할 때 몸을 고정시키고, 꼬리섬유는 세균표면에 부착하는 장치로 생각된다. phage가 대장균 숙주에 부착하게

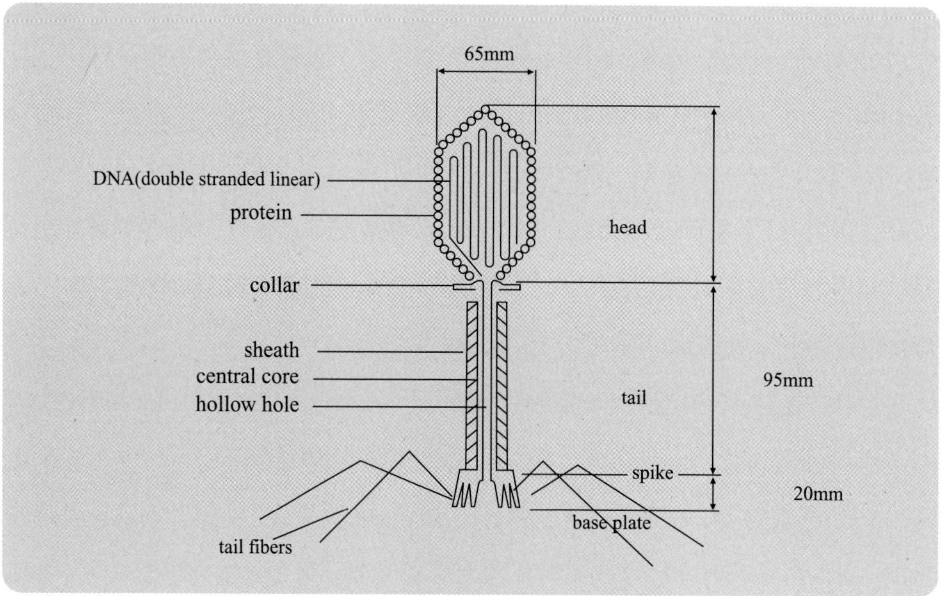

〈그림 8-1〉 T_2 bacteriophage의 구조

되면 꼬리부분의 초를 구성하고 있는 단백질이 수축하면서 내측의 관을 숙주세균의 세포 내로 깊이 삽입하고 세포벽에 구멍을 뚫어 머리부분 안에 들어 있던 DNA를 숙주인 대장균 세포 내로 주입시킴으로서 새로운 phage를 만들어 낸다.

3 phage의 생활사

phage에는 독성 phage(virulent phage)와 약독성 phage(temperate phage)의 두 종류가 있다. 독성phage인 경우 숙주세포에 삽입된 phage DNA에 의해 숙주인 세균의 성장에 필요한 DNA, RNA 단백질의 합성은 중지되고 파지에 필요한 단백질과 핵산이 생산된다. 이렇게 생산된 파지의 핵산과 단백질이 조립되어 원래의 phage입자와 동일한 여러 개의 새로운 파지가 생기고 이어 세포벽을 파열하여 숙주세포를 용균(lysis)시키고 세포 밖으로 나가게 된다(그림 8-2). 외부로 방출된 phage들은 또 다시 다른 세균세포에 기생하는 생활환을 반복하게 된다. 이와는 달리 약독성 phage의 경우에는 세균세포 속으로 들어온 phage의 DNA가 새로운 DNA나 구조단백질을 합성하지 않고 숙주세균 세포의 염색체에 부착하여 염색체의 일부로 되어 세균의 증식에 따라 분열한 세균세포로 유전된다. 따라서 세균세포가 파지에 감염되어도 죽지 않고 남게 된다. 이렇게 파지에 감염되었으나 그대로 살아가는 세균세포를 용원성(lysogeny)세포라고 하며, 이때 세포 안에 있는 파지를 프로파지(prophage)라고 한다. 용원균은 보통의 상태에서는 일반세균과 마찬가지로 분열증식을 계속하며 같은 종류의 파지에 대하여는 면역이 있어 감염되지 않는다. 그러나 이러한 용원성 세포 중에는 자외선조사, 화학약제 등에 의하여 prophage가 독성phage로 바뀌어 용균되어 죽는 세포가 생기며 이때 완성된 파지가 세포 밖으로 나오게 된다.

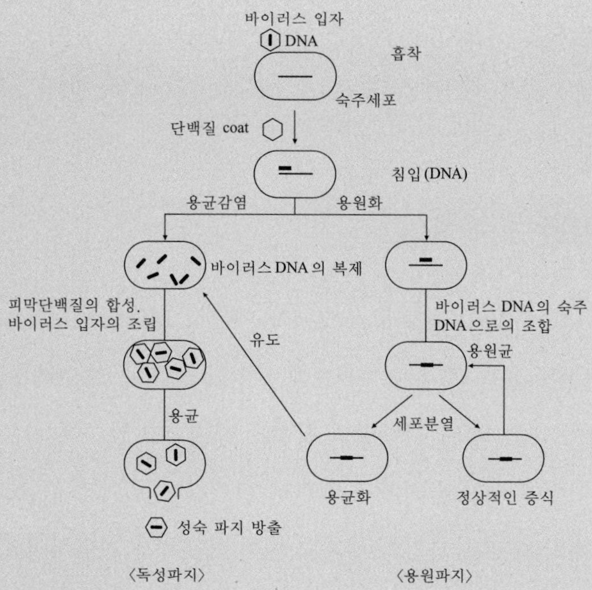

〈그림 8-2〉 원핵미생물의 구조

4 phage의 대책

발효과정 중 발생하는 phage 감염은 발효미생물의 사멸을 초래하여 발효생성물의 양을 급격히 감소시킨다. 발효공업에 있어 파지오염을 방지하기 위해서는 먼저, 발효공장주변 및 실내를 항상 청결히 유지하고 사용설비와 기구 등을 가열하거나 약품을 사용하여 살균을 철저히 하여야 한다. 또한 식품공장의 공기에 대해서도 수시로 파지의 유무를 검사하여 파지를 조기 발견하도록 한다. 그리고 starter의 rotation system을 실시한다. Phage는 숙주에 대한 특이성이 있으므로 phage에 대해 감수성이 다른 생산균주를 여러 종 준비하여 체계적으로 교체하도록 한다. 만일의 경우 파지에 의해 한 균주가 감염되더라도 다른 균주에 의해 발효가 정상적으로 이루어 질 수 있도록 혼합균주로 만들어진 starter를 사용하는 것도 파지에 의한 피해를 최소화 할 수 있는 좋은 방법이다. 항생물질의 내성이 있고 정상발효를 할 수 있는 내성균주(耐性菌株)를 사용한다.

Chapter

09

미생물의 생리

미생물의 생리

현미경 기술이 발달됨에 따라 미생물의 세계를 좀 더 자세히 관찰해 보면 미생물의 구조와 기능이 서로 크게 다른 면을 볼 수 있다. 예를 들면, 미생물의 세포막으로 구분되는 내부에는 핵과 같은 막구조로 형성된 복잡한 소기관 등을 통해서 가장 기본적인 차이점으로 볼 수 있다. 이러한 형태적인 차이점에 따라 원핵세포 구조와 기능을 갖는 하등미생물과 진핵세포 구조와 기능을 고등미생물로 구별하여 부르고 있다.

1 미생물의 영양

1) 증식과 영양물질

다른 모든 생물과 마찬가지로 미생물도 그의 증식에 영양을 필요로 한다. 증식에는 균형 있는 세포물질의 증가가 필요하고, 세포중의 특정한 성분만의 증가는 불균형 증식(unbalanced growth)이라 부르고, 정상적인 증식과는 구별한다. 영양물질의 역할을 대별하면, 균체의 구성성분을 생합성하기 위한 소재로서의 의미와, 이들 생합성을 위한 에너지원으로서의 의미를 갖고 있다. 일부의 미생물은 빛을 에너지원으로 하여 증식하지만, 이들은 전체로서는 대부분 예외가 있어서, 많은 미생물들은 광을 에너지원으로 이용할 수 없고, 화학적 에너지를 이용한다. 대부분의 미생물은 유기화합물을 기질로서 발효 또는 호흡에 의해서 에너지를 얻지만, 토양 및 수서(水棲)의 세균 중에는 무기화합물의 산화에 의한 에너지를 얻는 것이 있다.

미생물이 그의 증식에 소재로서 필요한 원소는, 그의 생체성분으로 보아 당연하듯이, 비교적 다량으로 필요한 것은 C, H, O, N, S 및 P 이고, 기타 미량인 것은 Mg, K, Fe, Cu, Co, Mn, Zn, Mo 등이 필요하다.

미생물은 세포막을 통하여 영양분을 흡수하여 에너지 생성반응으로 필요한 에너지를 얻고, 균체 구성성분의 합성과 기타 작용을 영위함으로써 자신의 생명현상을 유지한다.

미생물이 어떤 화합물을 이용하려면, 먼저 그 화합물이 세포막을 통과하여야 하고, 단백질이나 탄수화물을 아미노산이나 단당류까지 분해하는 효소를 분비하여야 한다. 다음에 세포내에 그 화합물을 필수 대사중간산물로 변화시키는 효소를 가져야 한다. 또한, 적응효소의 작용이 필요한 경우는 균을 그 화합물에 미리 순응시켜야 한다.

미생물 중 원생동물은 완전동물성영양(holoxoic nutrition)을 하여 미세한 고형물을 섭취할 수 있으나, 기타 미생물은 완전식물성영양(holophytic nutrition)으로 모든 영양분을 수용액상태로 흡수한다.

미생물이 요구하는 영양물질은 균종에 따라 상당한 차이가 있으며, 미생물은 우선 이용할 수 있는 탄소원에 따라 두 가지로 나눈다.

① 탄산가스를 탄소원으로 이용할 수 있는 미생물을 독립영양균 또는 자력영양균(自力營養菌, autotrophic microbe, autotroph)이라 하며, 특히 탄산가스를 비롯한 무기화합물만을 영양원으로 하여 생육하는 균을 무기물 이용균(lithotroph)이라고 한다.

자력영양균에는 광합성색소를 가지고 태양에너지를 이용할 수 있는 광합성균(광합성 독립영양균, photosynthetic microbe, photoautotroph)과 에너지를 H_2, S, H_2S, S_2O_3, NH_3, NO_2 등과 같은 무기물을 산화하여 얻는 화학합성균(화학합성 독립영양균, chemosynthetic microbe, chemoautotroph)이 있다.

② 유기화합물을 이용하여 에너지를 얻는 미생물군을 종속영양균(從屬營養菌, 타력영양균, heterotrophic microbe, heterotroph) 또는 유기물이용균(organotroph)이라고 한다.

조류를 제외한 발효미생물, 부패균 등 대부분의 미생물은 종속영양균에 속한다. 종속영양균은 사물기생균(부생균, saprophytes), 동 · 식물의 생세포에 기생하는 생체기생균(parasites) 또는 공서균(共棲菌)으로 나눈다. 생체기생균은 또 식물기생성(phytotrophy), 동물기생성(zootrophy), 세균세포기생성(schzomycetotrophy) 등이 있다. 또한 인공배지에서는 아직 배양하지 못하는 소위 절대기생균으로 사상균 중의 식물병원균인 녹병균, 노균병균, 흰녹가루병균, 흰가루병균, Rickettsia 등이 있다.

(1) 광합성균

빛을 에너지원으로 하는 미생물이며, 이들은 광합성색소로 고등식물의 chlorophyll a와 구조가 비슷한 세균 chlorophyll을 균체 내에 가진다. 이 색소는 일종의 Mg-porphyrin으로 측쇄에 chlorophyll의 vinyl기 대신에 acetyl기를 가졌다. 광합성균은 대체로 절대혐기성균이며, 광합성대사에는 녹색식물과 달리 보통 H_2S를 필요로 한다. 홍색 황세균은 H_2S로 CO_2를 환원하여 황산이 생성된다.

$$H_2S + CO_2 + H_2O \rightarrow 2HCHO + H_2SO_4$$

(2) 화학합성균

무기물의 산화로 에너지를 얻는 미생물이며 호기적 조건 하에서 생육한다.

농업에 중요한 Nitromonas속균은 NH_3를 NO_2로 산화하고, Nitrobacter속 균은 이 NO_2를 NO_3로 산화하여 각각 에너지를 얻는다.

$$2NH_3 + 3O_2 \rightarrow 2HNO_2 + 2H_2O + 79kcal$$

$$HNO_2 + 1/2O_2 \rightarrow HNO_3 + 21.6kcal$$

Thiobacilus속균은 유리의 황이나 thio황산염($S_2O_3^-$)을 황산염으로 산화한다.

$$2S + 3O_2 + 2H_2O \rightarrow 2H_2SO_4$$

$$S_2O_3 + 2O_2 + H_2O \rightarrow 2SO_4 + 2H + 283.6kcal$$

Pseudomonas flava와 같은 수소균은 분자상의 수소에서 2개의 H+을 방출시켜 생체에서 산화환원반응을 할 때 수소공여체로 이용할 수 있으며, 간단한 유기물이 있으면 산소 존재 하에 왕성하게 발육하고, 또 산소와 수소의 공급이 있으면 무기물만 있어도 잘 발육한다.

$$CO_2 + 6H_2 + 2O_2 \rightarrow HCHO + 5H_2O$$

(3) 종속영양균

① **질소고정균**: 농업에 중요한 토양세균이 되는 근류균(Rhizobium속) Azotobacter 및 혹종의 Clostridium 등이 있다.

② **영양요구가 심하지 않은 균**: 생육에 특정아미노산이나 발육인자를 필요로 하지 않으며, 탄소원은 유기물을 요구하지만 질소원은 유기태질소도 이용할 수 있고, 암모늄염 또는 질산염과 같은 무기태질소를 이용하여 모든 균체성분을 합성한다. 대장균, Pseudomonas속을 비롯한 일반 세균과 곰팡이 등 많은 미생물이 여기에 속한다.

③ **영양요구가 심한 균**: 무기태질소만을 질소원으로 하면 생육하지 못하고, 1종이상의 특정아미노산을 요구하는 아미노산 요구균과 발육인자를 요구하는 균, 아미노산과 생육인자를 다 요구하는 균 등이 있다. 혹종의 젖산균 등이 여기에 속한다.

2 미생물의 영양원

1) 탄소원(carbon source)

종속영양균은 주로 탄수화물을 이용하지만, 그 종류는 균종에 따라 다르다. 포도당,

과당, mannose, galactose, 맥아당, 자당 등은 일반미생물이 잘 이용하는데, 효모는 이들 당에서 자화는 하지만 발효는 못하는 것이 있다. 즉, Candida lipolytica는 포도당과 galactose를 자화는 하지만 발효는 못한다. 그리고 보통 세균과 곰팡이는 lactose를 잘 이용하지만, 대부분의 효모는 이용하지 못한다. 또 세균과 곰팡이는 xylose와 arabinose를 잘 이용하고, 혹종의 젖산균은 이들을 발효하여 젖산을 생산하지만, 효모는 일반적으로 발효나 자화를 하지 못한다. 전분은 방선균, 곰팡이 및 혹종의 Bacillus와 Clostridium속균, 그리고 glucoamylase를 분비하는 Endomycopsis속 효모는 잘 이용하지만, 기타 효모는 잘 이용하지 못한다.

섬유소와 pectin을 이용하는 세균과 곰팡이도 있으며, 해조에 함유되는 fucoidin, fucose, laminarin 및 sodium-alginate 등을 이용하는 효모도 있다. 에탄올, glycerol, mannitol, sorbitol 등의 알코올류와 구연산, 사과산, 푸말산, 호박산 등의 유기산을 이용하는 미생물도 있으며, glycerol은 특히 방선균이 잘 이용한다. methane, ethane, propane, n-paraffin 등을 이용하는 미생물도 있다. 미생물이 발육을 하는 데 적당한 당 농도는 일반적으로 세균에서 0.5~2%, 효모 및 곰팡이는 1~10%이며, 이보다 고농도가 되면 저해를 받는다. 그러나 혹종의 효모와 Aspergillus glaucus군의 곰팡이는 50%의 자당농도에서도 잘 생육하는 것이 있다. 이와 같은 균주를 호삼투압성균(osmophilic strains)이라 하며, 간장젖산균(Pediococcus sojae)과 간장효모(Sacch. rouxii)는 고농도식염액에 잘 생육한다.

2) 질소원(nitrogen source)

질소는 미생물이 단백질, 핵산 등의 합성에 필요로 한다. Rhizobium속, Azotobacter속 및 혹종의 Clostridium속 균과 남조류 등은 분자상태의 질소를 동정하여 이용할 수 있으나, 곰팡이나 효모에서는 유리질소의 고정능이 알려진 것은 없다.

무기태질소원으로는 $(NH_4)_2SO_4$, $(NH_4)_2HPO_4$ 등의 암모늄염을 효모, 곰팡이, 방선균, 대장균, 고초균 등의 세균은 잘 이용하며, 곰팡이 및 조류는 질산염을 잘 이용하지만, 효모는 이것을 동화시킬 수 있는 것과 없는 것이 있어 효모분류의 한 표지가 된다. 또한 Asp. usamii 등은 아질산염도 잘 이용한다.

유기태의 질소원으로는 요소, 아미노산, 아미드 등은 효모, 곰팡이, 세균 및 방선균에 의하여 잘 이용되며, peptone, yeast extract, meat extract, malt extract 등은 대체로 모든 미생물이 잘 이용한다. 그리고 효모는 직접 단백질을 이용하지 못하며 aspartic acid, asparagine, glutamic acid, glutamine 등을 다른 아미노산보다 잘 이용한다.

이와 같이 균종에 따라 질소원의 이용성에 차이가 있으며, 배지에 사용되는 질소원의 농도는 일반적으로 0.1~0.5%이다.

3) 무기염류(mineral salts)

무기염류는 미생물의 세포구성성분, 세포 내 삼투압의 조절, 또는 효소의 부활제 등으로 필요하며 인, 칼륨, 마그네슘, 황 등은 특히 많이 필요로 하는 것이다. 황은 함황아미노산, biotin, thiamine 등의 합성에 필요하고 마그네슘은 hexokinase와 enolase 등의 작용에 필요하다.

철, 칼슘, 망간, 아연, 구리 코발트, 몰리브덴, 염소 등은 미량을 필요로 하며, 이들은 주로 효소의 부활제 또는 조효소의 성분으로 필요한데, 미량 금속이온의 존재로 Asp. niger에 의한 구연산 발효에서 그 수량을 높이는 등 미생물의 대사를 촉진하는 경우도 있다.

4) 생육인자(growth factor)

1901년 Wilders는 탄소원, 질소원 및 무기원 등으로 조제한 합성배지에서 효모는 발육이 미약하거나 못하지만 여기에 효모추출액을 가하면 발육이 심히 촉진되는 것을 보고 이것은 효모추출액에 생육촉진물질이 존재하는 까닭이라고 하여 이미지의 인자를 bios라고 하였다. 그 후 bios는 효모만이 아니라 다른 미생물에도 필요하다는 것이 인정되고, 효모의 bios는 적어도 thiamine, biotin, inositol, nicotinic acid(nicotinamide), pantothenic acid, pyridoxine, ρ-aminobenzoic acid 등이 된다.

bios의 필요량은 일반적으로 1 : 10^{-5}~1 : 10^{-9}의 극소량의 농도로 효과를 내며 inositol은 이보다 다소 많이 요구된다. biotin은 질소대사에 관여하고 nicotinic acid는 NAD 와 NADP, thiamine은 cocarboxylase, pantothenic acid는 coenzyme A의 구성물질이 된다. 또 bios는 미생물의 종류에 따라 필요로 하는 것이 다르며 비타민류뿐만 아니라 혹종의 아미노산이나 peptide, purine염기, pyrimidine염기 등을 필요로 하는 미생물도 있어서 이들을 모두 생육인자라고 한다.

3 미생물의 생육

1) 생육곡선(growth curve)

미생물의 생리에 대한 영양원 및 물리화학적 요인이 미치는 영양을 검토하기 위하여, 일정한 조건하에 미생물을 배양하면서 그 세포수나 균체량을 측정하여 생육곡선을 그려 생육에 대한 간단한 동력학(kinetics)을 고찰한다.

(1) 세균 및 효모의 액체배양

액체배지에 세균 또는 효모를 이식하여 경시적으로 세포수, 세포중량 혹은 질소 등의 세포물질량을 측정하여 semi-log의 모눈용지에 시간을 가로로 하고 측정내용을 세로로 기입하면, 긴 S자 모양(sigmoid)의 생육곡선이 얻어진다. 동시에 배지 중의 여러 성분의 변화를 보통 모눈용지에 기입하여, 곡선을 그리면 생육곡선이 되는데 4시기로 나누어 생각할 수 있다.

① 유도기(lag phase)

미생물을 새 배지에 접종하면 곧 증식을 시작하지 않고, 일정한 기간이 지난 후 활발히 증식을 개시한다. 이 기간을 유도기라 하며, 다음 대수기의 왕성한 증식을 위한 준비와 배지조성에 적응하는 기간이다. 유도기에는 세포의 증식은 거의 없으나, 세포 내의 대사활동은 활발하여 RNA 등 세포성분과 세포의 크기가 증대하고, 또 이 시기와 대수기의 초기에 있는 세포는 적응효소의 생성능력도 크다.

② 대수기(logarithmic phase)

미생물의 생육이 정상속도가 되어, 세포질의 합성속도와 세포수의 증가가 거의 일치하는 시기이다. 이 시기에 미생물은 가장 왕성하게 발육하여 세포는 대수적으로 증식하고, 여기에 반비례하여 배양액 중의 각 성분은 감소되며, 한편 대사산물은 증가한다.

③ 정상기(정지기, stationary phase)

대수기에는 배지의 영양분이 빨리 감소되고, 그 후기에 가서는 영양분은 결핍되며, 대사산물 등은 축적되어, 세포의 증식속도는 완만하게 되는 동시에 죽은 세포는 증가하여, 전 세포의 수가 거의 일정하게 되는 시기가 된다. 이 때를 정상기라고 한다. 이시기에 생육량은 최대로 되고, 항생물질과 같은 생산물도 역시 최대로 되는 경우가 많다.

④ 감퇴기(사멸기, death phase)

정상기를 지나면 죽은 세포는 더욱 증가하고. 생세포는 감소된다. 이 시기를 감퇴기라 하고 세포는 자기소화 혹은 기형으로 보이는 것이 많아진다.

균을 배양할 때 정상기는 영양분의 결핍, 산, 알코올 등 유해한 대사산물의 축적, 세포밀도의 과다 등으로 나타난다. 정상기의 기간은 균종, 배양조건(합성배지에서는 배양 중 생성된 산에 의하여 저해를 받아 정상기가 단축됨), 온도(저온이 정상기 연장됨), 통기량(산소가 결핍되면 대사가 완만하여 정상기 연장됨) 등에 영향을 받는다.

보통 배지에서 정상기의 세포수는 세균이 $10^9/ml$, 효모는 $10^8/ml$ 정도이며, 일정한 배양조건에서는 처음의 균수에 따라 정상기에 이르는 시간이 지배된다. 따라서 식품의 미생물 변패를 방지할 목적으로, 균의 분열을 지연시키는 수단과, 아울러 처음의 균수를 가급적 감소시키는 방책을 취해야 한다. 또한 된장의 양조말기에는, 효모를 빨리 노화시켜 가스의 발생을 억제한다.

2) 세균세포의 생육곡선

현미경하에서 세포 한 개의 발육을 관찰하면서 그 크기를 관찰하면, 세포용적의 대수 log V는 시간에 대하여 다핵세포는 직선, 구균과 같은 단핵세포는 S자형의 관계를 나타낸다.

3) 곰팡이의 생육곡선

곰팡이는 세균과 달리 생장이 균사의 선단부에서만 이루어지므로, 그 생육속도는 균사선단의 수와 거기에 보내지는 영양분의 공급 속도에 따라 정해진다. 또 균체는 각각 분리되어 있지 않으므로, 균사전체를 생각할 경우 영양적으로 불균일한 조건하에서 균사의 생장이 되기 쉽다.

4) 액침배양에서의 곰팡이 증식

곰팡이는 호기성이므로 정치배양에서는 표면에서만 발육하여, 균개(菌蓋)를 형성하는 것이 보통이다. 균개 상하부의 영양분의 차이로 성장이나 대사산물도 고르지 못하고 양도 적다. 그러나 배양액을 진탕 또는 통기를 하여주면, 균체의 발육이 신속하고 균일하게 이루어져 대사산물도 많아진다. 진탕배양을 하면 균사는 많은 pellet를 형성한다.

5) 고체배양에서의 미생물 증식

Knays(1951)는 고체배양에서 집락의 발육경과를 배지에서 영양분의 소모와 또 이것의 확산에 의한 회복, 대사산물의 축적과 확산에 의한 희박화 등으로 1차, 2차, 3차 집락 등이 생성된다고 하였으며, 나이테모양으로 집락을 형성하기도 한다.

4 미생물의 특수배양법

1) 동조배양법(synchronous culture)

정상적으로 왕성하게 증식하고 있는 대수기의 세포군 중에는 어린 세포와 성숙한 세포 등 여러 계층의 세포가 혼재되어 있다. 이와 같은 집단을 적당히 처리하여 동일한 성장단계에 있는, 즉, 같은 연령의 세포만의 집단으로 하는 것을 동조화(同調化,

synchronization)라 한다. 만약 같은 연령에 있는 어린 세포의 집단만을 배양하면, 1세대시간 후에는 성숙세포 집단으로 바뀌고, 또 얼마 후 각개의 세포가 동시에 분열하여 어린 세포로 된다. 즉, 같은 균령(age)의 세포만을 얻어 배양하면, 이 세포집단은 보조를 맞추어 증식과 분열을 할 것이므로, 총 균수는 단계적으로 증가한다. 그리고 이 세포집단은 한 개의 세포를 확대한 것과 흡사하므로, 미시적(微視的)인 세포 내의 각 단계적 생리변화를 거시적(巨視的)인 것으로 하여 취급할 수 있다.

이와 같이 세포연령이 같은 세포만으로 되는 배양을 동조배양이라고 하며, 동조화의 방법으로는 생리적 및 기계적 방법이 있다.

(1) 생리적 조건의 조정에 의한 동조화

미생물의 배양에서 물리, 화학적인 조건(광선, 온도, 영양조건 등)을 조정하여, 세포내의 대사에 부분적인 제한을 가해서 일정한 단계에 있는 세포로 동조화하는 방법이다.

(2) 기계적 방법

각 분열단계에 있는 세포의 크기가 다른 것을 이용하여 일정한 크기의 세포를 모으는 방법이다. 즉, 대수적 증식을 하고 있는 여러 분열단계의 세포를 가지는 집단에서 어떤 일정한 분열단계의 세포만을 기계적으로 분리할 수 있으면, 가장 자연적인 좋은 방법이 된다. 분별여과법, 분획 원심침전법, 기계적 선택법 등이 있다.

2) 연속배양법

일반 회분배양법(batch culture)에 의하면, 같은 배지조성 하에서 증식하고 있는 대수기의 균체를 연속적으로 얻을 수는 없다. 그러나 새 배지를 계속하여 일정한 속도로 배양조에 유입시키면서 흘러나오는 배양균 액을 모으면, 이 목적을 이룰 수가 있다.

3) 투석배양법(dialysis culture)

배지성분의 일부 또는 전부를 투석막의 외측에 넣고, 투석을 하면서 미생물을 배양하는 방법이다. 이 방법은 불순물이 적은 균액을 얻거나 다량의 독소를 얻는 데 응용되며, 또는 황세균을 배양할 때 이 균의 생육을 저해하는 황산 등의 대사산물을 제거하면서 배양할 수 있는 효과적인 방법이다.

5 생육에 미치는 인자

1) 화학적 인자

(1) 수분

미생물도 수분이 있어야만 생활을 할 수 있다. 식품의 염장이나 당장은 미생물의 증식에 이용되는 수분을 식품 중에서 빼앗는 것으로, 이 결과 미생물은 삼투압 등으로 수분을 잃게 되어 생육을 못한다. 그러므로 미생물은 수분이 없는 곳이나 순수한 물중에서는 생육을 하지 못하며, 적당한 수분이 존재하는 수용액이나 식품 중에서 생육한다. 수용액은 순수한 물과는 달리 물분자간의 힘이 증가하는 결과 빙점강하, 비점상승, 또는 증기압의 저하 등이 일어난다. 묽은 용액의 증기압 강하율은 용매와 용질의 종류에 관계없이 용질의 mole분율과 같으며, 다음 식이 성립된다.

$$\frac{P_0 - P}{P} = \frac{N_1}{N_1 + N_2} \quad \cdots\cdots (1) \qquad \frac{P}{P_0} = \frac{N_2}{N_1 + N_2} \quad \cdots\cdots (2)$$

P = 용액의 증기압　　P_0 = 용매의 증기압

N_1 = 용질의 mole수　　N_2 = 용매의 mole수

물 1kg에 녹은 이상용질의 1mole은 증기압을 1.77% 강하시키고 또 그 용액의 증기압은 같은 온도의 순수증기압의 98.23%가 된다. 이와 같은 용액에서는 그 기상의 상대습도(RH)가 98.23%로 되면 증기압이 평형에 달한다. 이것을 그 식품의 평형수분이라 하고 이점에서 수분의 증발속도와 응축속도가 평형이 된다. 이때 용액의 수분활성(water activity, Aw)은 0.9823이라고 한다.

식품의 건조 또는 염장에서 볼 수 있는 식품 중의 수분과 미생물 사이의 관계는 이 Aw의 개념에 의하면 통일적으로 이해할 수 있다. Aw는 다음 식으로 표시되고 수용액의 한 성질이 된다.

$$Aw = \frac{P}{P_0} \qquad \text{즉,} \quad Aw = \frac{RH}{100} \text{ 로 된다.}$$

P : 용액의 증기압　P_0: 물의 증기압　RH : 상대습도

순수한 물은 Aw=1이 되나 용액에서는 P의 값은 용질의 농도에 따라 저하된다. 예를 들면 0.3mole(1.75%)의 식염용액의 증기압은 순수한 물일 때보다 1%가 낮아서 Aw=0.99로 되고 다시 식염의 양을 7%로 증가하면 0.96으로 된다.

용액의 Aw는 그 용액이 밀폐용기 중에 있을 때의 평형 RH와 같은 값이 된다. 지금 Aw=0.99가 되는 신선한 고기와 Aw=0.90의 염장고기를 각각 밀폐용기에 넣고, 용기 내 공기의 RH가 94%이라면, 신선한 고기에서는 수분이 증발하고, 염장고기는 흡습할 것이므로, 용기 내 공기의 RH는 각각 고기의 Aw에 상당하는 값인 99%와 90%에서 평형이 된다.

Aw가 낮은 식품일수록 수분을 흡수하는 경향이 강하고, 식품의 Aw가 주위공기의 RH보다 높으면 평형이 될 때까지 식품에서 수분이 증발한다. 즉, Aw는 용액 또는 식품의 물에 대한 친화성을 나타내는 지표가 된다. Aw가 낮은 식품의 수분은 식품에 강

하게 결합되어 공존하는 미생물에 잘 이용되지 않으므로 미생물의 증식이 방지된다. Aw는 미생물의 증식을 지배하는 요인이 되는 것이다.

식품 중에서 수분은 결합수와 자유수의 상태로 존재하며, 미생물이 이용할 수 있는 것은 자유수만이다. 자유수에는 각종 용질이 녹아서 용액이 되어 있으나 이 용액에서 미생물이 이용할 수 있는 수분의 양은 그 식품의 수분 %보다 Aw의 값으로 표시하는 것이 더욱 적절하다. 또 식품을 보장할 때에 수분함량은 공기 중의 RH에 따라 변화하고, 또 포장을 하거나 용기에 넣어도 그 평형 수분량은 온도에 의하여 변화한다. 이와 같은 경우에도 그 식품의 수분함량을 %로 보다는 Aw값으로 표시하는 것이 적절하다.

미생물의 생육에서 수분요구는 각각 일정한 Aw를 보이고, 최저 Aw값 이하의 조건에서는 생육을 하지 못한다. 식품보장에서 수분을 조절하여 미생물에 의한 변패를 방지하는 것은 Aw를 낮추는 것이 그 원리가 된다.

Aw를 저하시키려면 다음의 방법을 생각할 수 있다.

- 식염, 설탕 등 용질의 첨가
- 건조(수분제거)
- 냉동온도를 조절하여 Aw를 변화

Landrock와 Procter(1951) 등은 간편한 Aw측정법을 고안하였는데, 기지의 Aw값을 갖는 일련의 용액을 밀폐용기에 넣고 그 안에 식품을 직접 용액과 닿지 않게 넣어 일정온도에서 약 4~20시간 둔 후, 식품의 흡습 또는 증발에 의한 중량의 증감을 측정하여 그 값을 그래프에 옮긴다. 이 그래프에서 중량의 증감이 없는 용액의 Aw값이 곧 그 식품의 Aw값이 된다.

① 식품미생물의 Aw

식품 보장에서 중요한 의의를 가지는 것은 미생물이 생육할 수 있는 최저한계의 Aw 값이다. 종래 미생물의 생육과 수분의 관계를 논할 때 식품의 수분 40%를 증식할 수 있는 미생물의 종류를 구분하는 경계로 한다. 즉, 세균은 40% 이상, 그리고 40% 이하에서는 당질이 있으면 효모도 생육을 하지만 주로 곰팡이가 생육한다. 곰팡이 중에서

〈표 9-1〉 몇 가지 수용액의 수분활성 (25℃)

Aw	$CaCl_2$		NaCl		Sucrose	
	Mol.	%	Mol.	%	Mol.	%
0.995	0.101	1.11	0.150	0.87	0.272	8.52
0.990	0.215	2.33	0.300	1.72	0.534	15.5
0.980	0.418	4.43	0.607	3.43	1.03	26.1
0.960	0.770	7.87	1.20	6.55	1.92	39.7
0.940	1.08	10.7	1.77	9.38	2.72	48.2
0.920	1.34	13.0	2.31	11.9	3.48	54.4
0.900	1.58	15.0	2.83	14.2	4.11	58.5
0.850	2.12	19.0	4.03	19.1		
0.800	2.58	22.3	5.15	23.1		
0.750	3.00	25.0				
0.700	3.40	27.4				
0.650	3.80	30.0				
0.600	4.19	31.7				
0.550	4.58	33.7				
0.500	4.99	35.6				
0.450	5.43	37.6				
0.400	5.91	39.6				
0.350	6.48	41.8				
0.300	7.18	44.4				

도 비교적 많은 수분에서는 Penicillium sp. 낮은 수분에서는 Aspergillus sp.(수분 약 15% 까지)가 주로 생육한다. 이와 같이 수분량에 따라 번식하는 미생물의 종류가 다른 것은 각 미생물의 생육 최저 Aw값이 다른 것에서도 알 수 있다.

식품에 관계있는 미생물의 생육 최저Aw값은 〈표 9-3〉과 같다.

〈표 9-2〉 각종 포화용액의 수분활성 (25℃)

용 액	*Aw*	용 액	*Aw*
$K_2Cr_2O_7$	0.980	$NaBr \cdot 2H_2O$	0.577
KNO_3	0.925	$Mg(NO_3)_2 \cdot 6H_2O$	0.529
$BaCl_2 \cdot 2H_2O$	0.902	$LiNO_3 \cdot 3H_2O$	0.471
KCl	0.843	$K_2CO_3 \cdot 2H_2O$	0.428
KBr	0.807	$MgCl_2 \cdot 6H_2O$	0.330
NaCl	0.753	$K(C_2H_3O_2) \cdot H_2O$	0.225
$NaNO_3$	0.738	$LiCl \cdot H_2O$	0.111
$SrCl \cdot 6H_2O$	0.708	$NaOH \cdot H_2O$	0.070

〈표 9-3〉 식품미생물의 생육 최저 *Aw*

세 균		효 모		곰팡이*, 불완전균	
Pseudomonas	0.97			*Mucor*	0.92~0.93
Cl. botulinum Type E	0.97	*Candida utilis*	0.94	*Rhizopus*	0.92~0.94
Alcaligenes	0.96			*Penicillium*	0.80~0.83
E. coli	0.935~	맥주효모	0.94	*Asp. niger*	0.88~0.89
	0.96	*Schizosacch.*	0.93	*Asp. flavus*	0.80
Bac. subtilis	0.95	빵효모	0.905	*Asp. candidus*	0.75
Bac. mycoides	0.99	혹종의 *Candida*	0.90	*Botrytis*	0.93
Cl. botulinum	0.95	*Sacch. cerevisiae*	0.895	*Oospora lactis*	0.895
Cl. botulinum Type A,B		*Rhodotolula*	0.89	*Asp. chevalieri*	0.65**
Kleb. pneumoniae	0.945	*Endomyces*	0.885	*Asp. repens*	0.65**

S. newport	0.945	*Hansenula anomala*	0.88	*Asp. ruber*	0.65**
St. faecalis	0.94			*Asp. amstelodami*	0.65**
Vibrio	0.94	*Sacch.rouxii****	0.60~0.61	*Xeromyces bisporus*	0.65**
Sarcina	0.915~			일반곰팡이	0.80
	0.930	일반효모	0.88~0.94		
Mc. roseus	0.905				
Staphy. aureus	0.86				
호염균	0.75				
일반식품, 변패식품	0.94~0.99				

* 곰팡이의 최저 *Aw*는 포자의 발아 한계치임

** 건성곰팡이(xerophilic molds)라고 함

*** 내삼투압성효모(osmophilic yeast)라고 함

미생물과 Aw의 일반적인 관계는 다음과 같다.

- Aw가 최적수준 이하로 되면 생육에서 유도기의 연장, 생육속도의 저하, 균체량의 감소 등이 일어난다.
- 미생물의 생육이 가능한 Aw범위는 0.62~0.999가 되며 또 최적 Aw범위는 0.93~0.99이다. 그리고 미생물이 요구하는 Aw는 대단히 안정하여 적응에 의한 변화도 거의 없다.
- 최적영양분이 있으면 영양공급을 더하여도 최저 Aw값은 변하지 않으나, 드물게 Asp. repens와 Salmonella 등에서는 다소 저하되는 수도 있다.
- 온도는 Aw에 영향을 주는 주요 인자이다. 낮은 Aw에 대한 내성은 미생물의 생육최적온도에서 나타나고 저온과 고온에서는 발아 및 생육의 Aw범위가 좁아진다. 포자발아의 Aw는 최적온도에서 최저값을 보이고, 10℃의 변동으로 최저 Aw가 0.01~0.05 정도 변한다.
- 산소도 Aw에 다소 영향을 주는 수가 있다. Staphylococcus. aureus의 최저

Aw는 혐기적 조건하에서 0.90, 통기하에서는 0.86이 된다. 또 곰팡이는 혐기도가 높으면 최적 Aw하에서도 잘 생육하지 못한다.

- 생육에 적당한 pH에서는 최저 Aw가 낮은 값을 보인다.
- 탄산가스와 같은 생육저해물질이 존재하면 생육할 수 있는 Aw범위가 좁아지거나 비교적 낮은 Aw에서의 생육이 저해된다.

② 식품의 Aw

일반적으로 식품의 Aw가 0.70 이하가 되면 미생물에 의한 변패는 거의 없다.

몇 가지 식품의 Aw와 Aw가 7.0 이하가 되는 식품의 수분량은 〈표 9-4〉, 〈표 9-5〉와 같다.

〈표 9-4〉 식품의 *Aw*

식 품	*Aw*값
생선, 과일	0.99~0.98
소시지	0.90
버찌 잼	0.79
오렌지 마아멀레이드	0.75
케익	0.74
밀(전립)	0.72
초콜릿 캔디	0.69
밀가루	0.61
건조곡류	0.61
비스킷	0.33
초콜렛	0.32

〈표 9-5〉 *Aw*가 0.70 이하가 되는 식품의 수분함량

식 품	수분함량(%)
건조과일	18~25
건조채소	14~20
탈지건조육	15
건조달걀	10~11
전분유	15
탈지분유	8
전분	18
밀가루	13~15
저장미	13~14
두류	15

〈표 9-5〉에서 건조식품의 종류에 따라 같은 Aw 0.70 이하라도 수분함량이 다른 것은 식품에 따라 용질량과 그 외 인자들(구조, 결합력, 유리수와 결합수의 양과 비율 등)이 다

르기 때문이다. 결과적으로 수분함량(%)에 의하여 식품의 변패 난이도를 추정하기보다 Aw에 의하는 것이 타당하다고 할 수 있다. 예로서 Staphylococcus. aureus의 생육최저 Aw는 0.86이고 이 Aw값의 식품의 수분은 건조육 23%, 건조수우프 63% 등으로 큰 차이가 있다.

(2) pH

미생물의 생육, 대사능 및 화학적 활성 등은 pH에 의하여 큰 영향을 받는다. 일반적으로 식품 중 과일은 pH가 낮고 채소류, 육류 등은 pH가 높다. 식품의 pH와 완충능은 생육할 미생물의 종류와 그 대사능에 중요한 관계를 갖는다. 완충능이 큰 식품에서는 적은 것보다 장기간의 산 발효 또는 알칼리성물질의 생성이 지속되고, 기타의 생성물이나 균체의 수득량도 많다. 그러나 완충능이 적은 경우에는, 미생물의 pH내성에 따라서 빠르고 뚜렷한 변천을 보인다. 즉, 우유에서 Streptococcus균은 많은 생육과 산 생성이 가능하며, 생육이 정지되기 전에 발효유가 되는 것은 전자의 예이고, 후자의 예로서는 채소절임의 발효에서 볼 수 있는 데, 채소의 완충능이 적어 젖산균의 생산으로 pH가 심히 낮아지고, pectin질의 분해나 단백질을 분해하는 유해균이 억제된다.

① 미생물의 생육과 pH

미생물도 그 생육에 최고, 최적, 최저 pH가 있다. 식품은 대부분 산성이나 중성이므로, 식품과의 관련을 생각할 때는 최적 또는 최저 pH가 중요하다.

곰팡이와 효모는 pH 2~8.5의 넓은 범위에서 생육할 수 있으나 대체로 약 산성을 좋아하며, 최적 pH는 4.0~6.0이다. 반면 대부분의 세균과 방선균은 중성부근에서 약알칼리성 즉, pH 7.0~7.5에서 잘 발육하고, 일반 부패균은 pH 5.5 이하에서는 거의 생육을 못하고 식중독균은 더욱 예민하여 그 중 Cl. botulinum은 식품의 pH가 4.6미만이면 극히 예외인 경우를 제외하고는 생장과 독소를 생산할 수 없다. 그러나 E. coli는 처음 pH가 4.5~9 사이에서 발육할 수 있고, 강한 단백분해력이 있는 어떤 균은 저장난백과 같은 알칼리성 식품에서도 생육하며, 젖산균과 초산균 등의 산 생성균은 상당한 산성 하에서도 생육한다. 또한, 같은 pH에서는 고온일수록 사멸속도가 크며, 5℃정도의 저온에서는 낮은 pH에서도 사멸속도는 극히 더디다. L. acidophillus, L. bulgaricus 등은 pH 5.0 이하가 되면 사멸되는 것이 현저하나, pH 5~6범위에서는 비교적 안전하다. 또 정상기에 있는 균은 낮은 pH에 대한 저항성이 크다는 것을 주목하여야 한다.

② 포자의 발아와 pH

미생물 포자의 발아도 pH에 영향을 받는다. 곰팡이 포자는 pH 3~7에서 잘 발아를 한다. 예를 들면, Asp. oryzae의 포자는 pH 4.5~7.5 사이에서는 별 차이 없이 잘 발아를 하지만 3.0 이하에서는 저해되며, Asp. niger의 포자발아 최적 pH는 6.2이며 7.2 이상에서는 발아를 하지 못한다. Bacillus의 포자발아는 중성이나 미알칼리성이 최적이며, pH 6.0 이하가 되면 급속히 발아에 저해를 받는다. 또한, 포자형성에도 영향을 주어, Cl. perfringens는 pH 6.5 이하에서는 포자형성이 크게 저해를 받으며, 더 낮은 pH에서는 포자를 형성하지 않는다.

③ 내열성과 pH

세균은 영양세포와 포자가 다 같이 중성부근에서 내열성이 가장 강하며, 산성과 알칼리성에서는 열에 의한 사멸이 촉진된다. 특히, 산성에서는 내열성이 감소된다. Bac. subtilis포자의 내열성과 pH와의 관계는 〈표 9-6〉과 같다.

〈표 9-6〉 *Bac. subtilis* 포자의 내열성과 pH

pH	4.4	5.6	6.8	7.6	8.4
생존시간(분)	2	8	11	11	9

(1/15 mol의 인산염용액 중에서 100℃로 가열함)

pH에 따라 균의 내열성이 다르므로, 산의 함량이 많은 통조림일수록 약한 가열살균조건으로 살균이 가능하다.

④ 미생물의 효소계 및 효소생성에 대한 pH의 영향

E. coli를 pH 4.5~6.0의 산성배지에서 배양하면, glutamic acid decarboxylase를 적응적으로 생성하고, pH 7~8에서는 glutamic acid deaminase를 많이 생성한다. 이와 같이, 미생물은 pH에 따라 그 효소계 또는 효소생성량에 많은 변화를 나타낸다. 그리고, 미생물의 효소생산 최적 pH는 생육의 최적 pH와는 다소 차이가 있다. Asp. oryzae의 생육최적 pH는 5.4이지만, 그 α-amylase생산은 pH 6.0이 최적이다. 이것은 효소생성 자체도 pH에 영향을 받고, 또 생성된 효소의 안정성에도 pH가 관계하는 까닭이다.

또 미생물이 생성한 효소의 pH내성은 균종이나 배양조건에 따라 다르다. 즉, Asp. awamori의 α-amylase는 Asp. oryzae가 생성하는 것보다 낮은 pH에 저항성이 강하며, Rhi. tonkinensis의 당화형 amylase는 역시 Asp. oryzae의 것보다 낮은 pH에 대한 내성이 강하다.

같은 균주라도 낮은 pH조건에서 생산된 amylase는 내산성이 강하고, 높은 pH에서 생산된 것은 약한 것이 인정되고 있다. protease에서도 Bacillus 등의 세균 protease는 작용최적 pH가 중성이나 알칼리성에 있는 것이 많다. 또 내산성이 강한

Asp niger의 어떤 균주는 작용 최적 pH가 3.0 이하가 되는 산성 protease를 생산하는 것도 있다. 같은 Asp. oryzae를 사용하더라도 쌀 koji에서는 산성 protese가 주로 생산되고, 콩 koji에서는 중성이나 알칼리성 protease가 주로 생산되며, 산성 protease는 아주 적은 량이 생산된다. 쌀 koji에서도 글루탐산소오다, 호박산소오다 또는 인산염과 같은 pH 완충작용이 있는 물질을 병용하면 중성이나 알칼리성 protease가 현저히 증가한다. 이것은 미생물의 효소생성에 pH가 큰 영향을 주는 한 예가 되며, 양조에서 protease조성의 조절에 이용된다.

⑤ 기타 pH의 영향

Bac. circulans의 내염성은 생육한계의 pH부근에서 감소된다. 염장식품의 산막효모인 Mycoderma의 생육저지에 필요한 식염농도는 배지의 pH가 낮을수록 적어도 된다. 이것은 pH가 부적당하여 균의 생리적 활성이 저하된 까닭이다. 또 sorbic acid 등 보존료의 항균력이 배지의 pH가 낮을수록 강한 것은 pH에 따라 산성보존료의 비해리형 분자농도가 변화하기 때문이다.

(3) 산소, 오존 및 탄산가스

① 미생물의 생육과 산소

산소와의 관련성에 의해 4군으로 분류한다.

A. 편성(절대) 호기성균(obligate aerobes)

유리산소가 있어야만 생육을 할 수 있으며, 에너지는 광의의 호흡 또는 산화에 의하여 얻고, superoxide dismutase, catalase를 함유한다. 고층한천배지에서는 상층이나 표면에서만 생육을 한다. 대부분의 곰팡이, 산막효모, Acetobacter, Pseudomonas, 대부분의 Micrococcus, Bacillus, Sarcina, Flavobacterium, 일부의 Brevibacterium 등이 있다.

B. 통성 혐기성균(facultative anaerobes)

유리산소의 유무에 관계없이 생육을 할 수 있는 균, 즉, 산화적 또는 혐기적대사를 각각 할 수 있다. 고층한천배지에 고루 생육을 하며, 일반적으로 산소가 있는 편이 생육에 좋다. 대부분의 효모 및 세균이 여기에 속한다. Enterobacteriaceae, Staphylococcus, Aeromonas, 일부의 Bacillus 등이 있다.

C. 편성(절대) 혐기성균(obligate anaerobes)

유리산소가 존재하면 생육을 못하고 superoxide dismutase, catalase와 cytochrome계의 효소도 가지고 있지 않는다. 산소가 존재하면 대사에 의하여 생성된 H_2O_2가 유해작용을 하고, 또 산화환원전위가 상승하여 생육을 불가능하게 한다. 고층한천배지에서는 저면에서만 생육을 한다. Clostridium, Bacteriodes, Methanococcus속 등이 있다. 이들 편성혐기성균에 속하는 균도 대부분 0.1~0.5%의 산소분압에서는 생육이 가능하며, 장시간 산소에 노출되면 사멸하지만, 그 시간은 균종에 따라 80분~6시간 혹은 그 이상의 차가 있다.

D. 미호기성균(microaerophiles)

미량의 유리산소 즉, 대기압보다 낮은 산소분압이 생육에 필요하다. 고층한천배지에서의 표면보다 약간 하층에서 가장 잘 생육한다. 젖산균이 여기에 속하며, 이들은 cytochrome을 가지지 않으나 peroxidase를 함유하여 세포독성을 제거한다.

Bac. subtilis의 포자형성에 산소의 존재는 불가결하며, 또한 산소의 유무에 따라

효모의 생육상태가 달라지는 수도 있다. 즉, 생맥주를 실온에 두면 맥주 중에는 0.02 *ml*/633*ml* 정도 미량의 용존산소가 있으며, 효모는 맥주 중의 알코올을 이용하여 생육을 하고 혼탁을 일으킨다. 이때 glucose oxidase를 가하여 용존산소를 제거하면 알코올을 이용하지 못하게 되므로, 맥주의 보존성이 좋아진다.

② 산소량과 미생물대사의 변화

산소량을 제한할 때 호기성균과 통성균의 대사에 다음과 같은 변화를 볼 수 있다.

A. 탄수화물의 분해

산소가 충분하면 탄산가스와 물을 생성하지만 부족하면 알코올, 젖산, 개미산 등의 불완전한 산화대사물의 생성이 많아진다. 또 효모의 알코올발효에는 소량의 산소만 있어도 좋으나, 균체의 수득량을 높이려면 산소공급을 충분히 하여 당을 완전산화 시켜 많은 에너지를 얻도록 하여야 한다(Pasteuer효과).

ensilage를 만들 때, silo에 엉성하게 채우면 곰팡이가 많이 번식하고 젖산은 적게 생성되며, 단단하게 채우면 곰팡이의 발육은 적어지고 젖산균에 의한 젖산생성과 가스발효가 주로 일어난다.

B. 단백질의 분해

호기성하에서 아미노산은 산화되어 암모니아, 탄산가스, 물 등으로 분해 되어 식품에 크게 나쁜 생산물을 만들지 않으나, 산소압이 낮으면 암모니아를 비롯하여 H_2S, 아민, 아황산염 등이 생성되고, 더욱 혐기도가 높아지면 butanol, mercaptan, H_2S 등의 악취물이 많이 생성되어 부패를 일으킨다.

③ 오존

오존은 세포의 탈수소효소계를 파괴하여 강한 살균작용이 있으나, 그 감수성은 균주에 따라 다르다. 공기 중에서 0.6ppm 정도로 15~60분 내에 대부분의 세균이나 진균류는 사멸되며, 사람은 약 0.04ppm 정도까지 견딘다. 그러나, 세균의 포자는 오존에 별 영향을 받지 않는다.

④ 탄산가스

탄산가스의 분압도 세균증식에 영향을 준다. 일반적으로 대기 중의 농도보다 다소 많은 탄산가스는 증식을 촉진하지만, 고농도에서는 저해를 한다. 이 저해작용은 일부 pH저하에도 일어나지만, 탄산가스 자체의 유해 작용으로도 일어난다. 즉, 탄산가스의 농도가 높아지면 세균의 증식이 어려워지고, 나아가서 살균력을 나타내게 되므로 식품의 저장기간을 연장할 수도 있다. 신선한 식품의 가스저장이나 또는 고압탄산가스를 함유시킨 병조림 음료가 그 예가 된다.

가스저장은 공기 중에 일정량의 탄산가스를 함유시켜, 보통 대기 중 0.03%에서보다 더 고온 다습한 상태에서도 식품의 품질저하를 적게 하는 보장법(c-a 저장, controlled atmosphere storage)이다. 이때 탄산가스의 농도는 식품에 따라 조절하며, 채소, 과일, 달걀(약 2.5%), 냉장육(10~30%), 베이컨(100%), 수산연제품(75% 이상) 등으로 이들은 대부분 냉장을 병용한다. 탄산가스가 고농도일수록 미생물의 변패를 지연시킬 수 있으나, 효모와 젖산균 등은 비교적 탄산가스에 대한 내성이 있으므로 억제가 어렵고, 고농도의 탄산가스는 식품에 나쁜 영향을 주므로 탄산가스와 냉장을 병용한다. 이때 탄산가스의 효과는 혐기적인 영향 이외에 미생물의 탄산가스 방출에 따르는 대사계의 저해를 곁들인 작용으로 생각된다.

(4) 산화환원전위(oxidation-reduction potential, ORP)

생체에서 일어나는 산화작용에는 언제나 환원작용이 따르며, 이것을 전자적 개념으로 보면, 산화는 전자를 잃는 것이고 환원은 전자를 얻는 것이다. 이 반응은 동시에 일어나므로, 한 물질이 산화가 되면 환원된 물질이 있게 된다. 또한 이 반응계는 가역적인 것이며, 이것을 산화 환원계라고 한다.

만약 백금이나 금과 같은 비반응성 전극을 이와 같은 산화환원계에 삽입하면 그 전극에 전위차가 나타난다. 이 값을 전위의 단위 값으로 표시한 것을 산화환원전위(ORP, redox potential)라고 하며 mV로 표시한다. 이 전위는 감홍전극과 같은 기지의 전위를 갖는 회로에 넣어 나타나는 전위차를 실험적으로 측정하면 알 수 있다. ORP는 용액이 강산화성이어서 전자를 흡수하기에 좋은 상태이면 높고(+), 반대로 용액이 환원성일 때는 낮다(-). 한 계통의 ORP는 그 중에 함유되는 산화형 물질과 환원형 물질의 비율, 그리고 그 계중의 pH에 따라 결정된다.

혐기성균은 산소가 없는 조건이 생육에 적당한 것으로 보통 생각하지만, 생물학적으로 호기적 또는 혐기적이라고 하는 것은 실제로는 상당히 불명확한 것이어서, 산소농도에 의하여 명확하게 구별되는 것은 아니다. 분자상태의 산소가 없어도 수소수용체가 존재하면 호기성균은 다소나마 생육을 하며, 반대로 배지의 전위가 충분히 낮으면 분자상 산소가 존재하여도 혐기성 균의 생육이 가능하다. 그러나 일반적으로 혐기성균은 -mV를 요구하여 Cl. botulinum은 -36mV이하에서 생육이 가능하며 곰팡이와 효모는 +200mV에서 +400mV에서 생육이 활발하다. 식물식품은 +300mV에서 +400mV이고 간고기는 +200mV이나 동물이 도살된 직후는 +250mV이고 갈지 않은 육류는 -200mV이다. 생화학적으로나 미생물생리의 면에서 혐기도를 조사할 때, 산소의 농도 자체보다도 그 반응계(배지환경)의 산화능 혹은 환원능을 표시하는 척도로 ORP를 쓰는 것이 합리적이다. 일반적으로 식품이 육류에서 SH기, 과채류의

ascorbic acid와 환원당은 환원능을 증가시킨다.

(5) 식염

옛날부터 염장은 식품의 방부법으로 사용되어 왔다. 일반 세균류의 증식을 저지하는 고농도의 식염을 가한 조건에서도 어떤 세균류는 발육증식을 한다. 이들 중에서 증식에 염류 특히 식염을 필요로 하는 세균류를 호염세균(halophile, 희랍어의 halos=salt와 philus=loving에서 유래한 것이며 salt-loving bacteria라는 뜻임)이라고 한다.

생선, 베이컨 등을 고농도 식염 중에 보존할 때 적변하는 현상은, 포화식염액에서도 증식하는 고도호염세균이 생산하는 색소에 의한다는 것이 밝혀져, 이들 호염세균이 특히 주목을 받게 되었다.

① 식염에 대한 미생물의 감수성

미생물의생육에 필요한 무기염류는 칼륨, 마그네슘, 망간 철, 칼슘, 인 등이다. 이들 염류는 효소반응, 막평형의 유지 또는 세포 내 삼투압의 조절에 관여하는 것으로 생각되며, 식품에는 미생물에 필요한 양이 함유되어 있는 것이 보통이다. 그러나 염류가 고농도로 되면, 그 자체의 독성이나 삼투압 등으로 미생물의 생육을 어렵게 한다. Flannery와 Larsen은 식염에 대한 감수성으로 미생물을 〈표 9-7〉과 같이 분류하였다.

기타 미생물은 식염 5~10% 혹은 그 이하에서 생육이 완전히 저지된다.

일반적으로 식염이 미생물의 생육을 저지하는 까닭은 다음과 같다.

- 삼투압에 의하여 원형질 분리를 일으킨다.
- 탈수작용으로 세포 내 수분을 빼앗는다.
- 효소활성의 저해, 예를 들면 식염에 의한 호흡의 저하는 호흡에 관계하는 탈수소효소의 일종인 단백질의 염석에 의한다.

〈표 9-7〉 식염의 감수성에 의한 미생물의 분류

Flannery(1956)	Larsen(1962)
비호염균(nonhalophiles)	비호염균
비내염균(salt-sensitive): NaCl 2% 이하에서만 증식한다.	2% 이하에서 가장 생육이 좋다.
내염균(salt-tolerant): NaCl 2%에서 가장 잘 생육하나 2% 이상에서도 증식한다.	호염균
호염균(halophiles)	저도호염균(slightly halophiles): 2~5%에서 가장 생육이 좋다.
통성호염균(facultative halophiles): 2% 이하에서 생육을 하지만 2% 이상이 생육에 더 좋다.	중도호염균(moderately halophiles): 5~20%에서 가장 잘 생육한다.
편성호염균(obligate halophiles): 2% 이상에서만 생육한다.	고도호염균(extremely halophiles): 20~30%에서 가장 잘 생육한다.

- 산소용해도의 감소
- 세포의 탄산가스 감수성을 높인다.
- Cl-의 독작용 등을 들 수 있다.

미생물의 식염에 대한 저항성은 온도, 배지성분 등 배양조건에 따라 다소 차이가 있다. 즉, 식염내성이 약한 균은 저온보다 고온에서 염농도에 더욱 민감하게 된다. 이 현상은 동일용액의 삼투압은 온도상승에 비례하여 높아진다는 삼투압과 온도의 관계에서 설명되나, 호염균에서는 식염의 역할이 단지 삼투압의 조절만이 아니므로, 이와 같은 현상이 일어나지 않는다. 즉, 저도호염균에서는 식염은 단지 높은 삼투압 또는 낮은 Aw의 요구를 충족시키는데 지나지 않으나, 고도호염균에서는 식염의 요구성이 고온에서 더욱 심하게 되는 점 등으로 보아 식염의 역할을 단지 삼투압의 상승을 얻기 위한 것이라고만 생각할 수 없다(Halobacterium halobium은 30℃에서는 식염 15% 이상에서

4일 이내에 증식을 하지만 37℃에서는 15%에서 20일이 요하며, 45℃에서는 25% 이상이 되지 않으면 생육을 하지 않고, 포화용액에서는 1일 이내에 생육을 한다).

또 생육의 최적온도에서는 생육저지에 요하는 식염량이 많아지는 것도 인정된다. 즉, Cl. botulinum을 저지하는 데 37℃에서는 8% 이상의 식염을 요하여 15℃일 때보다 고농도가 필요하다. pH와 식염내성의 관계도 중요하여 생육의 최적 pH에서는 내성이 가장 강하고, 또 Bac. subtilis의 포자형성이 식염량과 더불어 저하하는 것도 그 영향은 중성에 비하여 산성(pH 5.0)에서 현저하다. 식염내서의 증강에 효과가 있는 배지 중의 특정성분에 대하여는 명확히 밝혀져 있지는 않지만, 된장 혹은 간장을 소량 첨가함으로서 식품에 서식하는 세균의 내염성을 상당히 증가시키고, 또 생육촉진을 나타낸다.

된장이나 간장에서 분리한 Clostridium도 기본배지에 전질소로 0.4% 정도의 된장 침출액을 가하면 내성이 증가하고, 식염 하에서 가스발생량이 많아진다. Cl. botulinum의 독소생성을 억제하는 데 필요한 식염량은 내염성을 약화시키는 물질로 알려진 $NaNO_3$(소시지), Na_2HPO_4(cheese spread)의 존재로 인하여 적어도 된다.

② 내염성 효모

내삼투압성 효모는 고농도의 당이나 식염 하에서도 생육할 수 있다. 원래 내당성과 내염성은 다른 것으로, 내염성은 단지 삼투압뿐만 아니라 식염 자체의 저해에도 견디어야 한다. 된장, 간장의 주효모인 Sacch. rouxii의 염류에 대한 감수성은 18%의 식염에서도 생육을 하지만, 식염 존재 하에서는 다음과 같은 특징을 보인다.

- 염류에 대한 특성(내삼투압성)은 유전적이라고 생각되고 있으나, 효모 개개의 세포에 대해서는 염류에 대한 적응이나 순화의 과정이 비교적 분명하다. 예로 세포를 식염이 없는 용액에서 식염이 많은 용액으로, 또는 그 반대로 급히 옮기면 생

균수가 상당히 적어지는 것을 볼 수 있다.

- 식염의 존재 하에 투과성이 증대하고 주요 대사 경로가 활발하여 비로소 내염성이 유지된다. 진한 함당배지에서는 세포막 투과성은 증대하지 않는다.
- 포도당과 같은 대사물질이 공존하는 식염배지에서는 40℃에서도 잘 생육한다. 일반적으로 고농도액 중에서 내열성이 강해지는 것은 용질에 의하여 세포의 탈수가 일어나서 효소단백이 건조되어, 열변성을 받기 어렵게 되기 때문이다. 그러나 효모에서는 식염이 단지 고온에 의한 효소의 불활성화를 저지할 뿐만 아니라, 포도당과 같은 외부기질을 이용하는 대사가 활발히 일어나야만 비로소 고온에 견디게 된다.
- 식염의 유무에 따라 당의 발효성, 자화성이 변화하고 대사산물도 변화한다. 예를 들면 18%의 식염 하에서 발효할 수 있는 당은 포도당 만이며, 에탄올의 생성률은 감소되고 glycerine은 증가한다. 특히 호기성하에서는 다량의 glycerine이 생성된다.
- 고농도 식염 하에서는 inositol, methionine 혹은 choline의 요구성이 높아진다. 이 효모가 된장, 간장 덧 중에서 잘 생육하는 이유의 하나로 이들 식품 중에 inositol의 풍부한 존재가 촉진적인 작용을 하는 것이라고 생각된다.

(6) 식품의 화학적 성분 및 생육인자

식품의 성분은 미생물의 에너지원으로서의 성분과 균체합성에 필요한 성분, 그리고 이들에 필요한 비타민류 등의 세 가지로 나뉜다.

① 미생물의 에너지원으로서의 식품성분

일반적으로 가장 좋은 에너지원은 탄수화물 즉, 당류이다. ester, peptide, 아미노산, 알코올, 유기산 등도 탄소원이 되며 섬유소와 전분은 각각 한정된 미생물에만 이용된다. 또 단순한 가용성의 당이라도 그 이용성은 미생물의 종류에 따라 차가 있다. 즉, 유당은 많은 미생물이 이용하지 못하며, 또 맥아당을 이용하지 못하는 효모도 있다.

펙틴질의 가수분해는 많은 곰팡이와 혹종의 세균의 특징적인 것으로, 채소나 과일의 연화 혹은 그들의 발효식품에 변질을 일으킨다. 보통 호기성이고 단백분해성의 어떤 미생물은 lipase를 가져서 지방을 분해하여 에너지를 얻는다. 그러나 지방은 더 쉽게 에너지원이 되는 당이 없는 경우에 이용된다.

미생물이 당을 이용할 때 용액 중의 농도도 중요하며, 가장 고농도의 당에 견디는 것은 일반적으로 곰팡이이며, 다음이 효모이고, 세균은 낮은 농도에서만 생육할 수 있다.

② 균체합성에 필요한 성분

생육을 위한 질소원으로 이용되는 질소화합물은 미생물의 종류에 따라 다르다. 많은 미생물은 단백질을 가수분해하지 못하며, 단백분해성 미생물의 도움이 없으면 단백질에서 질소를 얻을 수 없다. peptide, 아미노산, 요소, 암모니아 등은 이용할 수 있는 것과 없는 것이 있으며, 또 조건에 따라 이용성이 달라지기도 한다.

대부분의 곰팡이는 단백분해력이 있지만 세균, 효모는 일부만이 단백분해력이 있다. 젖산균의 일부는 polypeptide가 존재하면 잘 생육하지만 casein자체는 직접 이용하지 못하며, 한정된 몇 종의 아미노산만으로서는 생육을 하지 못한다. 또 단백분해성 세균은 보통 중성부근에서 잘 생육하고 산성에서는 생육이 더 어렵다.

탄수화물이 존재하여 산발효로 단백분해성 세균을 억제시켜 부패 등 좋지 못한 화합물의 생성이 적어지는 것은 탄수화물에 의한 질소화합물의 'sparing action' 이라고 부른다. 미생물에 필요한 무기염류나 금속이온은 보통 식품 중에 충분하나, 이들 이온은 이용할 수 없는 chelate화합물이 되거나 특히 양적으로 부족할 때 문제가 된다. 즉 생우유를 유리병에 넣어 두면 철분이 부족하여 Pen. roqueforti는 포자의 색소를 형성하지 않으나, 금속용기와 접하면 철분이 공급되어 착색하게 된다. 또 토마토즙에 젖산균의 생육촉진효과가 있는 것은 Mn++에 의하는 것으로 생각되는 것 등 식품 중의 특수한 무기이온이 중요한 관계를 가지는 예도 있다.

③ 미생물의 생육과 비타민

미생물은 필요한 비타민류를 합성할 수 있는 있는 것과 없는 것이 있다. 동 · 식물성의 식품원료에는 보통 이들 비타민을 함유하고 있어서 미생물의 요구를 충족시키지만 다음과 같은 경우도 있다.

- 식품의 종류에 따라 비타민 함량이 다르다. 육류에는 B군이 많으나 과일에는 적다. 또 난백에는 biotin이 함유되어 있으나 avidin과 결합되어 있어서 미생물이 이용하지 못한다.
- 식품가공공정 특히 가열처리에서 thiamine, pantothenic acid, folic acid군, ascorbic acid 등은 불안정 하며 또 thiamine, carotene, ascorbic acid 등은 건조 중 감소된다.
- 특히 고온 하에서나 장기간의 저장으로 비타민은 많이 감소된다.
- 식품 중에서 어떤 미생물은 다른 미생물에 비타민을 주기도 하고 또는 뺏기도 하여 미생물상의 변천 원인이 되기도 한다.

④ 효모의 생육인자

효모는 thiamine, pyridoxine, niacin, inositol, biotin, pantothenic acid 등 6종의

비타민 B군 중의 몇 종을 요구한다. 내염성 효모인 Sacch. rouxii는 biotin, thiamine, pantothenic acid 및 inositol을 요구하지만, 식염 존재 하에서는 특히 pantothenic acid와 inositol이 현저한 내염성 부활효과를 나타낸다. 또 methionine과 cystine 등 함황아미노산이 진한 식염 중에서 강한 생육촉진효과를 보이고, 이들을 제한하면 inositol과 choline 등에 대한 요구성이 높아진다. 이런 점에서 이 효모의 내염성의 기작에는 choline-methionine대사계가 지질과 핵산계를 통하여 기여하고 있는 것이라고 생각된다. 특히 inositol은 Sacch. rouxii의 내염성증강인자로 중요하다.

보통 대두 중에는 165～250mg%의 inositol이 Ca, K염(phytin)과 화합물의 형태로 함유되어 있으나, 제국과정에서 국균의 phytase에 의하여 유리의 inositol이 생성되어 된장, 간장덧에 많이 공급된다. 또 inositol이 결핍되면 출아세포의 분리가 불충분하여 몇 개의 세포가 연결되기도 한다. 이와 같은 현상은 세균에서도 볼 수 있다.

⑤ 젖산균의 생육인자

간장, 된장 중의 주요 젖산균이 되는 Pediococcus halophilus의 생육에는 특히 특수한 peptide와 betaine 등의 존재가 필요하다. 식염 하에서 이 균의 생육은 betaine 이외에 choline, acetylcholine도 촉진한다. 대두에는 lecithin, kephalin 등의 인지질의 함유로 choline 혹은 betaine의 상당량이 급여되므로 Pediococcus halophilus의 좋은 배지가 된다. Lactobacillus bulgaricus도 특수한 peptide를 요구하며, casein의 효소분해물이 이들 peptide의 급원으로 유효하다.

(7) 미생물의 생육을 저해하는 식품성분

식품 중에는 원래부터 존재하는 미생물의 생육 저해물질과 어떤 미생물의 대사생성물이 있다.

전자의 예로서는

- 유리 지방산 및 지질의 산화 생성물
- 고온으로 갈변한 hydroxymethyl furfural
- 향신료 중의 terpene류 등의 정유성분 및 풍미물질
- 신선한 우유 중의 lactoperoxidase(lactenin), 응집소(agglutinin)
- 난백 중의 lysozyme(gram 양성균의 용균), avidin(biotin을 chelate하여 이용 못하게 하여 biotin 요구균 저해), conalbumin(철이온을 봉쇄하는 단백질로서 gram 음성균 저해), ovotransferrin(금속이온 요구균 저해), ovoflavoprotein(riboflavin 이용장해)
- 식품에 흡착되는 훈연성분
- 식품성분 중의 안식향산 등 미생물억제물질(polyphemols 등)

대사산물의 예로서는 유기산, 알코올, 아질산, 항생물질 등이 있다.

(8) 방부제 또는 살균제

방부제는 건조, 가열 등 물리적인 방법을 적용하기 어려운 식품이나 또는 이들 방법과 병용하여 저장성을 높이는 데 효과가 있다. 식품방부제는 식품첨가물로 식품위생법의 규제를 받는다. 식품보존료로는 dehydroacetic acid, sorbic acid 및 benzoic acid와 그들의 Na염, propionic acid의 Na 및 Ca염 등이 있고, 살균제로는 과산화수소, 표백분, 메타중아황산칼륨 등이 쓰인다.

2) 물리적 인자

(1) 온도

① 미생물의 생육과 온도

일반미생물의 생육온도는 -7~75℃의 범위에 있으나 생육온도에 따라 〈표 10-8〉

과 같이 3군으로 분류한다.

〈표 9-8〉 미생물의 생육온도

생육온도(℃)	저온균(호냉균) psychrophile	중 온 균 mesophile	고온균(호열균) thermophile
최 저	0 또는 그 이하	15	40
최 적	12~18	25~40	50~60
최 고	25	45~55	75

생육온도에 의한 미생물의 분류를 다음과 같이 정의하기도 한다.

- 저온균: 0℃에서 2주간 만에 분명히 증식이 인정되는 미생물
- 중온균: 0℃이하 또는 55℃ 이상에서 증식이 인정되지 않는 미생물
- 고온균: 55℃ 이상에서 증식이 인정되는 미생물

고온균은 37℃에서 생육을 시작하여 55℃ 또는 그 이상에서도 생육하는 것을 통성고온균(facultative thermophiles), 37℃ 정도에서는 생육하지 못하고 55℃ 이상에서 생육하는 것을 편성고온균(절대호열세균, obligate thermophiles)이라고 하며 또 상온이나 고온에서 다같이 생육하는 것을 내열세균(thermoduric microorganisms or thermotolerant) 이라고 한다. 저온균에서도 통성, 편성, 내성 등의 구별은 있다. 대체로 고온균은 Bacillus가 많으나 곰팡이에도 있다.

미생물의 생육속도는 최적온도와 최저온도 사이에서는 화학반응과 같이 온도상승과 더불어 촉진되고, 온도계수(Q_{10})는 2, 즉, 온도가 10℃ 오름에 따라 생육속도는 2배가 된다. 그러나 최적온도 보다 높으면 Q_{10}은 감소되고, 더 고온이 되면 효소단백의 열변성이 일어나서 생육이 저해된다. 효소단백의 열변성은 최적온도보다 다소 높은 온

도에서는 가역적이나, 더 고온이 되면 응고되어 불가역적으로 파괴된다.

중온 및 저온균의 생육속도는 온도가 낮아짐에 따라 점차 세대기간이 길어진다. 이것은 저온에서는 세포의 합성속도가 저하되기 때문이며, 최적온도보다 고온에서는 효소의 변성을 비롯하여 핵산 특히 DNA 그리고 지질의 구조와 활성에 변화가 일어나므로 세대기간이 연장되어 생육속도가 제한된다. 호열균으로는 Bac. stearothermophilus, L. delbrueckii 등이고 방선균으로는 Thermoactinomyces 그리고 M. pusilus, Pen. duponti, Humicola spp. 등의 사상균과, 기타 퇴비 또는 온천미생물 등이 있다.

호냉균에는 혹종의 Psudomonas, Achromobacter, Alcaligenes, Alteromonas, Flavobacterium와 같은 gram(-)의 간균, Bronchothrix, Corynebacterium, Lactobacillus, Micrococcus, Streptococcus, 혹종의 효모 및 사상균으로 Cladosporium, Sporotrichum, Aurerobasidium, Boytytis, Geotrichum, Chaetostylum속 등과 기타 적설하에 있는 식물을 침범하는 Fusarium nivale 등의 snow mold 그리고 빙설조류 등이 있어 냉장 · 냉동식품에서 문제가 될 수 있다.

그러나 현재 가장 많이 연구되고 알려진 미생물은 중온균이며 대부분 식중독균과 병원성균 등은 여기에 속한다. 앞으로 고온 또는 저온 등의 이상 조건하에 있는 미생물의 연구대상이 흥미롭게 기대된다.

② 세포성분과 효소에 미치는 온도의 영향

배양조건에서 온도의 고저가 세포성분에 미치는 영향은 적으나, 지질 또는 효소에 미치는 영향은 중요하다. 보통 중온균을 고온에서 배양하면 전 지질량은 감소되고 지질자체의 포화도는 높아진다. 고온균은 지질의 양 및 포화도 등에 배양온도는 무관하며, 포화도는 원래부터 높다. 포화지질은 저온에서 응고하므로 이 응고를 막기 위하여 고온균의 생육온도가 높은 것이라고 한다. 온도에 의한 세포내 효소조성의 변화는 주로 효소의 열안정성의 변화이다. 또 색소생산, 생화학적 반응의 강도가 생육온도에 따라 차이가 있는 것도 결국 세포 내 효소조성의 변화에 기인한다. 특히 생화학적 반응은 균을 최고온도 부근에서 배양하면 약화되거나 소실되는 수가 있다. 즉, Pseudomonas 등을 고온에서 계속 생육시켰을 때 구연산의 이용성, 지질분해, gelatin액화 또는 어떤 당의 이용성이 현저하게 약화되는 예가 있다. 국균의 protease 생성에서 저온제국의 유리성이 인정되어 간장원료 이용률의 향상에 실용되고 있다. 이것은 저온경과를 거치므로 protease의 온도 실활이 적고 또 대두단백에 잘 작용한다는 이점을 살린 것이다.

미생물의 배양온도를 높이면 효소반응속도를 촉진하여 균체의 합성속도를 높이나, 동시에 효소단백분자의 변성을 일으켜 생육속도를 저하시키는 원인이 된다. 고로 전자를 최대로 하고, 후자를 최소로 하는 점이 최적온도가 된다. 일반적으로 호열성균의 효소는 중온균에 비하여 효소불활성의 온도가 높고, 또 효소작용의 최적온도도 높다고 한다.

③ 온도와 영양요구

고온에서는 효소의 불활성화로 영양요구성이 변화하는 경우가 있다. 즉, 고온에서 영양요구가 증대하는 예와 저온에서 증대하는 예가 있는데, 전자는 혹종의 효소가 열변성하여 필요한 대사물질의 합성이 불가능하게 되어 외부에서 섭취할 필요가 커지는 까닭이며, 후자는 몇 가지 효소가 활성화되는 데 높은 온도가 필요하여 저온에서는 생육에 필요한 영양소가 합성되지 않는 까닭이다. 또 호열성균과 중온균은 균체의 화학조성에 차이가 있어서 편모의 융해온도가 다르다고 한다.

온도를 더욱 높이면 미생물은 사멸하지만 호열균, 내열균을 제외한 일반 미생물의 영양세포와 곰팡이포자의 사멸온도는 60℃에서 10분 정도이며, 세균포자는 100℃에서 30분이라도 잘 사멸되지 않는다.

한편, 생육의 최저온도 이하에서는 미생물은 잘 사멸되지 않으며, 오히려 급속동결 보존법 또는 동결보존법 등 미생물의 보존법으로 적당한 것이다.

④ 포자의 발아와 온도

미생물 포자의 발아 최적온도는 일반적으로 각기 모세포의 생육최적온도와 같다. 그러나 포자를 단시간 열처리하여 휴면하고 있는 포자에 활성을 부여하면 발아가 촉진된다. 이 가열처리를 heat-shock 또는 heat-activation이라고 한다. Bacillus 등 세균의 heat-shock는 60℃에서 30분간 정도, Neurospora tetrasperma 등 곰팡이 포자는 50℃에서 수 분으로 활성화 된다. 이것은 가열에 의하여 cocarboxylase가 활성화되는 까닭이라고 생각된다.

⑤ 가열살균

- 멸균(sterilization)은 세균학에서 쓰이는 말이며, 모든 생명체를 사멸 혹은 제거시키는 물리적 또는 화학적 수단을 말한다.
- 소독(disinfection)은 병원균 특히 전염병균의 사멸을 하는 물리적 또는 화학적 수단이며, 이 방법으로는 모든 미생물을 사멸시킬 수는 없다.
- 살균은 세균학에서 쓰이는 전문용어는 아니며, 오히려 일반적 용어이다. 그러나 식품미생물이나 식품관계에서는 소독과 멸균을 포함한 뜻으로, 미생물의 사멸처리를 말하는 경우가 많다. 실제로 생선묵, 우유 등에서는 가열공정 자체를 살균이라고 한다.

- 가열에 의한 미생물사멸의 기작

미생물의 가열사멸기작으로 단백질변성설, 질식설, 중독설, lipoid설 등이 제창되어 왔다. 미생물의 내열성은 환경조건에 큰 영향을 받지만 미생물 자체에서도 효소단백, RNA 등의 생리적으로 중요한 고분자물질의 열안정성과 그것에 대한 세포내의 보호물질의 존재(포자의 DPA, 칼슘, 수분) 등으로 미생물의 내열성이 정해지는 것이라고 생각되고 있다. 임의 시간에서 살균 속도는 그때의 생균수에 비례하고, 생균수의 대수와 시간의 관계가 성립된다. 이것을 세균사멸의 대수법칙(law of logarithmic order of death)이라고 한다. 세균의 사멸이 대수적으로 된다는 것은 가열살균에서 세균의 집단은 가열온도가 그 세균의 사멸온도가 되어도 반드시 그 시점에서 모든 개체가 다 사멸하지 않는다는 것을 뜻하고 있다. 또 이것은 보통 가열에 의한 사멸시간은 온도가 일정하면, 일정한 용적 내에 있는 세균 수의 다소에 의하여 잔존생균수가 다르다는 것도 의미한다. 즉, 처음의 균수가 적을수록 단시간에 사멸된다.

- 특정세균에 대한 가열살균

병원세균 또는 부패, 변질에 주역할을 하는 세균은 완전히 사멸시키는 가열을 하지만, 그 식품에 별다른 작용을 하지 않는 소위 무작용 세균(inert bacteria)은 살균하지 않고, 그 발육을 저온 등 기타 방법으로 억제하여 두는 일이 있다. 우유의 저온살균, 산성이 강한 포도주, 과즙 등의 저온살균이 그것이다. 또 통조림의 상업적 살균(commercial sterilization)을 하는 수가 있으며, 무작용균이 잔존하는 상태를 상업적 무균(commercial sterility)이라고 한다.

- 미생물의 가열치사온도와 시간

가열치사온도(thermal death point)는 미생물의 부유액을 일정한 기질용액 중에서 10분간 가열하여 사멸시킬 수 있는 최저온도이다. 가열치사시간(thermal death time, TDT)과 관련된 D값, Z값 및 F값이 있다.

※ D값: 일정온도에서 세균수가 1/10이 되는 되는데 요하는 기간을 D값이라고 한다. 예를 들면 어떤 세균의 집단을 100℃에서 90% 사멸시키는 데 10분이 걸렸다면, 이 균의 100℃에서의 열저항성은 D212=10분이라고 표현한다.

※ Z값: 세로에 D값을 상용대수로 눈금을 하고, 가로에 가열온도를 산술눈금을 한 반대수그래프 좌표상에 측정한 D값을 취하면 직선이 되는데, 이 그림을 가열치사곡선(thermal death time curve)이라 하고, 이 직선의 기울기의 역수를 Z값이라 한다. 이 직선의 경사각도는 각기 세균이 열에 대한 저항력의 강약을 나타내는 것이다. Z값을 알면 다른 온도에서의 가열치사시간을 알 수 있으므로, 식품의 가열살균에서 대상이 되는 세균을 살균하는 온도와 시간의 조건을 알 수 있다.

※ F값: 이 값은 250°F에서 특정미생물의 영양세포 또는 포자를 사멸하는 데 요하는 시간(분)이다. 그리고 어떤 용기안의 모든 점에서 받은 가열치사온도의 적분치를 특히 Fs 또는 Fo값이라고 한다. 이것은 한 용기 당 특정한 미생물 수를 감소시키기 위한 가열처리의 능력을 평가하는 데 중요하다.

※ 12D의 개념: 통조림 식품과 같이 상온에서 장기간 저장하는 식품의 살균에는 Cl. botulinum포자의 완전사멸이 공중위생의 견지에서 요구된다. 이 때 Cl. botulinum 에서도 가장 내열성이 강한 포자에 대한 D값의 12배 즉 포자수를 10-12으로 감소시킬 열처리가 최저조건으로 필요하다는 것으로, 산성이 강한 과즙, 과일통조림 등을 제외한 중성에 가까운 저산성의 통조림식품 살균에 적용한다.

⑥ 냉동

식품저장에서 냉동법은 가장 품질저하가 적은 방법이다. 미생물이 동결점 이하에서는 발육하지 못하고, 또 저온에서는 얼음의 결정이 생기므로 수분의 대부분이 제거되며, 많은 생화학적 변화는 그 반응속도가 심히 낮아지는 데 기인한다.

미생물은 가열보다 저온에 대한 저항성이 강하다. 이 저항성은 미생물의 종류와 환경요인에 따라 다르며 또 그 중에는 동결 중에 서서히 사멸하는 것도 있다.

- 미생물에 대한 동결의 영향

  0℃나 그 이하에서 증식할 수 있는 미생물은 많으나, 식품의 동결온도 또는 그 이하에서 발육하려면 식품의 여러 가지 조건에 따라 달라진다. 즉, 식품의 성분, pH 및 자유수 등에 따라 크게 좌우된다. 식품의 수분활성은 빙점 이하에서는 급격히 저하된다. 0℃에서 물의 Aw는 1.0이지만, -20℃에서는 0.8, -50℃에서는 0.62가 된다. 0℃ 이하에서 증식하는 미생물은 일반적으로 낮은 Aw범위에서 증식할 수 있을 것이지만, 식품에도 그 성분 중에는 Aw의 저하를 막고 미생물의 증식을 조장하는 작용을 가지는 것도 있다. 예를 들면 농축과즙에는 비교적 고농도의 당이 함유되어 있으나, 이들 물질은 순수한 물에서 기대되는 Aw보다 높은 Aw를 유지시키는 작용이 있다. 그러므로 혹종의 미생물은 빙점 이하에서도 증식할 수 있는데, 이와 같은 영향은 배지에 glycerin을 첨가한 경우에도 볼 수 있다. 이와 같이 식품성분에 따라 동결점이 다르다.

  식품이 완전히 동결상태가 되면, 미생물의 증식은 일어나지 않는다. 그러나 동결이 미생물에 주는 영향으로 생각하여야 할 것은, 동결상태에서는 미생물은 오히려 사멸되기 어렵다는 것이다. 실제 이 원리를 이용하여 동결이나 동결건조를 하여 미생물을 보존하고 있다. 물론 동결상태에서 미생물의 생존성은 균의 종류에 따라 다르다.

보통 구균류는 gram 음성 간균에 비하여 동결에 저항성이 강하고 오래 생존한다. 식중독 세균으로는 Salmonella균은 포도상구균이나 Clostridium속의 영양세포보다 동결에 대한 저항력이 약하다. 그리고 포자나 미생물이 생산하는 독소는 저온에서는 거의 사멸이나 불활성화가 되지 않는다.

- 동결에 의한 미생물 세포의 변화
  - 세포를 동결하면 자유수가 탈리되어 건조상태로 된다.
  - 동결은 세포 내의 물을 결정상태로 농축하므로, 그 결과 세포질의 점도가 증가된다.
  - 동결은 세포질 중에 용존하는 O_2와 CO_2 등의 손실을 일으킨다. O_2의 손실은 호기적 호흡반응을 감퇴시킨다. 더욱이 확산되어 있는 상태의 O_2는 세포 내에서 산화작용을 증대시키는 것이 된다.
  - 동결은 미생물 세포질의 pH를 변화시킨다. 많은 실험 결과에 의하면 pH가 약 0.3~2.0 정도 변화한다. 그리고, pH의 증감은 동결과 해동으로 일어난다.
  - 동결은 자유수가 빙결되어 감소되므로 세포 내의 전해질이 농축된다.
  - 동결은 세포 내 원형질의 콜로이드 상태에 변화를 일으킨다.
  - 동결은 원형질의 단백질에 부분적인 변성을 일으킨다. 동결에 의하여 -SH기가 감소되는 것으로 알려져 있다.
  - 동결은 heat-shock를 유발한다. 이것은 저온미생물보다 고온균 또는 중온균에서 더 현저하며, 급속동결이 완만동결보다 더 많은 미생물이 사멸된다.
  - 동결은 Pseudomonas spp.와 같은 미생물세포에 대사 장해를 일으킨다.

이와 같이 동결의 영향은 극히 복잡하며, 더욱이 동결할 때에 식품성분 등의 요소가 공존하면 더욱 복잡하게 된다.

- 동결된 미생물이 해동 때에 받는 영향

  냉동식품 중에 잔존하는 미생물이 해동될 때 어떠한 영향을 받느냐 하는 것이 중요하다. 세균을 동결과 융해를 반복하면, 세포막이 파괴되어 균은 사멸하며, 해동을 급격히 하면 생존균수가 더 많아 진다.

  균의 동결에 대한 저항성은 미생물 자체가 완전히 동결되는 것이 아니고, 단지 건조상태에 있는 것이다.

(2) 광선

광합성 세균을 제외하면 곰팡이, 효모, 세균에 대한 가시광선의 영향은 크지 않다. 그러나 암소에서 Neurospora sitophila의 carotenoid색소는 거의 생성되지 않으며, 510㎚의 단파장광선을 조사하면 생성된다. 그러나 이때에도 일광을 쪼이면 오히려 carotene은 파괴된다. 곰팡이의 포자형성, 발아 또는 균사 생육에 대한 가시광선의 영향은 광선의 종류에 따라 촉진과 저해가 각각 다르지만, 균사의 생육은 대체로 저해를 받는다.

(3) 방사선

방사선은 정확히는 전리방사선을 말하는 것으로, 보통 200㎚ 이하의 파장을 가지는 방사선으로 α, β, γ, X선 등이 있다. 이들 중 γ선, β선, X선 등의 방사선을 식품에 조사하면 조사대상물의 온도상승이 적으므로 소위 냉살균(cold sterilization)이 되고, 대량처리가 가능하며, 또한 침투성이 강하여 포장 혹은 용기 안에 밀봉한 식품을 그대로 조사할 수 있는 특징이 있다. 방사성의 식품에 대한 조사는 살균만이 아니라 발아의 정지, 살충, 살란, 또는 식품의 숙도조절과 품질의 개선 등의 면으로도 연구가 진행되고 있다.

① 미생물에 대한 방사선의 작용

생물에 대한 방사선의 영향은 직접 생명에 관계되는 물질, 즉, DNA 나 RNA 등에 에너지가 흡수되는 경우와, 또는 생물체 내의 수분 등을 전리 혹은 여기를 시켜 세포에 치명적인 효과를 주는 경우 등이 있다. 전자를 표적설(target hit theory), 후자를 이온화설(ionization theory)이라고 한다. 방사선 조사에서는 미지의 현상이 일어날 가능성도 있어서, 살균을 위한 강한 조사처리를 한 식품의 안정성에 대해서는 그 자료가 완전하지 못하므로, 방사선의 이용을 무제한으로 식품에 이용할 수 없는 실정이다.

방사선을 미생물에 조사할 때 선량을 증가시키면 생존율은 저하한다. 처음의 생균수를 S_0, 선량 D를 조사하였을 때의 생존균수를 S라 하면 다음 관계가 성립된다.

$$\log \frac{S}{S_0} = -kD \text{ 또는 } S = S_0e^{-kD}$$

② 미생물의 방사선 감수성에 관여하는 인자

일반적으로 gram(+)균은 (-)균에 비하여 또 포자형성 세균은 비형성균에 비하여 방사선 저항성이 강하고, 세균포자의 방사선 저항성은 보통 내열성과 평형관계가 있으나, 통조림에 flat sour를 일으키는 균 또는 호열성혐기성균의 포자는 강한 내열성은 있으나, 방사선 저항성은 그다지 높지 않다. 곰팡이와 효모의 방사선 감수성은 효모가 곰팡이보다 강하며, 이들은 gram(+)균보다는 약하다.

약제나 열처리에서와 같이 세포수가 많을수록 일정선량의 조사효율은 적어지며, 단백질을 함유한 기질 중에서는 완충액 중에서보다 감수성이 낮아지는 것으로 보아 단백질의 보호작용을 방사선에서도 볼 수 있다.

산소는 없는 것이 저항성이 커진다. 또 습한 상태에서보다 건조상태가 더욱 저항성이 강하며, 발육단계별로는 유도기에 있는 세포가 가장 강하고, 대수기에 들어가면 감수성이 높아지기 시작하여 대수기의 말기가 가장 저항성이 약하다.

③ 식품의 방사선 살균

- radappertization: 상업적 살균에 대응되는 용어로, 살균의 목표는 포자형성세균 특히 Cl. botulinum 포자의 완전사멸에 두고 있다. Cl. botulinum E형균포자의 D값은 0.12~0.17, A형균은 0.279, B형균은 0.238Mrad이다.

〈표 9-9〉 각종 미생물의 방사선 감수성

미 생 물	배 지	D값(Mrad)*
Cl. botulinum A형	식 품	0.40(최대)
Cl. botulinum B형	완 충 액	0.33
Cl. sporogenes	완 충 액	0.21
Cl. perfringens	육	0.21~0.24
Cl. botulinum E형	육즙	0.20
Bac. pumilus	완충액, 혐기상태	0.30
Bac. subtilis	완충액	0.20~0.25
Bac. pumilus	완충액, 건조호기상태	0.17
Bac. stearothermophilus	완충액, 호기상태	0.10
Mc. radiodurans R1	우 육	0.25
Sacch. cerevisiae	완충액	0.20~0.25
S. typhimurium	동결란	0.07
S. typhimurium	완충액, 호기상태	0.02
St. faecalis	육즙	0.05
Asp. oryzae	완충액	0.043
Pen. chyrysogenum	완충액	0.04
E. coli	육 즙	0.02
Pseudomonas sp.	완충액, 호기상태	0.004

* 1 Mrad = 10^6 rad ; 1 gray(Gy) = 100 rads = 1 joule/kg

- radicidation: 저온살균에 상당하는 것으로 특정의 무포자병원성의 사멸을 목적으로 하는 조사이며, 어떠한 검사법으로도 그 특정균이 검출되어서는 안 된다. 영국 등에서는 Salmonella균의 사멸을 목표로 하여 격리환자용 냉동식품에 2.5Mrad의 조사를 허가하였다.
- radurization: 특정의 부패세균 등을 조사로 사멸 또는 감소시켜 식품의 보존성을 높이고자 하는 것이며, 어패류, 채소류, 과일 등의 보존성을 높이기 위하여 한다. 새우, 게, 대구, 대합 등은 100~400krad의 조사로 보존기간이 2~6배 연장된다.

(4) 자외선

태양광선의 살균력은 주로 자외선에 의한 것이며, 살균력이 있는 파장 200~295㎚의 광선 중에서도 가장 강력한 것은 250~260㎚의 살균선이다. 그러나 이 살균선은 거의 대기층에 흡수되어 지표에 도달하는 것은 290㎚ 이상의 자외선이므로 태양광선의 살균력은 약하다.

살균력이 강한 자외선을 인공적으로 방출시키는 장치로 자외선 살균등이 있다. 구조가 보통 형광등과 비슷하고 취급도 간단하므로 식품공장의 무균작업이나 미생물관리에 많이 이용하고 있다. 방출하는 파장은 253.7㎚로 핵산의 최대 흡수대인 260㎚에 가까우므로 미생물의 핵산에 손상을 입힌다.

살균선에 의한 살균의 특징은 모든 균종에 유효하다는 것이다. 그러나 균종 또는 균주에 따라 감수성은 다르며, gram(-)의 대장균과 Salmonella균 등은 감수성이 가장 높은 편이고, 다음이 gram(+)의 구균류이다. 포자형성균은 구균류보다 자외선에 강하고 특히 포자는 강하다.

(5) 압력

지상의 세균은 보통 30℃에서 300기압 하에서는 생육이 대단히 완만하여지고 사멸이 증가되며, 400기압에서는 생육은 거의 정지되지만, 깊은 해저의 세균은 600기압에서도 생육하는 것이 있다. 이와 같은 균을 호압균(barophile)이라고 한다. 이와 같이 세균은 압력에 대한 저항력이 강하므로 압력으로 균의 생육저지를 시도하는 것은 실용상의 의의가 적다.

그러나, 압력에 의하여 원형질의 점도와 탄성 등이 변화하고 대사활동도 영향을 받아 생육속도가 저하된다. 그리고 고압 하에서 분열이 억제되어 사상으로 되는 등 형태적 변화도 일어난다. 압력에 의한 생육저해도는 고온일 경우 저해가 적다. 그것은 압력이 단백분자의 열변성을 막는 방향으로 작용하기 때문이다.

3) 생물적 인자 및 구조

식품의 발효와 부패는 식품의 구조(표면, 배열 등) 등과 한 가지 미생물에 의하는 경우보다 여러 가지 미생물군이 관여하는 경우가 많다. 이들 혼합계에서는 각 미생물간에 영양물질 등의 쟁탈이 일어나고, 어떤 경우는 항생물질과 같은 대사산물을 생성하여 다른 균을 억제하는 길항작용이 일어난다. 그러나, 때로는 서로 무관하게 생육하는 소위 불편공생(neutralism, neutralistic symboisis)을 하는 경우와 서로 도움을 주는 공생의 경우 등이 있다.

(1) 호혜공생(互惠共生, mutalism)

공존하는 각 미생물의 생장, 생존에 호혜적인 영향을 주는 경우이다. 예를 들면 해조는 대사에 비타민 B_{12}를 필요로 하지만 합성능력이 없다. Psudomonas, Achromobacter, Bacillus, Erwinia 등이 해조표면의 점질물 중에 존재하여 비타민 B_{12}를 공여하고 또한 생장인자, 영양소 등을 서로 교환한다. 또 콩과식물과 근류균의 사이도 공생의 경우이다.

(2) 공동작용(synergism)

2종 이상의 균이 공존하여 각자가 가지지 않은 기능을 나타내는 경우이다. 우유제품 중에 Ps. syncyanea가 단독으로 번식하면 담갈색을 나타내고, St. lactis가 단독으로 발육하면 색에 변화가 없으나, 두 균이 같이 번식하면 우유에 선명한 청색이 나타난다.

(3) 편혜공생(偏惠共生, commensalism, metabiosis)

공존하는 미생물 중에서 한편이 상대방에게 유리하게 작용하는 경우이다. 호기성균과 편성혐기성균, 섬유소분해균과 비분해균, 단백분해균과 비분해균의 사이에서 뷰해균이 그 물질을 분해하여 비분해균에 영양소를 공급하여 주는 경우가 해당된다.

(4) 길항(antagonism), 경합(competition)

혼합계에서 영양소, 산소, 생활공간 등을 경합적으로 탈취하거나 혹은 한 균의 대사생성물에 의하여 타 균의 생육이 억제되는 현상이다. 젖산균과 부패균 사이의 길항현상, 효모가 생성한 산 또는 알코올에 의하여 세균이나 곰팡이가 억제되는 경우, 제국 중에 혼입한 효모가 제국 전반기에만 생육하고 국균이 번식한 후반기에는 증식을 못하는 현상 등이 이에 해당된다.

(5) 항생(antibiosis)

항생물질의 생산에 의한 균의 억제작용을 말한다. 식품미생물에서 항생의 예로 St.

lactis에 의한 nicin의 생산, 혹종의 효모에 의한 곰팡이와 gram(+)균에 길항적으로 작용하는 불포화지방산의 생성, C. pulcherrima가 배지 중에 pulcherrimin과 같은 색소를 생산하여 세균과 곰팡이를 억제하는 경우 등이 여기에 해당된다. 그리고 한번 생육한 곳에서는 그 균은 다시 생육을 잘 하지 않는데 이 현상을 autoantibiosis라고 한다.

Chapter 10

미생물의 대사

미생물의 대사

미생물은 동식물과 마찬가지로 외부로부터 필요한 영양물질을 섭취하고 이를 이용하여 생명의 유지와 성장에 필요한 에너지를 얻게 된다. 섭취한 영양물질들은 이화작용(catabolism)을 통해 분해되고, 이때 생성된 에너지를 이용하여 동화작용(anabolism)에 의해 생체 내에 필요한 물질을 합성하게 된다. 이와 같은 미생물 세포내에서 일어나는 물질의 분해와 합성과정은 특정한 효소의 촉매작용에 의해 이루어지며, 이 두 화학적인 변화과정을대사(metabolism)라고 한다. 미생물의 물질대사는 호흡과 발효라는 두 가지 대사과정으로 대별되어 진다. 호흡은 미생물이 산소의 존재 하에서 탄수화물, 단백질, 지질 등과 같은 유기화합물을 CO_2와 H_2O로 완전히 산화시켜 필요한 에너지를 얻는 호기적 대사과정이다. 반면에 발효는 산소가 없는 혐기적인 조건하에서 이루어지며, 에너지는 생산되나 불완전 산화되어 CO_2와 H_2O 외에 불완전 산화물을 생산하는 과정이다. 포도당의 경우, 호기적 대사과정인 호흡작용에서는 686㎉가 생산되고, 혐기적 발효작용에서는 58㎉의 열량이 생산된다.

호흡 $C_6H_{12}O_6+6O_2 \rightarrow 6CO_2+6H_2O$(38ATP, 686㎉)

발효 $C_6H_{12}O_6 \rightarrow 2C_2H_5OH+2CO_2$(2ATP, 58㎉)

탄수화물뿐 아니라, 단백질, 지방질 역시 미생물의 생육에 필요한 영양물질이며, 이들 물질은 여러 EMP 경로나 TCA 회로와 같은 특정의 공통적인 대사 경로를 거쳐 분해되어 에너지를 생성하고 생체의 필요성분을 합성하게 된다.

1 탄수화물의 대사(Carbohydrate metabolism)

탄수화물은 주요 에너지원이며 가장 대표적인 탄소원은 포도당이다. 미생물이 포도당과 다른 당류를 분해하기 위해서는 여러 가지 대사과정을 거치게 된다. 미생물에 의한 포도당의 대사과정은 크게 혐기적 분해에 의한 EMP 경로와 호기적 분해에 의한 HMP 경로 및 Entner-Doudorff 경로가 있다. 이들 대사과정을 통해 포도당이 3탄소 화합물인 피루브산(pyruvate)으로 분해되고, 계속적으로 대사되어 호기적인 과정을 통해 산화되거나 혐기적 발효에 의해 젖산이나 알코올 등의 부산물을 생성하게 된다.

1) 당의 분해 과정

(1) EMP 경로(Embdem-Meyerhof-Parnas pathway)

Glucose가 혐기적으로 분해되어 3탄소 화합물인 pyruvate를 생성하는 당대사 경로로 fructose diphosphate pathway 또는 해당작용(glycolysis)으로도 잘 알려져 있다. EMP 경로는 대부분의 미생물에 널리 분포되어 있는 대사 경로로서 효모에 의한 알코올 발효, 젖산균에 의한 젖산발효 등은 모두 이 과정을 거치게 된다. 또한 근육 중의 glycogen이 lactic acid로 분해되는 과정인 glycolysis 역시 이 과정을 통해서 이루어진다. EMP 경로에 의한 포도당의 해당과정은 그림 10-1과 같다.

EMP 경로에서 포도당이 pyruvate를 생성하기까지의 대사과정은 6탄당의 인산화 단계, 3탄당 인산으로의 분해단계, 3탄당 인산의 산화와 고에너지 인산화합물의 생성 및 pyruvate의 생성단계의 3단계로 나누어 볼 수 있다. 먼저 6탄당인 glucose는 두 번의 인산화 과정과 이성화 과정을 거쳐 fructose-1,6-diphosphate로 되고, aldolase에 의해서 dihydroxyacetone phosphate와 glyceraldehyde-3-

phosphate의 3탄당 인산으로 분해된다. 보통 dihydroxyacetone phosphate는 isomerase에 의해서 glyceraldehyde-3-phosphate를 생성하게 된다. 생성된

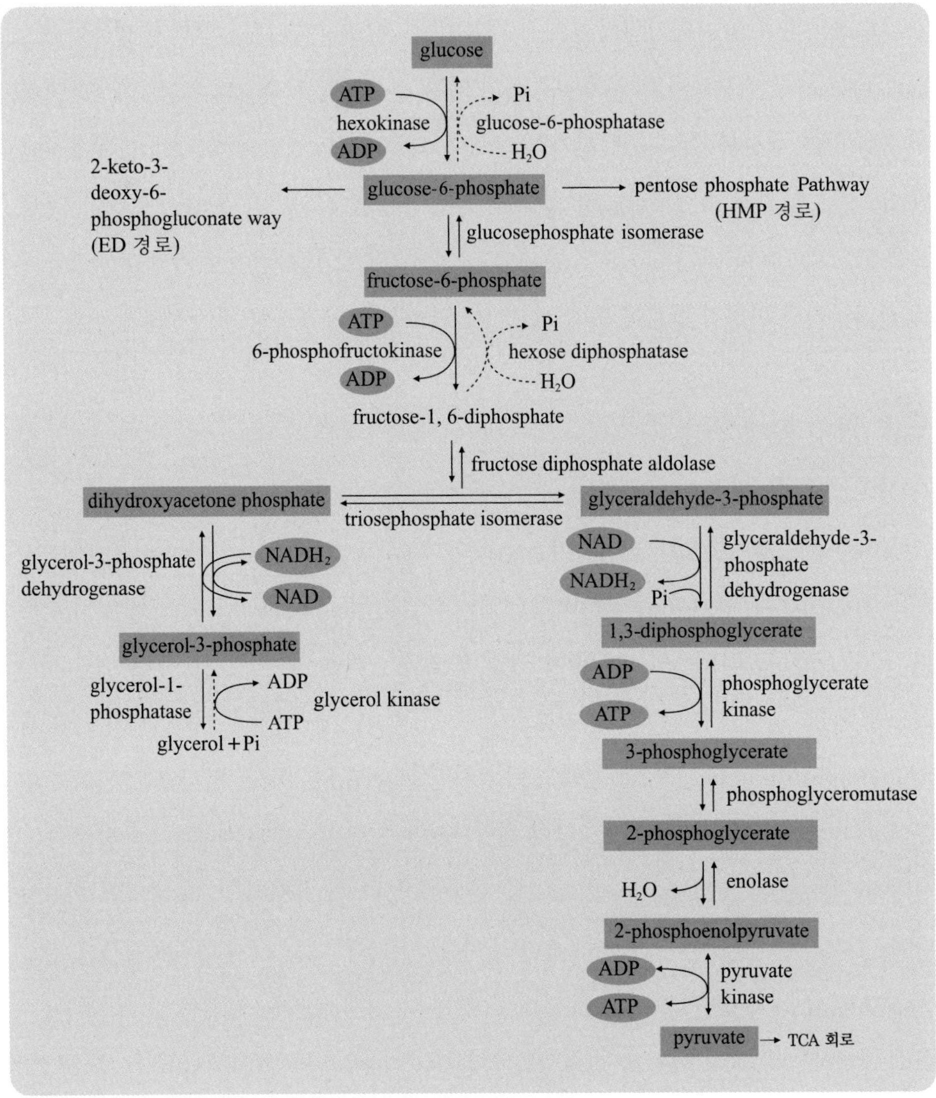

〈그림 10-1〉 EMP 회로

glyceraldehyde-3-phosphate은 NAD를 조효소로 하는 glyceraldehyde phosphate dehydrogenase에 의한 탈수소반응과 무기인산과의 반응을 거쳐 1,3-diphosphoglycerate로 산화된다. 이어 phosphoglyceromutase, enolase 등에 의한 일련의 반응을 통하여 최종적으로 고에너지 인산화합물인 ATP와 함께 pyruvate가 생성된다. 이 과정에서 포도당 1분자당 4분자의 ATP가 합성되고, 2분자의 ATP가 소비되므로, 실제 2분자의 ATP가 생성된다. 즉, EMP 경로를 통하여 1분자의 포도당에서 각각 2분자의 피루브산과 ATP가 생성되며 생성된 pyruvate는 산소의 유무에 따라 혐기적 발효와 호기적 산화를 통해 대사된다.

(2) HMP 경로(Hexose monophosphate pathway)

미생물의 호기적 탄수화물 대사과정의 하나인 HMP 경로는 pentose phosphate pathway 또는 Warburg-Dickens pathway라고도 불리워 진다. 그림 10-2와 같이 먼저 glucose-6-phosphate가 NADP를 조효소로 하는 glucose-6-phosphate dehydrogenase에 의해 6-phosphogluconolactone으로 산화되고 이어 lactonase에 의해 가수분해되어 6-phosphogluconate로 된다. 이는 다시 dehydrogenase에 의해 5탄당인 ribulose-5-phosphate와 CO_2로 산화된다. 이 산화과정 동안 NADPH가 생성된다. 이어 ribulose-5-phosphate는 7탄당인 sedoheptulose-7-phosphate와 3탄당인 glycerlaldehyde-3-phosphate로 전환되고 transaldolase에 의해 6탄당과 4탄당인 fructose-6-phosphate와 erythrose-4-phosphate로 된다. 생성된 erythrose-4-phosphate는 xylulose-5-phosphate와 반응하여 fructose-6-phosphate와 glyceraldehyde-3-phosphate를 생성하고 이들 물질은 EMP 경로에 들어가 pyruvate를 생성하게 된다. HMP 경로의 dehydrogenase 효소는 NAD 대신 NADP를 조효소로 사용하고 ATP를 필요로 하지 않으며, 생성된

NADPH는 지방산이나 아미노산 등을 생체성분의 생합성시 환원반응에 이용된다. 또한 대사과정의 중간대사산물인 5탄당의, ribose-5-phosphate는 핵산의 중요한 구성성분으로 nucleotide 생합성에 쓰이며, erythrose-4-phosphate는 방향족 아미노산의 생합성에 사용된다.

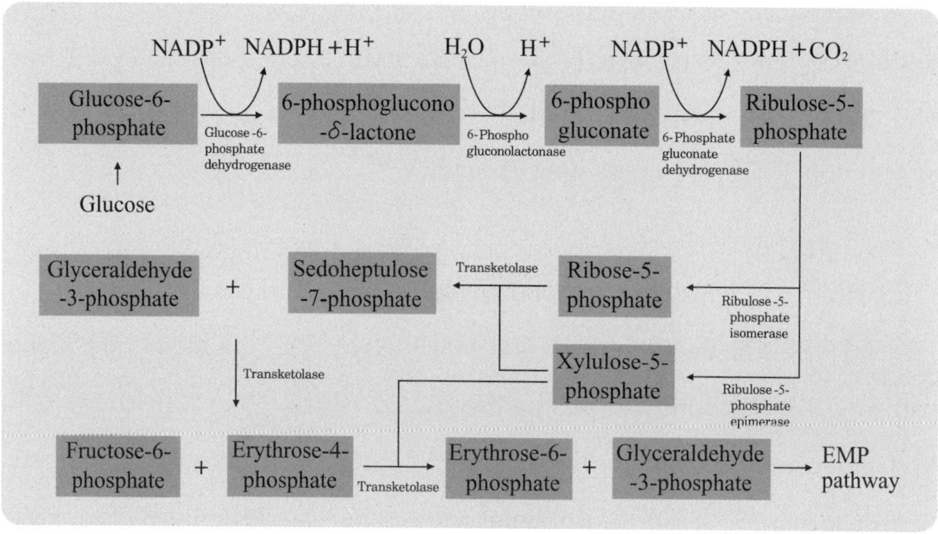

〈그림 10-2〉 HMP 회로

(3) Entner-Doudorff 경로

대부분의 미생물에서 볼 수 있는 EMP 경로나 HMP 경로와 달리 Entner-Doudorff 경로(그림 10-3)는 Pseudomonas속과 Zymomonas mobilis와 같은 세균에만 존재하는 glucose의 호기적 산화분해 과정이다. 이 경로는 HMP 경로와 같이 glocose 6-phosphate에서 6-phosphogluconate가 생성되나, 더 이상의 산화가 진행되는 대신 2-keto-3-deoxy-6-phosphogluconate(KDPG)를 형성한다. 이어 생성된 KDPG는 KDPG aldolase에 의해 각각 한 분자의 pyruvate와 glyceraldehyde-3-phosphate로 분해되고, glyceraldehybe-3-phosphate는 EMP 경로로

들어가 pyruvate로 전환된다. 이 경로에 의해 glucose가 pyruvate로 분해되면 포도당 1분자당 각각 1분자의 ATP, NADH, NADPH가 생성된다.

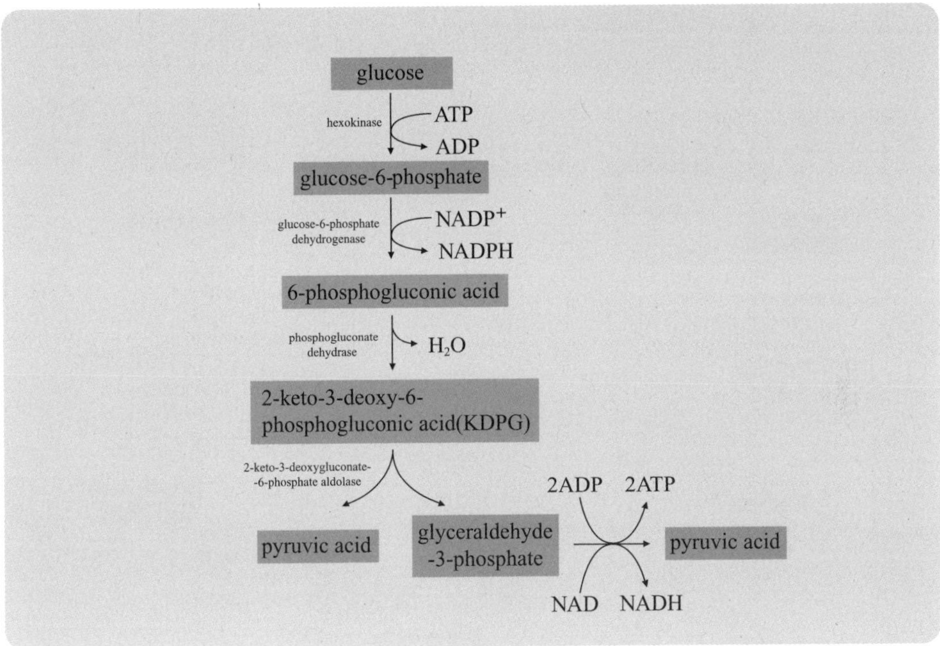

〈그림 10-3〉 Entner-Doudorff 회로

2) 호흡

(1) TCA 회로(Tricarboxylic acid cycle)

구연산회로(citric acid cycle) 또는 Krebs 회로라고도 하며, EMP 경로 등에서 생성된 pyruvate가 호기적으로 대사되어 citrate, α-ketoglutarate 등을 거쳐 물과 CO_2로 완전히 산화되는 대사경로이다. TCA 회로에서 pyruvate는 pyruvate dehydrogenase에 의한 탈탄산반응에 의해 $NADH_2$를 생성하면서 acetyl-CoA로 되고, 이것이 oxaloacetate와 축합하여 6탄소화물인 citrate를 형성하고 그림 10-4에서와 같은 회로를 따라 일련의 반응을 거치면서 oxaloacetic acid를 생성한다. 생성된

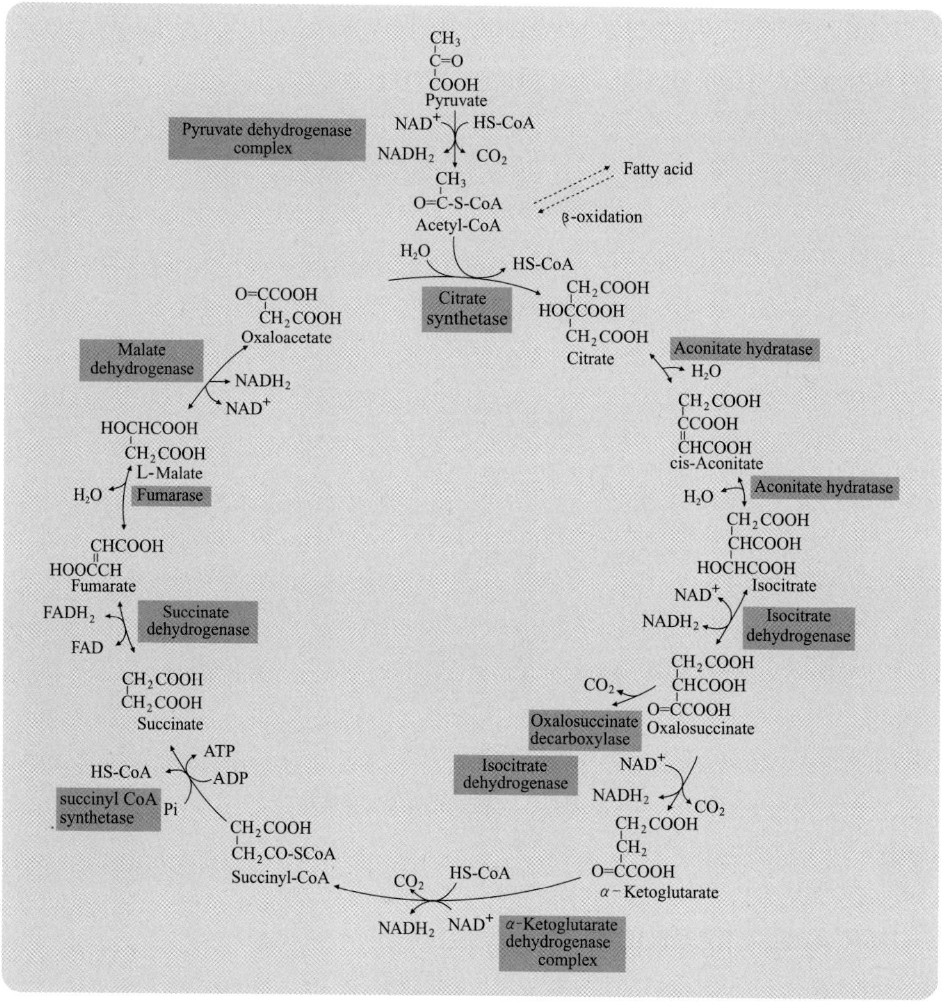

〈그림 10-4〉 TCA 회로

oxaloacetic acid는 다시 acetyl-CoA와 결합함으로써 TCA 회로가 계속 반복된다. 이와 같이 pyruvate는 TCA 회로를 한 바퀴 돌면서 완전 산화되어 최종적으로 15분자의 ATP와 CO_2와 H_2O를 생성하게 된다. 따라서 1분자의 glucose는 EMP 경로와 TCA 회로를 통해서 총 38분자의 ATP를 생성하게 된다. 이처럼 TCA 회로는 세포내에 효율적으로 에너지를 공급하고, 회로를 통해 생성된 중간대사산물들은 아미노산이나 지방산의 생합성계에서 중요한 대사물질로 사용된다.

(2) Glyoxylate 회로

Glyoxylate 회로란 TCA 회로의 isocitrate가 isocitrate lyase에 의해서 succinate와 glyoxylate로 분해되고, 이 glyoxylate가 다시 malate synthetase의

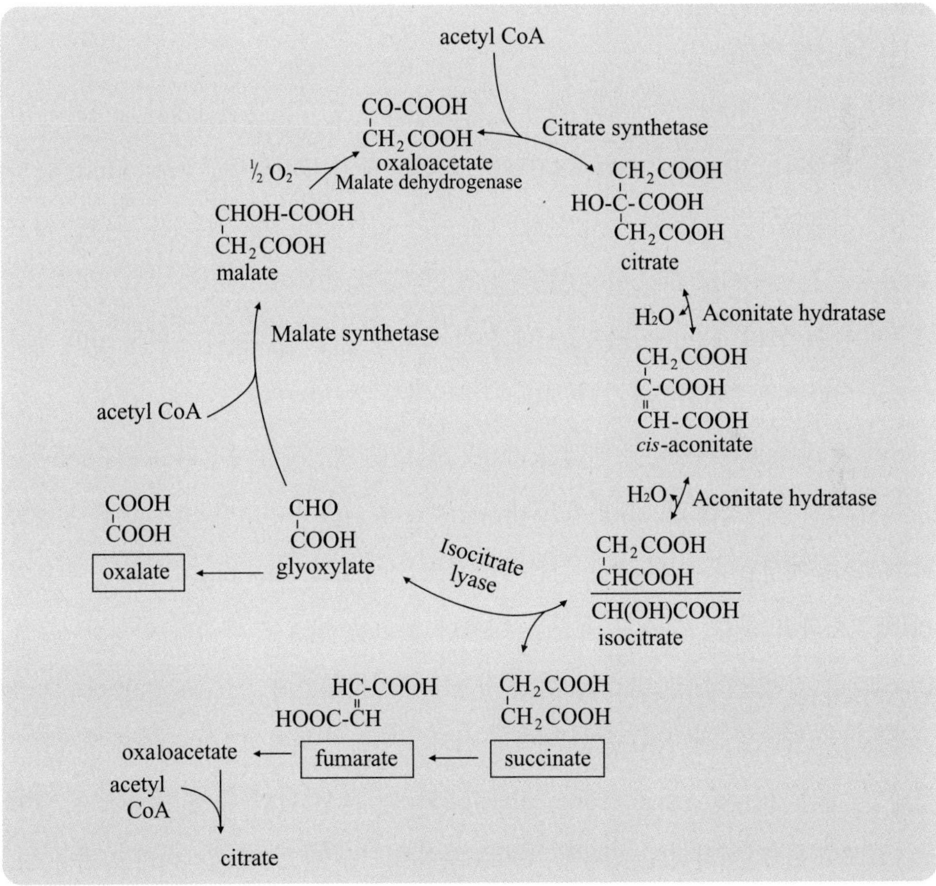

〈그림 10-5〉 Glyoxylate 회로

작용에 의해 malate를 거쳐 oxaloacetate까지 변화되는 대사 경로를 말한다(그림 10-5). 생성된 oxaloacetate는 또다른 acetyl CoA와 반응하여 citrate를 생성하거나 TCA 회로에 oxaloacetate를 보충하는 공급체로 작용하여 succinate는 pyruvate로 바뀌거나, 포도당을 합성하는데 이용되어 미생물의 생합성계에 중요한 역할을 한다.

3) 발효(Alcoholic fermentation)

(1) 알코올 발효

알코올 발효는 EMP 경로에서 생성된 pyruvate가 혐기적 조건하에서 대사되어 알코올을 생성하는 반응으로 이때 NADH는 당 대사 중간 대사산물인 acetaldehyde의 환원에 사용되면서 NAD로 다시 산화된다. 이와 같은 당의 혐기적 대사 과정인 알코올 발효는 효모에 의해 주로 일어난다.

독일의 화학자인 Neuberg는 효모에 의한 알코올 발효시 배지의 조건에 따라 생성물질이 달라짐을 발견하였다. 그림 10-6 처럼 정상적인 알코올 발효에서 pyruvate는 pyruvate decarboxylase에 의해 acetaldehyde를 생성하고 생성된 acetaldehyde는 NADH의 존재하에 alcohol dehydrogenase에 의해 환원되어 ethanol을 생성하고 NAD는 재생된다. 이와 같은 정상적인 알코올 발효를 Neuberg에 알코올 발효의 제1형식이라고 한다. 그리고 효모를 이용한 알코올 발효용 배지에 아황산나트륨(Na_2SO_3)을 첨가한 경우, glycerol이 현저하게 증가하였는데, 이는 acetaldehyde가 아황산과 결합함으로써 NADH의 재산화 시키지 못하여 따라서 ethanol이 생성되지 못하고 대신 dihydroxyacetone phosphate가 NADH의 수소 수용체가 되어 glycerol이 된다. 이와 같은 반응을 Neuberg의 알코올 발효 제2형식이라고 한다. 또한 배지에 알칼리성인 인산나트륨(Na_2HPO_4) 등을 첨가하면 ethanol이나 CO_2 이외에

glycerol와 acetic acid가 생성됨을 발견하였다. 이는 알칼리 상태에서는 acetaldehyde가 NADH의 수소 수용체로 작용하지 못하고 ethanol과 acetic acid의 혼합물을 형성하게 되어 acetaldehyde가 NADH의 재산화가 일어나 dihydroxyacetone phosphate의 환원에 이용되어 glycerol이 생성된 결과로 이를 Neuberg의 알코올 발효 제3형식이라고 한다.

$$\underset{\text{glucose}}{C_6H_{12}O_6} \xrightarrow{\text{pH 미산성} \sim \text{산성}} \underset{\text{ethanol}}{2C_2H_5OH} + 2CO_2 \quad \text{(Neuberg 발효 제 1 형식)}$$

$$\underset{\text{glucose}}{C_6H_{12}O_6} \xrightarrow{\text{아황산나트륨}(Na_2SO_3)} \underset{\text{glycerol}}{C_3H_5(OH)_3} + \underset{\text{acetaldehyde}}{CH_3CHO} + CO_2 \quad \text{(Neuberg 발효 제 2 형식)}$$

$$\underset{\text{glucose}}{C_6H_{12}O_6} \xrightarrow{\text{alkali}(Na_2HPO_4)} \underset{\text{glycerol}}{2C_3H_5(OH)_3} + \underset{\text{acetic acid}}{CH_3COOH} + \underset{\text{ethanol}}{C_2H_5OH} + 2CO_2 \quad \text{(Neuberg 발효 제 3 형식)}$$

〈그림 10-6〉 Neuberg의 글리세롤 생성반응

(2) 젖산 발효

① 정상 젖산 발효(Homolactic fermentation)

혐기적인 조건하에서 EMP 경로의 대사산물인 pyruvate가 lactate dehydrogenase에 의해 lactic acid로 환원되고 이때 NADH는 NAD로 산화되는 과정으로(그림 10-7), 이와 같은 발효형식을 갖는 젖산균을 정상발효 젖산균(homofermentative lactic acid bacteria)이라 한다.

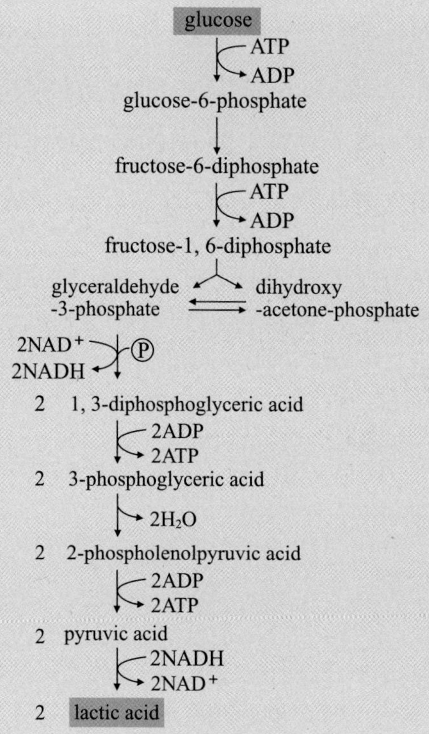

〈그림 10-7〉 정상발효 젖산균에 의한 포도당의 분해과정

② 이상 젖산 발효(Heterolactic fermentation)

Leuconostoc mesenteroides와 같은 젖산균(heterofermentative lactic acid bacteria)에 의한 젖산 발효는 HMP 경로를 이용하여 ethanol과 lactic acid을 생성한다. HMP 경로를 통해 생성되는 ribulose-5-phosphate가 phosphoketolase의 작용으로 가인산 분해되어 각각 1분자의 acetyl phosphate와 glyceraldehyde-3-phosphate로 나누어진다. 이때의 glycer aldehyde-3- phosphate가 EMP 경로

를 거쳐 lactic acid를 생성하게 되고, acetylphosphate는 phosphotransacetylase와 alcohol dehydrogenase에 의해 ethanol을 생성한다.

4) 단백질의 대사(Protein metabolism)

단백질은 세포의 중요 구성물질로서 단백질 분해효소에 의해 아미노산으로 분해되어 다시 필요한 단백질의 생합성에 쓰이거나, deamination 된 후 탄수화물의 대사 경로에 들어가 대사된다.

(1) 아미노산의 분해(Amino acid decomposition)

아미노산의 분해는 deamination이나 transamination 반응에 의해 이루어진다. Deamination 반응을 통해 아미노기(-NH_2)가 떨어져 유기산으로 된 후 decarboxylation 등의 대사과정을 통하여 CO_2와 H_2O로 분해되거나 glucose나 acetyl-CoA, ketone body등으로 바뀌게 된다.

① 탈아미노 반응(deamination)

A. 산화적 탈아미노 반응

호기성 미생물에서 나타나는 반응으로 glutamic acid가 NAD나 NADP를 조효소로 하는 glutamate dehydrogenase에 의해서 α-ketoglutarate와 ammonia가 생성된다.

• $R-2(CH_2)(NH_2)-COOH+NAD(P)^{+}+H_20 \rightleftarrows R-2(CH_2)CO-COOH+NH_4^{+}+NAD(P)H$

Glutamic acid　　　　α-ketoglutarate　ammonia

B. 환원적 탈아미노 반응

주로 혐기성 미생물에서 볼 수 있는 반응으로 aspartic acid로부터 succinic acid가 생성되는 반응이다.

- $R-2(CH_2)-CH(NH_2)-COOH+H_2 \rightarrow R-CH_2-CH_2-COOH+NH_3$

  aspartic acid → Succinic acid

C. 불포화 탈아미노 반응

Aspartic acid로부터 fumaric acid가 생성되는 반응으로 대장균과 같은 미생물에서 볼 수 있다.

- $R-CH_2-CH(NH_2)-COOH \rightarrow R-CH = CH-COOH+NH_3$

  aspartic acid → Fumaric acid

D. 가수분해적 탈아미노 반응

형광세균에서 볼 수 있는 반응으로 aspartic acid가 malic acid로 되는 반응이다.

- $R-CH_2-CH(NH_2)-COOH+H_20 \rightarrow R-CHOH-CH_2-COOH+NH_3$

  aspartic acid → malic acid

E. 아미노기 전이반응(transamination)

Transaminase에 의한 아미노기 전이반응에 의해서 어떤 아미노산의 아미노기가 α-keto acid로 전이되어 새로운 α-keto acid와 아미노산이 생성되는 반응이다.

- $R-CH(NH_3^+)-COO^-+R-2(CH_2)CO-COO^- \rightleftarrows R-CO-COO^-+R-2(CH_2)(NH_3+)-COO^-$

  amino acid, α-ketoglutarate ⇄ α-keto acid, Glutamate

- $R{-}2(CH_2)(NH_3^+){-}COO^- + R{-}CH_2{-}CO{-}COO^- \rightleftarrows R{-}2(CH_2)CO{-}COO^- + R{-}CH_2CH(NH_3^+){-}COO^-$

  Glutamate　　oxaloacetate　　α−ketoglutarate　　aspartate

② 탈탄산반응(decarboxylation)

아미노산으로부터 CO_2가 유리되면서 amine이 생성되는 비가역적인 반응이다. 주로 단백질의 부패과정에서 일어나는 반응으로 Histidine에서 histamine, arginine에서 agmatine, ornithine에서 putrescine, lysine에서 cadaverine, tyrosine에서 tyramine 등이 생성된다.

- $NH_2{-}(CH_2)_4{-}CH(NH_2){-}COOH \rightarrow NH_2{-}(CH_2)_4{-}CH_2{-}NH_2 + CO_2$

  lysine　　cadaverine

③ Ehrlich 반응

아미노산으로부터 deamination과 decarboxylation이 동시에 일어나 아미노기와 CO_2가 유리되어 알코올, 산, 탄화수소 화합물이 생성되는 반응이다.

- $CH_3{-}CH(NH_2){-}COOH + O_2 \rightarrow CH_3{-}COOH + CO_2$

  alanine　　acetic acid

- $(CH_3)_2{-}CH{-}CH_2{-}CH(NH_2){-}COOH + H_20 \rightarrow (CH_3)_2{-}CH{-}CH_2{-}CH{-}OH + CO_2$

  leucine　　isoamyl alcohol

- $CH_2(NH_2){-}COOH + H_2 \rightarrow CH_4{-}NH_2 + CO_2$

  glycine　　methane

④ Strikland 반응

두 종류의 아미노산이 반응하여, 그 중 하나의 아미노산은 산화되면서 전자공여체

(alanine, leucine, isoleucine, valine, histidine, phenylalanine, trytophan, tyrosine, serine, asparagine)의 역할을 하고 다른 하나의 환원되면서 전자수용체(glycine, proline, hydoxyproline, ornithine, arginine, tryptophan, tyrosine, cysteine, methionine) 로서의 역할을 하는 상호간의 산화환원 반응으로 아미노산은 keto acid로 deamination이 일어난다.

- $3CH_3CHNH_2COOH + 2CH_2NH_2COOH \rightarrow 3CH_3COOH + 3NH_3 + CO_2$
  alanine glycine acetic acid

(2) 아미노산의 생합성(Amino acid biosynthesis)

아미노산의 생합성은 amino acid dehydrogenase와 transaminase에 의해 이루어지는데, 단백질 합성에 필요한 아미노산들은 탄수화물 대사의 중간물질인 α-ketoglutarate 나oxaloacetate, pyruvate 등으로부터 합성된다. 따라서 표 10-1과 같이 생합성과정 따라 glutamate 계열, aspartate 계열, pyruvate 계열, 방향족 아미노산 계열, 그리고 serine 등으로 나눌 수 있다. α-ketoglutarate를 전구체로 하여 합성되는 아미노산의 경우 먼저, NAD를 조효소로 하는, amino acid dehydrogenase에 의해 keto acid가 되고, 여기에 암모니아(NH_3)로부터 얻어진 아미노기(NH_2)기가 전이되어 새로운 amino acid가 생성된다. 그리고 alanine, aspartic acid, phenylalanine 등과 같은 상당수의 아미노산들은 아미노기 전이반응에 의하여 합성된다(그림 10-8).

〈표 10-1〉 각 아미노산 계열별 생합성 경로

아미노산 계열	합성 전구물질	합성된 아미노산	
glutamate	α-ketoglutarate	⇒ glutamate	⇒ glutamine arginine proline
aspartate	oxaloactate	⇒ aspartate	⇒ asparagine methionine threonine isoleucine lysine
aromatic	phosphoenolpyruvate + erythrose-4-phosphate		⇒ tryptophan phenylalanine tyrosine
serine	3-phosphoglycerate	⇒ serine	⇒ glycine cysteine
pyruvate	pyruvate		⇒ alanine valine leucine
기타	ribose-5-phosphate+ATP		⇒ histidine

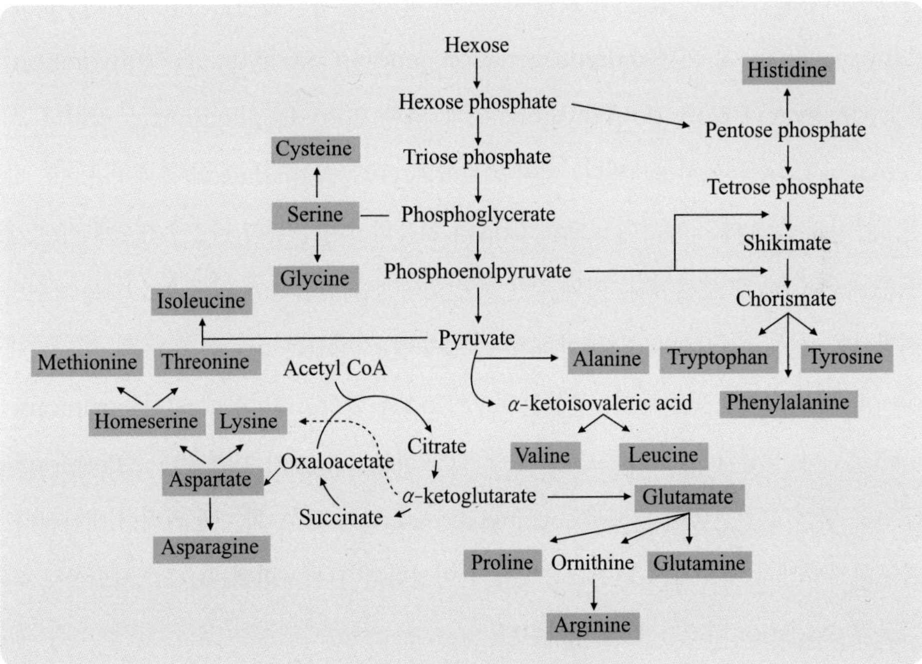

〈그림 10-8〉 아미노산의 합성경로

5) 지질의 대사(Lipid metabolism)

지질은 지방산과 glycerol의 ester 화합물로서 지질 가수분해 효소인 lipase에 의해 분해된다. 분해된 glycerol은 ATP 존재하에서 glycerol kinase에 의해 glycerol phosphate가 되어 EMP 경로를 통해 대사되고, 지방산은 β 위치의 탄소가 β-oxidation 되는 경로를 통해 분해된다.

(1) 지방산의 분해(Fatty acid decomposition)

지방산은 β-oxidation 과정(그림 10-9)을 통하여 β 위치의 탄소가 두 개씩 떨어져 나감으로써 점진적으로 완전히 분해된다. 이 경로에서 지방산은 먼저 ATP의 에너지를 이용하여 CoA와 결합해 acyl-CoA로 되어 활성화된다. 다음에 acyl-CoA dehydrogenase에 의한 dehydrogenation, enoyl-CoA hydratase에 hydration, β-hydroxyacyl-CoA dehydrogenase에 의한 dehydrogenation이 일어나 β-ketoacyl-CoA를 형성하게된다. 이어 β-ketoacyl-CoA thiolase의 촉매작용으로 다른 1분자의 CoA와 작용하여 acetyl-CoA와 처음의 지방산보다 탄소수가 2개 적은 새로운 acyl-CoA로 분해된다. 이와 같은 β-산화과정을 반복하여 결국 탄소수가 짝수인 지방산은 전부 acetyl-CoA로 산화되나, 홀수인 지방산은 acetyl-CoA와 마지막에 propionyl-CoA가 생성된다. 생성된 acyl-CoA와 탄산고정반응에 의해 propiony-CoA로부터 생성된 succinyl-CoA 모두 TCA회로로 들어가 대사된다. Propiony-CoA는 탄산 고정반응에 의해서 succinyl-CoA로 되어 TCA 회로에 의해서 대사된다. 불포화지방산의 경우에는 먼저 2중결합이 이성화되거나 수화된 후 CoA화합물로 된 다음 β-oxidation과정을 통해 대사된다.

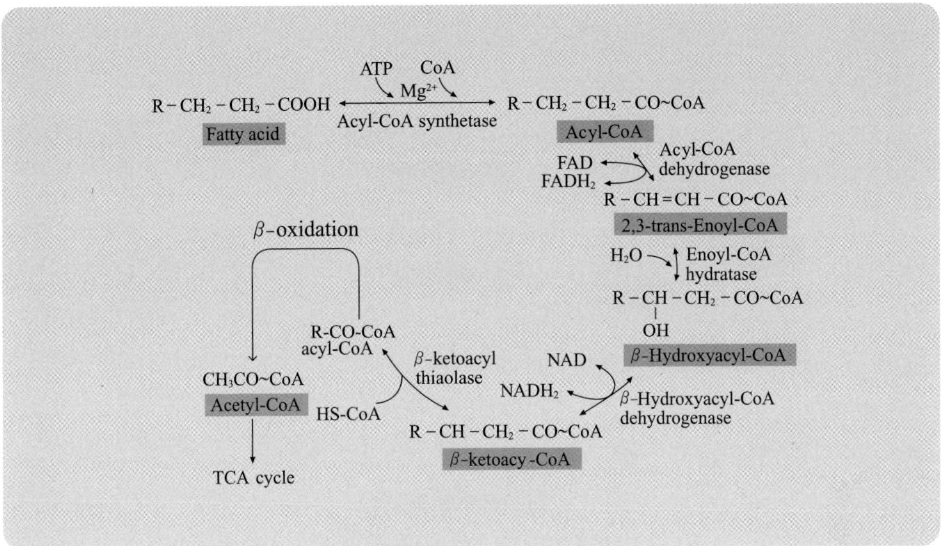

〈그림 10-9〉 지방산 β-산화과정

(2) 지방산의 생합성(Fatty acid biosynthesis)

지방산의 합성 과정은 acetyl-CoA 또는 malonyl-CoA를 기질로 NADPH를 환원제로 하여 fatty acid synthetase에 의한 일련의 반응에 의해 이루어진다(그림 10-10). Malonyl-CoA는 acetyl-CoA carboxylase에 의해 ATP를 1분자 소비하면서 acetyl-CoA로부터 생성되는데, 이때 biotin 효소인 ACP(acyl carrier protain)가 관여한다. 생성된 malonyl-CoA는 이어 acyl-CoA와 결합한 후 탈탄산 되어 β-ketoacyl CoA를 생성하고 계속해서 반응이 진행되어 탄소수가 2개 더 많아진 acyl-CoA로 된다. 이와 같이 탄소가 2개씩이 첨가되는 일련의 반응을 반복함으로써 점점 지방산의 사슬이 길어져 고급지방산이 합성된다.

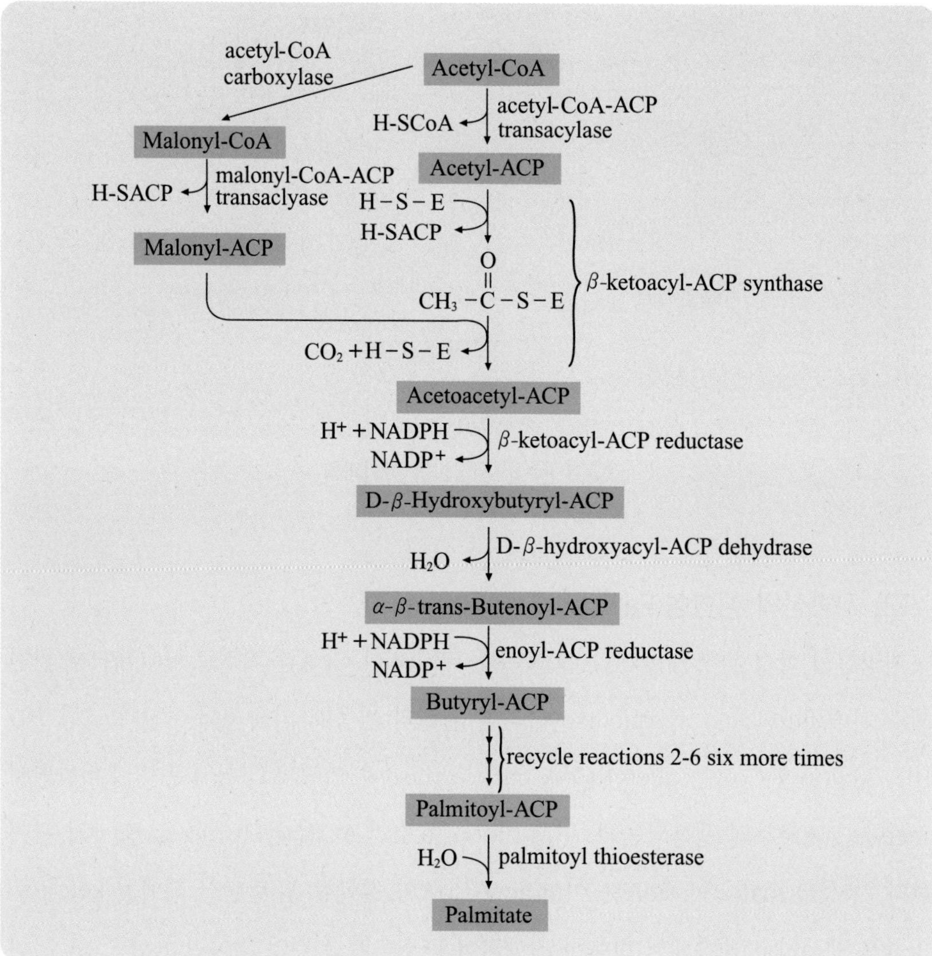

〈그림 10-10〉 지방산의 생합성과정

Chapter 11

미생물의 유전과 변이

미생물의 유전과 변이

핵산(nucleic acid)에는 DNA(deoxyribonucleic acid)와 RNA(ribonucleic acid) 두 종류가 있다. DNA는 세포가 살아가는 데 가장 중요한 유일의 분자이며 세포의 생존과 증식에 필요한 모든 정보를 담고 있다. 유전자는 유전정보의 저장고로 단백질, tRNA 또는 rRNA를 암호화하는 DNA 염기서열이다. 대부분의 유전자는 한 개의 단백질을 만드는데 필요한 정보를 갖고 있다. 그러나 유전자로부터 직접 단백질이 만들어지는 것이 아니고, 유전 지침에 의해 DNA가 먼저 RNA의 형태로 전환되고 이 RNA로부터 단백질이 합성된다.

DNA 복제는 매우 정교하기 때문에 유전정보가 변화되지 않고 다음, 그 다음 세대로 전달될 수 있다. 유전자는 때로는 환경요인에 의한 변화 또는 돌연변이를 수용한다. 유전자에서 발행한 변이(mutation)에 의해 아미노산 조성이 바뀌어 원래의 기능과 다른 특성을 갖는 단백질이 형성될 수 있다. 유전자에서 일어나는 이러한 변이에 의해 생물의 진화가 이루어진다.

1 미생물의 유전과 변이

1) DNA 구조

DNA는 디옥시리보뉴클레오티드(deoxyribonucleotide)라는 단위체가 모여서 형성된 긴 사슬형태의 중합체이다. DNA의 각 디옥시리보뉴클레오티드는 1) 오탄당으로 된 디옥시리보스(deoxyribose), 2) 인산기(phosphate group), 3) 질소를 함유하는 네 종류의 염기(base)로 구성되어 있다. DNA의 정보란 염기의 서열을 말한다. 네 종류의 염기는 아데닌(adenine, A), 구아닌(guanine, G), 시토신(cytosine), 티민(thymine, T)으로, 아데닌과 구아닌은 두개의 고리를 갖는 퓨린(purine)이며, 시토신과 티민은 한 개의 고리구조인 피리미딘(pyrimidine)이라 불린다.

당-인산 골격구조에서 디옥시리보스 분자의 3′ 탄소에 붙어있는 수산화(-OH)기는 다음 분자의 5′ 탄소에 붙어있는 인산기와 인산이중에스테르 결합(phosphodiester bond)에 의해 연속해서 이어져 긴 폴리뉴클레오티드(polynucleotide) 사슬을 이룬다. 프라임 부호(′)는 5탄당 디옥시리보스에서 탄소 원자의 위치를 가리킨다. 폴리뉴클레오티드 사슬의 5′ 말단은 자유로운 인산기를 가지고 있고, 3′ 말단은 자유로운 수산기가 있다.

두 가닥의 DNA는 염기쌍에 의해 이중가닥(double strand) 분자를 형성하는데, 이를 이중나선형(double helix)구조라 한다. 그림 11-3b는 DNA의 가장 흔한 형태인 B-DNA로 폴리뉴클레오티드 사슬의 당-인산 주축은 나선의 외곽을 감고 있으며 질소 염기는 중심을 향하고 있다. 이러한 구조는 작은 홈(minor groove)과 큰 홈(major groove)의 두개의 홈을 이루게 된다.

두 DNA 가닥 사이의 염기들은 수소 결합에 의해 쌍을 이루고 있다. 아데닌(A)은

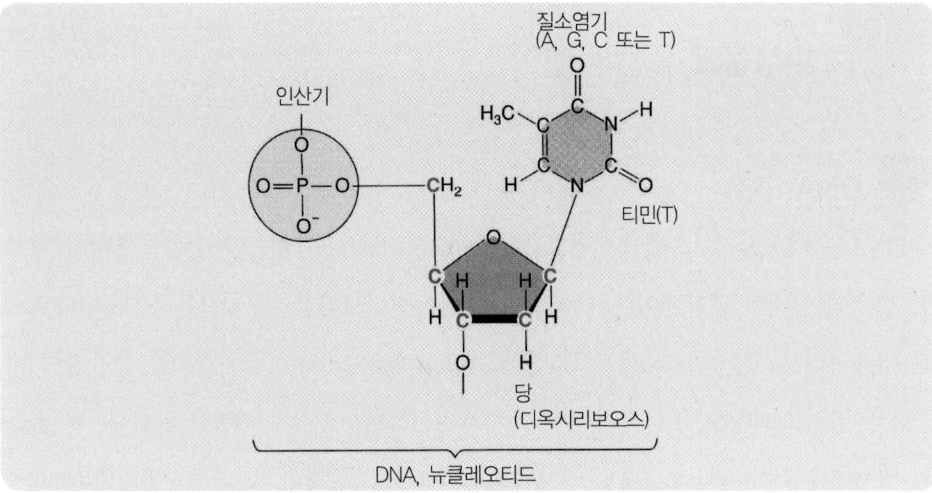

〈그림 11-1〉 DNA 뉴클레오티드의 구조

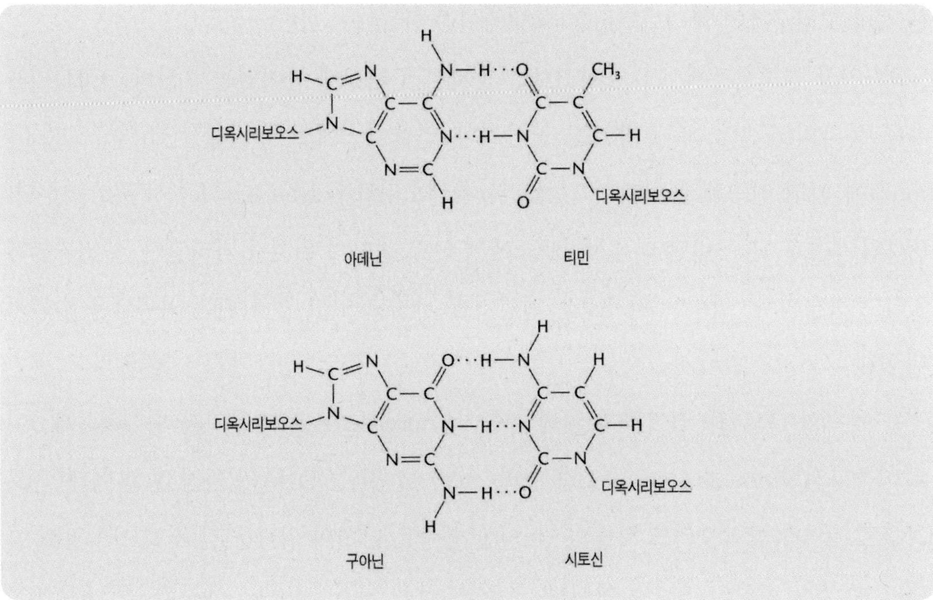

〈그림 11-2〉 DNA의 염기쌍

아데닌(A)–티민(T) 염기쌍에서는 두 개의 수소결합이 형성되고, 구아닌(G)–시토신(C) 염기쌍에서는 세 개의 수소결합이 형성된다.

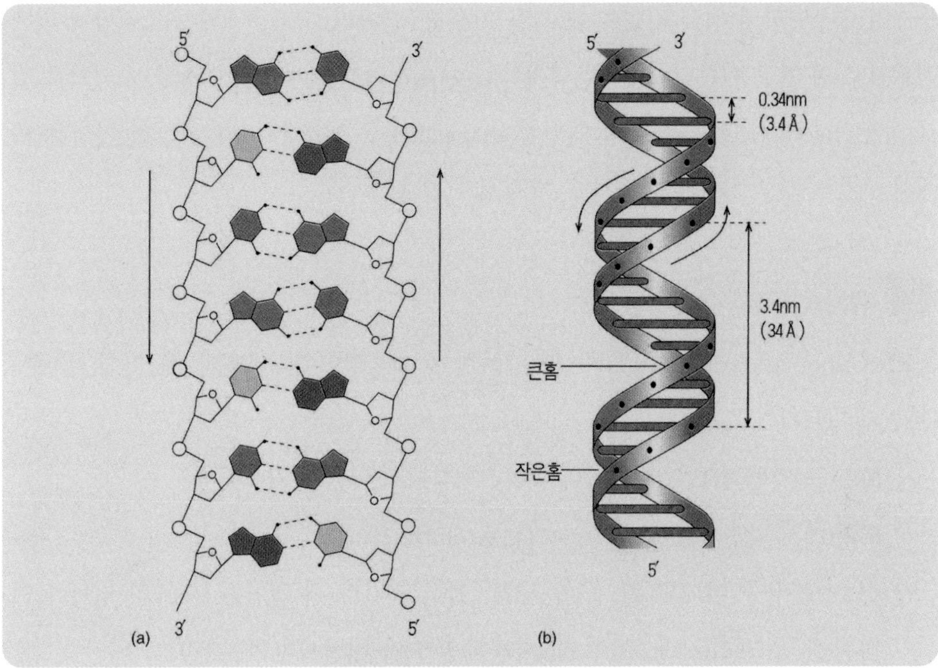

〈그림 11-3〉 DNA의 이중나선 구조

a) 화학구조 모형도 b) Watson-Crick의 구조 모형도

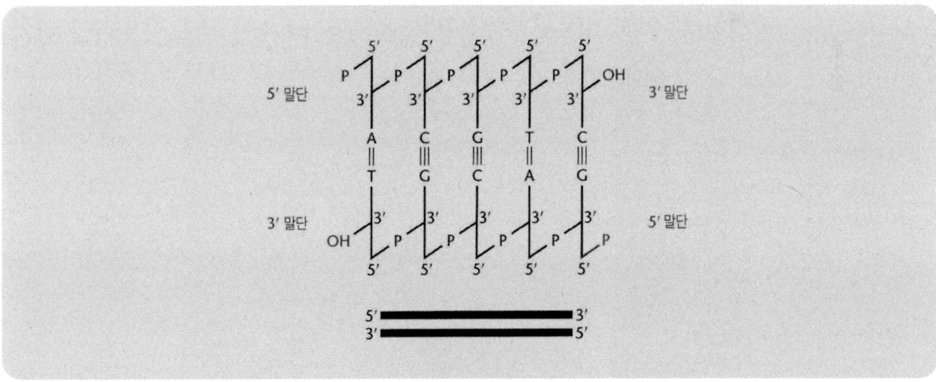

〈그림 11-4〉 DNA 사슬을 간단히 표현하는 그림

두개의 수소결합에 의해 티민(T)과 쌍을 이루고, 구아닌(G)은 3개의 수소결합에 의해 시토신(C)와 쌍을 이룬다. 이러한 염기쌍(base pair) 규칙에 의해 DNA의 두 가닥은 서로 상보적(complementary)이며 역평행(antiparallel)을 이루고 있다. 즉, 한 가닥은 5′에서 3′으로 다른 가닥은 3′에서 5′ 방향으로 진행한다.

2) RNA 구조

RNA(ribonucleic acid)는 DNA와 유사한 유전물질이나, 다음의 세 가지 점에서 DNA와 다르다.

① RNA는 일반적으로 오직 하나의 폴리펩타이드 사슬로 되어있다.

② RNA에서 발견되는 당 분자는 리보오스(ribose)이다.

③ 질소 염기 중 아데닌(A), 구아닌(G), 시토신(C)의 세 염기는 DNA의 것과 동일하지만, 우라실(uracil, U)이 DNA의 티민(T)을 대신하여 사용된다.

RNA는 단일 사슬의 DNA와 염기쌍을 형성 할 수 있다. 이 경우 아데닌이 티민대신 우라실과 쌍을 형성한다. 간혹, RNA 분자들은 짧은 구간 내에서 서로 상보적인 염기

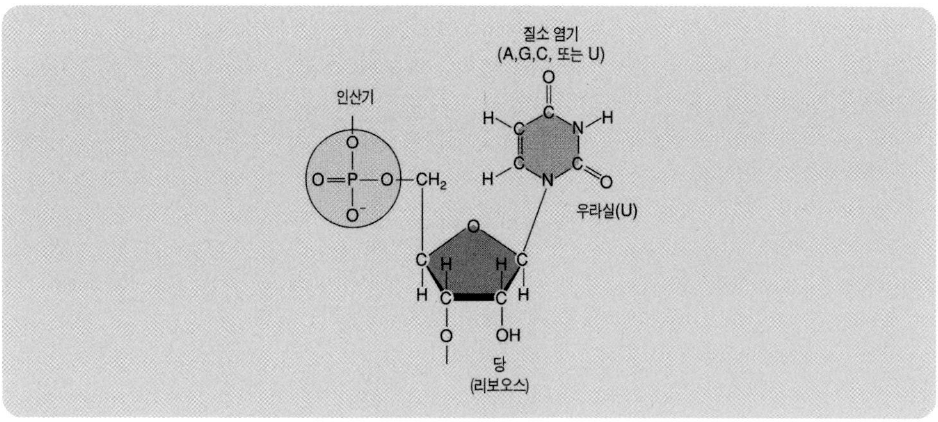

〈그림 11-5〉 RNA 뉴클레오티드의 구조

서열이 존재할 때, 이중가닥을 형성하여 머리핀(hairpin)이나 줄기(stem)모양의 고리(loop)를 형성할 수 있다.

2 DNA 복제

세포가 분열되어 딸세포를 생성할 때마다 DNA 복제(replication)가 일어나 모세포의 것과 동일한 염색체가 딸세포로 전달된다. 이중가닥의 DNA는 복제될 때 부분적으로 단일가닥의 DNA로 분리되고 분리된 각 사슬이 주형이 되어 상보적인 새로운 사슬이 합성된다. 따라서 새로 형성된 2개의 DNA 분자는 각각 원래의 DNA에서 유래된 한 가닥과 새로 합성된 한 가닥으로 구성되어, 이런 복제 방법을 반보전적 복제(semiconservative replication)라 한다.

DNA 복제는 복잡한 생화학적인 과정으로 복제가 진행됨에 따라 나선으로 꼬여 있는 DNA 분자가 계속 풀려야 할 뿐 아니라 두 가닥의 DNA가 동시에 복제가 되어야 한다. 포유류의 경우 초당 50개의 뉴클레오티드, 세균의 경우 초당 500개의 뉴클레오티드가 연결된다.

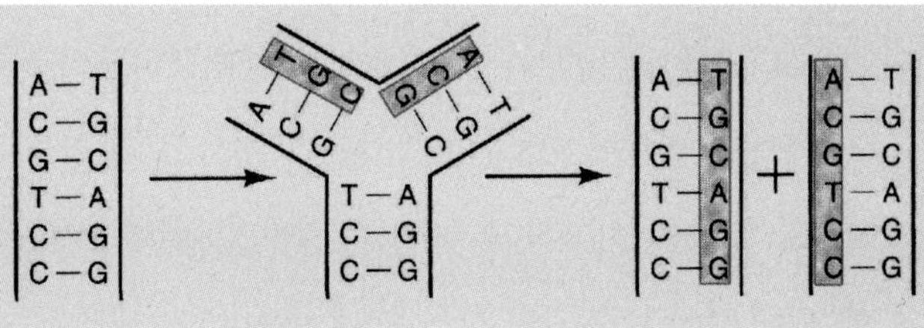

〈그림 11-6〉 DNA의 반보전적 복제

1) DNA 복제의 시작

DNA 복제는 복제원점(origin of replication)이라고 불리는 이중나선 상의 특정 부위에서 시작한다. 복제원점 부위에 DNA helicase라는 단백질이 붙어 DNA가닥을 분리하고, 분리된 두 가닥의 사슬을 주형으로 하여 상보적인 DNA 사슬이 합성된다. DNA 복제는 복제원점을 중심으로 양쪽방향으로 진행되며 복제방울(bubble)이 생긴다. 원핵 염색체의 DNA 분자는 하나의 복제원점을 갖고 있어 복제방울의 양쪽으로 새로운 가닥의 합성이 이루어지며 복제가 진행되어 한 곳으로 만나는 지점에서 복제가 끝난다. 원색세포의 염색체에 비해 훨씬 긴 진핵 염색체의 DNA 분자는 수 많은 복제원점을 갖고 있어 복제가 여러 곳에서 동시에 일어날 수 있다. 이로 인해 복제에 소요되는 시간이 단축된다.

2) DNA 복제과정

DNA 복제에는 DNA 중합효소(DNA polymerase), 주형 DNA(template DNA), RNA primer, 그리고 4종의 뉴클레오티드가 필요하다. 뉴클레오티드 기질은 디옥시리보뉴클레오시드 삼인산(deoxyribonucleoside triphosphate)으로 dATP, dGTP, dCTP, dTTP이다. DNA 중합효소는 이미 존재하는 뉴클레오티드의 3′ 말단에만 새로운 뉴클레오티드를 첨가하기 때문에 DNA의 합성은 5′에서 3′ 방향으로만 진행된다. DNA 중합효소가 DNA 합성을 시작하기 위해서는 RNA primer가 필요하다. RNA 시발효소(primase)에 의해 10~12염기를 갖는 RNA primer가 주형 DNA상에서 만들어지며, 그 다음에 RNA 중합효소가 뉴클레오티드를 primer의 3′ 말단에 첨가하면서 DNA를 합성하게 된다.

그림 11-7에서 포크(fork)처럼 생긴 구조는 복제방울의 한쪽만을 나타낸다. 분리된

두 가닥 중 한 가닥은 DNA 중합효소에 의해 하나의 연속적인 DNA로 합성되며 이를 선도가닥(leading strand)이라고 한다. 다른 가닥은 복제 포크의 진행과 반대방향으로 불연속적으로 DNA가 합성된다. 이 가닥을 지연가닥(lagging strand)이라고 부른다. 지연가닥은 발견자의 이름을 따서 오카자키 단편(Okazaki fragment)이라고도 하며 1000-2000bp 크기의 단편으로 DNA 연결효소(ligase)에 의해 단편들이 연결된다.

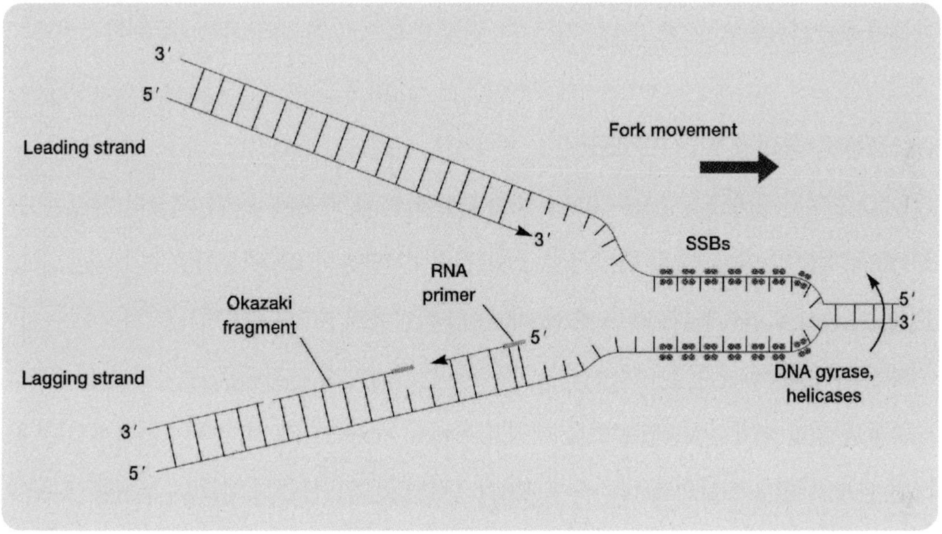

〈그림 11-7〉 DNA 복제기구

3 유전자 발현

DNA는 유전자(gene)라고 불리는 부위에 RNA와 단백질 합성을 위한 정보를 가지고 있다. DNA로부터 단백질이 합성되는 과정을 유전자 발현이라 하며 두 단계의 과정을 통해 이루어진다. 즉, 유전자가 복사되어 전령 RNA(messenger RNA, mRNA)를 합성하는 전사단계와 mRNA에 담긴 정보에 따라 단백질이 합성되는 번역단계이다.

1) 유전자의 전사

DNA 주형으로부터 RNA 분자(mRNA, rRNA, tRNA)의 합성이 개시, 연장, 종결되는 과정을 전사(transcription)라 하며 일반적으로 mRNA의 합성을 말한다. DNA는 이중 나선 구조이지만 주형가닥(template strand)만이 RNA 합성에 사용된다. 그 상보가닥은 비주형가닥이라고 한다. mRNA의 합성에는 RNA 중합효소(RNA polymerase)가 관여하여 한 가닥의 주형 DNA로부터 5′→3′ 의 방향으로 한 가닥의 RNA를 합성한다.

(1) RNA 중합효소와 프로모터

DNA로부터 RNA의 합성은 RNA 중합효소에 의해 촉진된다. 각 세균의 세포는 약 2,000개 정도의 RNA 중합효소를 갖고 있으며, 한 종류의 RNA 중합효소가 세포내 모든 RNA 합성에 관여한다. RNA 중합효소는 중합반응시 primer를 필요로 하지 않는다.

대장균의 RNA 중합효소는 α, α, β, β', σ라는 5개의 소단위체로 구성되어 있다. 시그마(σ)인자를 뺀 RNA중합효소를 핵심효소(core enzyme)라 하고 시그마인자를 포함하면 완전효소(holoenzyme)라 한다. RNA 중합효소가 인식, 결합하는 부위는 유전자의 시작점에 위치한 프로모터(promoter)로 알려져 있다. 시그마인자는 개시단계에서 프로모터 부위를 인식하며, 핵심효소는 RNA 합성을 촉매 하는 역할을 한다. 일단

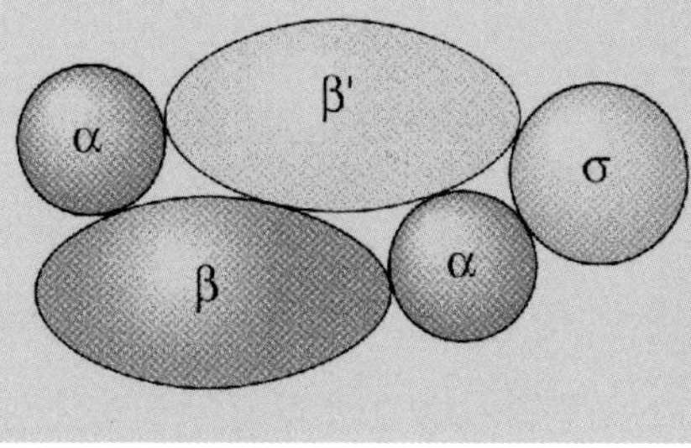

〈그림 11-8〉 대장균 RNA 중합효소의 모식도

DNA 합성이 시작되면 시그마인자는 핵심효소에서 분리된다.

프로모터 부위는 유전자의 상단부위에 위치하며 공통염기서열(consensus sequence)이라 알려진 특정 염기서열을 가지고 있다. 세균 프로모터의 염기서열은 두 부분의 중요한 부위를 갖는다. 전사 시작 부위(+1)의 앞쪽으로 10 염기 근처와 35 염기 근처에 해당하는 부분으로, -10 염기서열(-10 sequence)과 -35 염기서열(-35 sequence)이라고 부른다. 대장균의 경우 이들 부위에 각각 TATAAT 그리고 TTGACA의 공통서열이 발견된다. 일반적으로 이 공통서열과 일치할수록 프로모터의 활성이 증가된다. 대장균의 RNA 중합효소는 -35 부위를 인식하고, 나아가 -10부위에 결합하여 주형 DNA를 단일가닥으로 분리시켜 전사가 개시되게 한다.

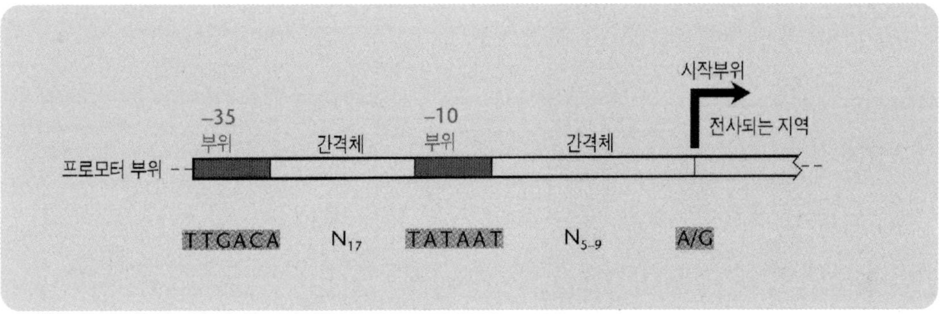

〈그림 11-9〉 세균 프로모터의 전형적인구조

RNA합성은 전형적으로 A나 G와 함께 시작한다. 일반적으로 -10부위와 -35부위는 약 17개 염기의 거리만큼 떨어져 있다.

일부 매우 강한 활성을 지닌 프로모터는 주 프로모터 앞쪽에 활성증진 부위(up element)라 불리는 서열이 존재하며, 이 부위에 촉진단백질(activator protein)이 결합하여 RNA 중합효소가 프로모터와 결합하는 것을 도와주어 활발히 전사를 개시하게 한다.

진핵세포의 경우 3종류의 RNA 중합효소가 있다. RNA 중합효소 II는 mRNA, I은 rRNA, III은 tRNA의 합성에 관여한다. 이들의 기본구조는 세균과 비슷하지만 소단위체가 더 많고 복잡하다.

(2) 전사과정

시그마인자가 프로모터 상의 두 염기서열을 인지하고 결합한 후, 완전효소를 프로모터에 부착시킴으로써 전사개시를 유도한다. RNA 중합효소는 프로모터에 결합한 직후 -10 근처에 해당하는 지역의 약 10 염기쌍을 용해, 분리시킨다. RNA 합성에 사용되는 뉴클레오티드 기질은 리보뉴클레오시드 삼인산(ribonucleoside triphosphate)으로 ATP, GTP, CTP, UTP이다.

분리된 DNA 주형을 따라 RNA 중합효소가 이동하면서 상보적인 뉴클레오티드를 하나씩 연결시키면서 RNA를 신장시킨다. 중합효소가 지나간 DNA 부위는 다시 감기어 이중나선구조를 회복한다. RNA 합성은 DNA 합성과 같이 5′에서 3′ 방향으로 일어난다. 이 경우 우라실(U)이 아데닌(A)과 염기 결합한다는 것을 제외하고는 DNA 복제방법과 동일한 염기쌍 규칙을 따른다.

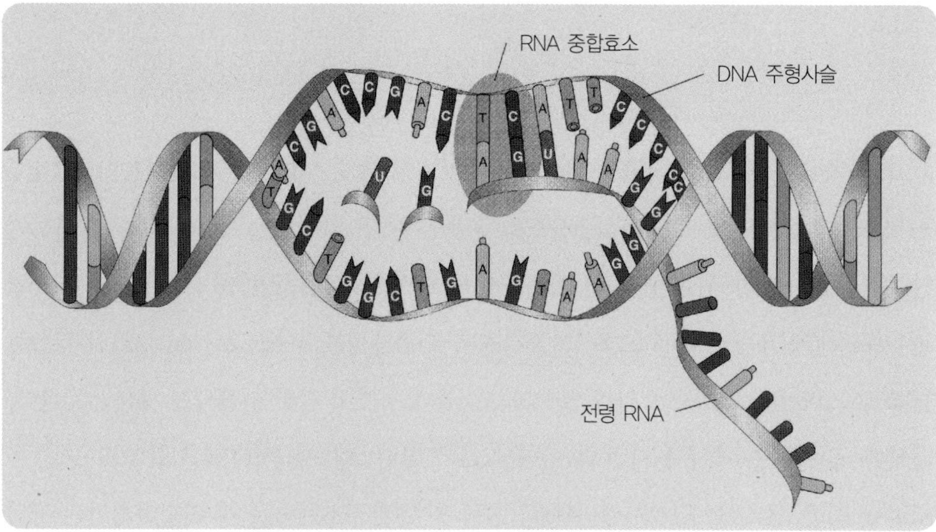

〈그림 11-10〉 전사과정

전사의 마지막은 종결(terminarion) 단계로 RNA 중합효소가 DNA 주형 내의 특별한 염기 부분인 종결신호(terminator)에 도달하게 되면 전사가 끝나게 된다.

2) 유전암호

mRNA 상의 연속된 3개의 염기는 1개의 아미노산으로 번역되며 코돈(codon)이라 불린다. 표 11-1에서와 같이 64개의 유전암호 중에서 61개의 코돈은 아미노산을 암

〈표 11-1〉 유전암호

첫 번째 염기 (5' end)	두 번째 염기 U		두 번째 염기 C		두 번째 염기 A		두 번째 염기 G		세 번째 염기 (3' end)
U	UUU	Phe	UCU	Ser	UAU	Tyr	UGU	Gys	U
	UUC		UCC		UAC		UGC		C
	UUA	Leu	UCA		UAA	Stop	UGA	Stop	A
	UUG		UCG		UAG		UGG	Trp	G
C	CUU	Leu	CCU	Pro	CAU	His	CGU	Arg	U
	CUC		CCC		CAC		CGC		C
	CUA		CCA		CAA	Gin	CGA		A
	CUG		CCG		CAG		CGG		G
A	AUU	Ile	ACU	Thr	AAU	Asn	AGU	Ser	U
	AUC		ACC		AAC		AGG		C
	AUA		ACA		AAA	Lys	AGA	Arg	A
	AUG	Met	ACG		AAG		AGG		G
G	GUU	Val	GCU	Ala	GAU	Asp	GGU	Gly	U
	GUC		GCC		GAC		GGC		C
	GUA		GCA		GAA	Glu	GGA		A
	GUG		GCG		GAG		GGG		G

호화한다. 오직 메티오닌(methionine, Met)과 트립토판(tryptophane, Trp)만이 단일 코돈을 가지며, 대부분의 아미노산은 하나 이상의 코돈을 갖는다. 예를 들면 GGU, GGC, GGA, GGG는 모두 글리신(Glycine, Gly)을 지정한다. 따라서 유전 암호는 중복성을 갖는다. AUG는 메티오닌이라는 아미노산을 암호화할 뿐만 아니라 단백질 합성의 개시 신호를 제공하는 개시코돈(initiation codon)으로 사용된다. UGA, UAG, UAA는 종결코돈(stop codon)으로 단백질 합성을 정지시킨다.

3) 단백질 합성(번역)

유전자 발현의 최종단계는 단백질 합성(translation, 번역)으로 mRNA의 염기서열은 아미노산 염기서열로 해독되어 폴리펩타이드(polypeptide)사슬이 만들어진다. 단백질은 약 20종류의 아미노산으로 구성되고, 아미노산의 종류와 배열에 의해 단백질의 특성이 결정된다. 단백질합성은 복잡한 기작으로 리보솜과 전달 RNA(transfer RNA, tRNA)가 합성에 결정적인 역할을 한다.

(1) 전달 RNA

tRNA 분자는 단백질 합성에 있어서 두 가지 기능을 수행한다. 즉, mRNA에 있는 적절한 코돈을 인식하는 기능과 그 코돈에 부합하는 적절한 아미노산을 택하여 연결해 주는 기능이다.

tRNA 분자는 약 80개의 뉴클레오티드로 구성된 단일가닥이지만, 일부분이 꼬이고 접혀서 여러 곳에서 이중 가닥을 형성하며 클로버 잎 모양을 하고 있다. tRNA 분자의 아래쪽 말단에 위치한 단일 가닥으로 되어있는 고리(loop)에는 안티코돈(anticodon)이라고 불리는 특별한 3개의 염기서열이 존재한다. 안티코돈의 염기서열은 mRNA의 세 개의 염기서열인 코돈과 상보적으로, 해독과정 중에 안티코돈은 코돈과 쌍을 이루어

결합한다. 한편 tRNA 분자의 다른 쪽 끝은 안티코돈과 염기쌍을 이루는 특정 mRNA의 코돈에 상응하는 아미노산이 결합되는 부위다.

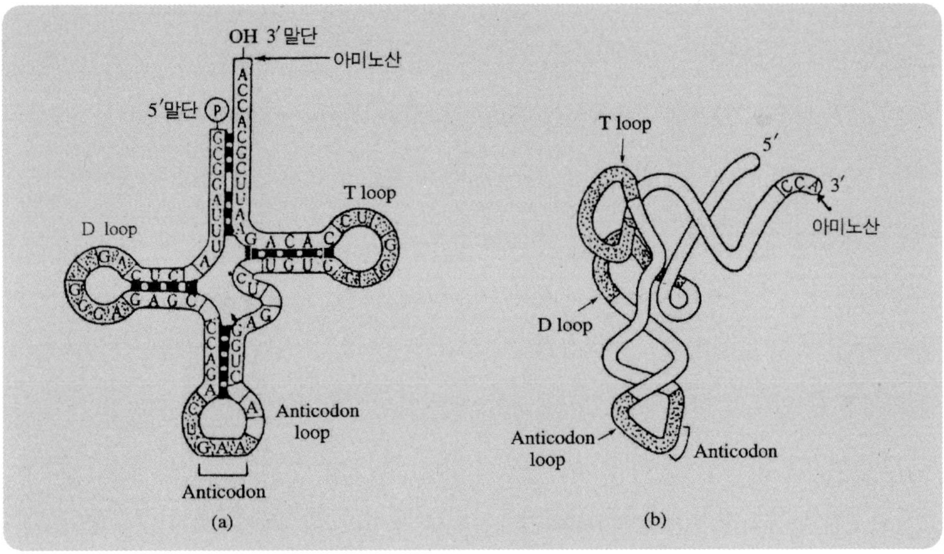

〈그림 11-11〉 tRNA의 2차구조(a)와 입체구조(b)

(2) 리보솜

세포질 내의 소기관인 리보솜은 단백질 생산 공장의 기능을 담당한다. 두 개의 소단위(subunit)로 되어 있으며 각 소단위는 단백질과 리보솜 RNA(ribosomal RNA, rRNA)로 구성되어 있다. 작은 소단위(small subunit)는 mRNA가 결합되는 곳이다. 큰 소단위에는 P(peptide)부위와 A(acceptor)부위라 불리는 tRNA 결합부위가 있다. P부위는 신장되는 폴리펩티드 사슬을 운반하는 tRNA를 수용하고, A부위는 새로 첨가될 아미노산을 운반하는 tRNA를 수용한다.

(3) 번역과정

전사와 마찬가지로 번역과정도 개시, 신장, 종결의 3단계로 나눌 수 있다.

개시과정 중 먼저 리보솜의 작은 소단위가 mRNA 상의 개시코돈(AUG) 지점에 결합한다. 이어서 메티오닌(Met, 진핵세포의 경우) 또는 포밀메티오닌(fMet, 원핵세포의 경우)을 운반하는 특정한 개시 tRNA의 안티코돈이 개시코돈(AUG)과 염기쌍 결합을 하게 된다. 이것이 완료되면 리보솜의 큰 소단위가 작은 소단위와 결합하여 기능적인 하나의 리보솜을 구성한다. 이때 개시 tRNA는 리보솜의 P자리에 위치하게 된다.

일단 번역이 개시되면 두 번째 코돈에 해당하는 아미노산을 전달하는 tRNA가 리보솜의 A자리에 위치하게 된다. 이때 개시 tRNA에 붙어있는 첫 번째 아미노산은 A자리에 위치한 두 번째 아미노산으로 이동되며 이들 사이에 펩타이드 결합이 형성된다. 리보솜은 mRNA 상에서 정확히 하나의 유전암호 단위만큼만 이동하기 때문에, 새로운 유전암호가 노출되면 이에 해당하는 아미노산을 운반하는 tRNA가 A자리에 들어오게 되고, 폴리펩타이드 사슬이 신장되게 된다.

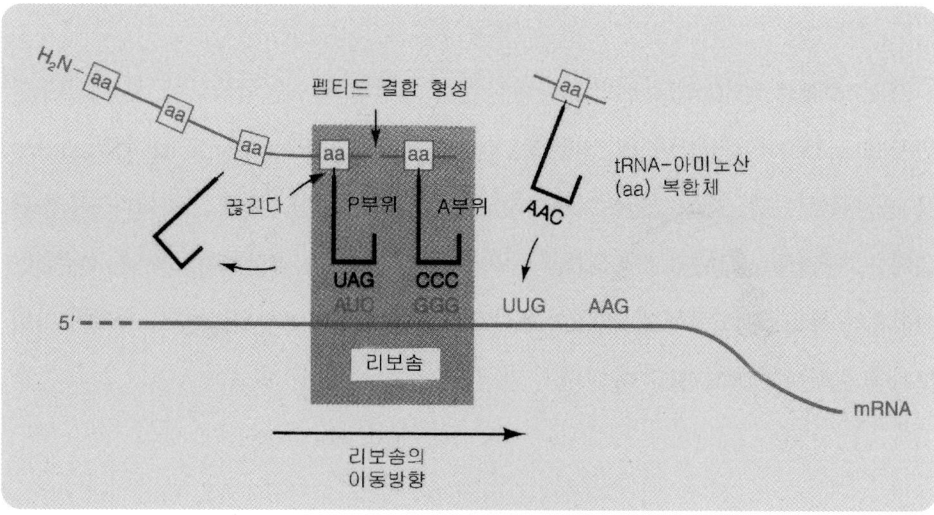

〈그림 11-12〉 단백질 합성과정

리보솜은 UAA, UGA, UAG와 같은 종결코돈을 만나면 더 이상 진행하지 못하고 펩타이드 사슬의 신장을 종결시킨다. 리보솜의 작은 소단위와 큰 소단위가 분리되고 mRNA 상에서 떨어져나가게 되며, tRNA에 붙어있던 폴리펩타이드가 분리되면서 새로운 단백질이 만들어진다.

돌연변이(mutation)는 물리적, 화학적 변화에 의해 한 생물의 DNA가 영구적으로 변화된 것을 말한다. 유전자 DNA의 염기변화에 의해 아미노산의 조성이 바뀌게 되면 원래의 기능과 다른 특성을 갖는 단백질이 형성될 수 있다.

염기쌍의 변화가 검출 가능한 표현형을 유발하는지 아닌지는 어디에 돌연변이가 일어났는가와 실제적인 변화가 무엇인가에 달려있다. 변형된 단백질이 형성되기 위해서는 단백질을 암호화하는 부위에 변이가 일어나야 한다. 만일 생명활동에 필수적인 효소의 유전자가 변이되어 불활성화 된 효소가 만들어진다면 세포에 치명적 영향을 미칠 수 있다. 하지만 돌연변이는 어떤 경우에는 유전자의 다양성을 초래하므로 종을 매우 다양하게 하며, 자연선택적인 진화의 원동력이 되기도 한다.

4 돌연변이

1) 미생물유전학에서 사용되는 용어의 정의

(1) 돌연변이체

돌연변이체(mutant)는 어느 종(species)의 정상개체(야생형, wild type)의 직계후손이지만 특성이 다른 생물체를 말한다. 하지만 다른 특성을 갖는 같은 종의 생물체더라도 자연에서 분리되었다면 일반적으로 돌연변이체라 하지 않고 변종(variant)이나 균주(strain)라 부른다.

(2) 유전자형

유전자형(genotype)은 DNA에 내재되어 있는 유전정보로, 어떤 생물체 DNA의 실질적인 염기서열을 말한다. 같은 유전자형을 가진 생물체는 유전적으로 동일하다.

(3) 표현형

표현형(phenotype)은 어떤 생물체에서 관찰되는 모든 특성을 말한다. 표현형을 나타내는 분자는 서로 다른 기능을 갖는 단백질이다. 전사와 해독과정은 유전자로부터 세포와 개체의 형태 및 기능을 결정짓는 단백질을 만드는 과정으로, 유전자형으로부터 표현형을 만드는 과정이라고 말할 수 있다.

(4) 대립형질

같은 유전자이지만 형질이 다른 것을 대립형질(allele)이라 한다. 예를 들어 어떤 형의 유전자가 야생형 염기서열을 갖고 있고, 다른 형은 돌연변이를 갖는 경우, 전자는 야생형 대립형질(wild-type allele), 후자는 돌연변이체 대립형질(mutant allele)이라 한다.

(5) 유전학적 정의의 활용

Pseudomonas fluorescence는 녹색의 형광색소를 생산하는 균으로 정상적인 균주는 한천평판배지(agar plate)에서 밝은 녹색의 콜로니(colony)를 형성한다. 만일 돌연변이체의 증식에 의해 색깔이 없는 콜로니가 생겼을 경우, 그 돌연변이체의 표현형은 '무색 콜로니' 이고, 그에 대응하는 야생형표현형(wild type)은 '녹색 콜로니' 이다. 이런 경우 녹색의 형광색소를 생성하는데 필요한 효소의 유전자내 돌연변이(mutation)가 생겼을 것이다. 이와 같이 야생형 세균과 돌연변이체 세균은 이 유전자의 다른 대립형질(allele)을 가지고 있다. 따라서 정상적인 녹색 콜로니를 형성하는 세균의 유전자를 야생형 대립형질(wild-type allele), 무색 콜로니를 형성하는 세균의 유전자를 돌연변이체 대립형질(mutant allele)이라고 부른다.

2) 돌연변이의 종류

돌연변이는 모든 세포에서 특정 물질의 첨가 없이도 종종 자연발생적(spontaneous)으로 일어난다. 이러한 변이는 주로 DNA 복제 중 실수에 의해 생긴 것으로 전이인자(transposon)의 활동에 의해서도 발생된다. 자연돌연변이의 발생률은 10-8~10-6 정도로 낮다. 반면 자외선, 특수화학제와 같은 돌연변이 유발물질(mutagen)처리에 의해 발생률이 10-5~10-2 정도로 높게 인공적으로 유도될 수 있다.

돌연변이에 의해 단일 염기쌍이 바뀌거나, 결실 또는 삽입이 될 수 있고, 많은 염기쌍이 결실되거나 삽입될 수 도 있다.

(1) 염기치환(substitution)

DNA 내의 한 염기쌍이 다른 염기쌍으로 바뀌었을 때 그것을 염기치환이라 하며 점돌연변이(point mutation)라고도 불린다. 염기쌍 변화는 트랜지션(transtion)과 트랜스버젼(transversion)으로 분류할 수 있다. 트랜지션은 염기쌍 내의 퓨린(A와 G)이 다른 퓨린으로, 피리미딘(C와 T)이 다른 피리미딘으로 교체되는 것으로, AT쌍은 GC쌍으로, CG쌍은 TA쌍으로 교체되는 것이다. 반면에 트랜스버젼은 퓨린이 피리미딘으로, 피리미딘이 퓨린으로 바뀌는 것으로, CG가 TA로 될 수 있고, CG가 AT로 될 수 있다.

염기치환의 결과로 다른 아미노산이 암호화되는 경우를 미스센스 돌연변이(missense mutation)라 하며 단백질의 조성이 일부만 변화하게 된다. 한편 어떤 경우는 유전암호의 중복성 때문에 아미노산의 변화로 나타나지 않은 경우가 있으며 이를 침묵돌연변이(silent mutation)라고 한다.

염기치환이 일어나 아미노산을 암호화하지 않는 UAA, UGA, UAG와 같은 종결코돈을 갖게 되는 변이를 넌센스 돌연변이(nonsense mutation)라고 부르며 이 부위에서 단백질 합성이 중단된다.

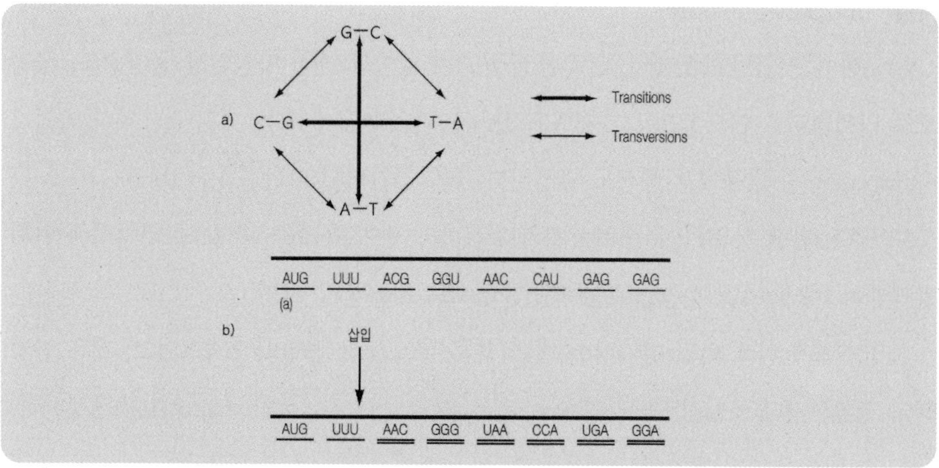

〈그림 11-13〉 a) 트랜지션(transition)과 트랜스비전(transversion)
b) 삽입에 의한 틀이동 돌연변이(frameshift mutation)

(2) 틀이동 돌연변이(frameshift mutation)

자연 돌연변이의 대부분이 틀이동 돌연변이(framshift mutation)에 의해 발생한다. 이는 한 개나 몇 개의 염기쌍이 DNA로부터 첨가되거나 손실되어 발생하는 변이를 말한다. 단백질을 암호화하는 유전자 내에서 염기가 첨가 또는 손실되면, 생성되는 단백질의 아미노산 배열이 첨가 또는 결실되는 부위부터 전부 바뀌게 되어 전혀 다른 특성의 단백질이 만들어질 수 있다.

(3) 결실 돌연변이(deletion mutation)

결실돌연변이는 굉장히 길게 결실되어 수천 개의 염기쌍이 제거되기도 하고, 많은 유전자들이 결실되기도 한다. 결실돌연변이는 종종 높은 비율로 자연발생적으로 일어나기도 한다. E, coli의 경우 모든 자연 돌연변이의 약 5%가 결실돌연변이에 의해 발생된다.

(4) 삽입 돌연변이(insertion mutation)

삽입돌연변이는 큰 DNA 조각이 어떤 부위로 삽입되어 생기는데, 보통 트랜스포존(transposon)에 의해 일어난다. 트랜스포존은 DNA내의 한 곳에서 다른 곳으로 자기 자신의 이동을 촉진할 수 있는 DNA인자로 알려져 있다. 삽입인자(insert element)라고 하는 비교적 짧은 트랜스포존의 이동이 대부분의 삽입 돌연변이를 만든다. 이 인자는 길이가 약 1,000bp 정도로 대부분의 세균들은 자신의 염색체 내에 몇 개의 삽입인자를 가지고 있다.

3) 돌연변이원

인공적으로 돌연변이를 유도하기 위해서는 돌연변이원(mutagen) 처리를 하게 된다. 돌연변이원은 돌연변이를 일으킬 수 있는 물리 또는 화학적 물질로 자연돌연변이와 마찬가지로 인공돌연변이에 의해서도 염기치환, 삽입 또는 결실이 발생할 수 있다.

(1) 염기유사체

퓨린 및 피리미딘 염기유사체(base analogue)들은 정상적인 염기와 매우 흡사하여 DNA 복제 중 삽입될 수 있다. 유사염기는 정상적인 염기와 염기쌍 형성 특징이 다르기 때문에 일단 삽입되면 돌연변이를 일으킬 수 있다.

대표적인 염기유사체로 티민(T)의 유사체인 5-bromouracil은 keto형으로 DNA

복제시 티민(T)과 유사하게 행동하여 아데닌(A)과 염기쌍을 이루기도 한다. 이 물질은 때로는 enol형으로 변화되어 구아닌(G)과 염기쌍을 이루기도 하는데, 이와 같은 이성질적 변화가 생기면 다음 세대의 복제 시 AT가 GC로 전위되어 돌연변이가 발생된다.

(2) 아질산

아질산은 C, G, 또는 A의 아미노기에 작용하여 아미노기를 keto기로 전환시키는 작용을 한다. 이에 따라 C, G, A는 각각 uracil, xanthine, hypoxanthine로 전환되며, 전환된 염기는 각각 A, C, C와 쌍을 이루게 된다. 결과적으로 GC=AT의 transition형 변이를 일으킨다.

(3) Alkyl화 물질

Dimethyl sulfate(DMS), diethyl sulfate(DES), ethyl methane sulfate(EMS) 등의 alkyl화 물질(alkylating agent)은 주로 구아닌(G)에 메틸(methyl)기를 첨부시켜 돌연변이를 유발한다. Alkyl화된 구아닌(G)은 티민(T)과 잘못 짝을 이루게 되거나 DNA 사슬로부터 용이하게 이탈(depurinize)되어 잘못된 염기가 들어오기도 한다. 따라서 CG가 AT로 전환되는 transition형 이외에 transversion형의 변이도 발생될 수 있다.

(4) Acridine 색소류

Acridine 색소류(acridine dye)는 DNA 이중나선의 염기사이에 삽입(intercalation)되어 그 결과 DNA에 고리가 형성되면서, 다음 DNA 복제시 정상적인 염기 배열에 한 개의 염기쌍이 첨가 또는 결실되는 frameshift형의 변이를 일으킨다.

(5) 자외선

자외선조사(ultraviolet radiation)시 파장이 254nm 부근의 것은 DNA에 의해서 잘 흡수되어 DNA 사슬에 피리미딘 이량체(pyrimidine dimer)를 형성시킨다. 일반적으로 티민이량체가 많이 형성되어 주로 GC가 AT로 전환되는 transition 변이가 유도된다. 드물게 transversion 변이, frameshift 변이, 결손 등도 나타난다.

4) 변이주의 종류

미생물에서 나타난 돌연변이의 결과는 colony나 세포형태의 변화와 같은 변형된 표현형에 의해 인지될 수 있다. 예를 들면 돌연변이 세균에 의해 형성된 colony는 정상보다 작을 수도 있고, 주름진 형태 대신 매끄러울 수도 있다. 또한 변이에 의해 편모를 가진 야생형 균주가 비 운동성의 돌연변이체로 전환될 수도 있다. 어떤 경우에는 변이된 세균이 증식되지 않아서 colony를 형성 못하기도 하며, 반대로 야생형이 증식하지 못하는 조건에서 증식하기도 한다.

(1) 영양요구성 돌연변이주

영양요구성 돌연변이주(auxotroph)는 두 가지 유형이 있다.

하나는, 본래의 야생형에는 필요하지 않은 물질을 성장을 위해 특별히 보충해 주어야 증식할 수 있는 유형이다. 예를 들면 히스티딘(histidine, His) 영양요구성 돌연변이주는 배지에 아미노산인 히스티딘을 첨가해주지 않으면 자랄 수 없는 반면, 야생형은 첨가해 주지 않아도 자랄 수 있다. 이러한 변이주는 히스티딘의 생합성 경로에 관여하는 효소의 유전자에 변화가 생겨 효소가 불활성화 되어있기 때문이다.

두 번째는 야생형에서는 성장에 이용되나, 돌연변이체는 이용할 수 없는 유형이다. 예를 들면, 어떤 야생형 세균은 maltose를 유일한 탄소원으로 사용할 수 있지만,

maltose 영양요구성 돌연변이체는 maltose를 이용할 수 없어 다른 탄소원과 에너지원을 첨가해야만 성장 할 수 있다. 이는 maltose의 분해경로에 관여하는 효소가 결여된 결과이다.

(2) 내성 돌연변이주

세균 돌연변이체 중에서 가장 유용한 유형의 하나가 내성 돌연변이주다. 약제 내성 돌연변이주(drug resistant mutant)의 경우 야생형균주의 생육을 저해시키는 농도의 약제첨가에 의해 한천평판배지 상에서 쉽게 분리될 수 있다. 일반적으로 penicillin, tetracycline, chloramphenicol, streptomycin 등에 대한 저항성을 부여하는 유전자가 접합 또는 형질전환에 의해 세포내로 들어가 내성 돌연변이주가 형성된다.

(3) 온도감수성 돌연변이주

온도감수성 돌연변이주는 온도에 민감하여, 야생형의 생장온도보다 낮은 온도에서만 생장이 가능한 변이주이다. 보통 이러한 돌연변이는 생육에 필수적인 단백질의 아미노산을 변화시켜, 그 단백질이 고온에서는 더 이상 작용하지 않게 하지만 저온에서는 작용하게 한다. 단백질이 작용하지 않는 고온을 불허온도(nonpermissive temperature)라 하며, 여전히 작용되는 온도를 허용온도(permissive temperature)라고 부른다.

5 미생물에서 유전자 재조합

재조합(recombination)은 핵산분자가 재배열하거나 조합하여 새로운 핵산서열을 생성하는 것을 말한다. 한편 두 개체의 유전자가 재조합되어 새로운 유전적 특성을 가지는 개체를 형성하는 과정을 유전자 재조합(genetic recombination)이라고 한다.

곰팡이나 효모, 고등생물과 같은 진핵세포에서의 유전자 재조합은 유성생식의 결과로 항상 일어나는 규칙적인 과정이다. 배수체(diploid)가 만들어진 다음 감수분열(meiosis)과정동안 상동염색체간에 유전물질이 교환되는 교차(crossing over)가 일어난다. 이 결과 형성된 반수체(haploid)들은 원래 부모의 염색체가 가지고 있는 유전자와는 다른 형의 재조합된 염색체를 물려받게 된다.

세균과 같이 무성생식을 하는 원핵생물에서는 형질전환(transformation), 형질도입(transduction), 접합(conjugation)의 방법에 의해 유전자가 재조합된다.

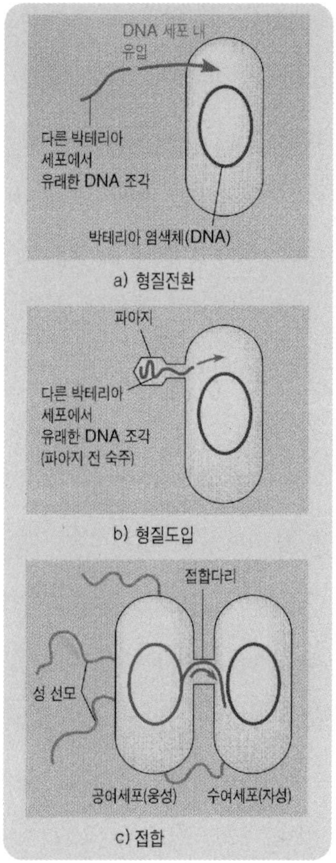

〈그림 11-14〉 형질전환(a), 형질도입(b), 접합(c)

1) 형질전환

세균이 용균 되면 많은 양의 DNA 조각들이 나오게 된다. 이 DNA 조각들이 DNA 세포를 수용할 능력이 있는 세포(competent cell)와 접촉하면 세포는 DNA를 받아들이게 된다. 이와 같이 외부 DNA가 세포내로 도입되어 공여된 DNA의 유전형질을 얻게 되는 것을 형질전환(transformation)이라 한다. DNA를 받아들일 능력이 있는 세균들은 형질전환에 필요한 전환인자(competent factor)라는 8~10개의 작은 단백질 분자를 분비한다.

형질전환은 유전공학 실험에서 외래 DNA를 세포내에 도입시키기 위한 최선의 방법으로 광범위하게 이용되고 있다. 형질전환성을 가지지 않은 E. coli와 같은 세균에서는 염화칼슘($CaCl_2$)처리에 의해 세포막의 DNA 투과성을 높이고, 순간적인 열 충격에 의해 인공적으로 형질전환을 유도시킬 수 있다. Plasmid는 선형 DNA에 비해 형질 전환이 쉬우며, 잘 분해되지 않고, 세포내에서 독립적으로 복제되기 때문에 일반적으로 재조합 DNA를 세균에 주입할 때 plasmid를 이용한다.

2) 형질도입

세균의 유전자가 박테리오파아지(bacteriophage, phage)에 의해 전달되는 것을 형질도입(transduction)이라 한다. 박테리오파아지는 용균주기를 겪을 때 캡시드(capsid)에 파아지 DNA를 포장한다. 하지만 때로 세균의 DNA 절편이 캡시드 내로 삽입되기도 한다. 만일 파아지의 캡시드가 세균의 DNA 조각을 갖고 있을 때, 세균의 DNA 조각은 새로이 파아지에 감염된 세균에 주입될 수 있다. 이 경우 파아지가 유전 정보의 운반자 역할을 수행한다. 새로 들어온 세균의 DNA 조각은 숙주 염색체와 재조합을 할 수 있다.

3) 접합

세균 세포간의 일시적인 결합에 의해 DNA의 이동이 일어나는 것을 접합(conjugation)이라 한다. 웅성(male, F+)의 공여세포(donor cell)는 성 선모(sex pili)를 가지고 있으며, 선모가 없는 자성(female, F-) 수여세포(recepient cell)를 만나게 되면 세포의 바깥층이 융합되어 성 선모에 의해 그들 사이에 접합 다리(conjugation bridge)가 형성된다. 이 다리를 통하여 공여세포의 DNA가 수여세포로 전달된다. 공여세포는 이 DNA가 운반되는 동안 복제되므로 유전자의 손실은 일어나지 않는다.

접합은 Shigella, Escherichia, Salmonella 등의 많은 세균에서 보여 진다. 접합에 의해 이동되는 유전물질은 염색체의 일부분이거나 작은 DNA로 자율적 증식이 가능한 plasmid이다.

6 재조합 DNA 기술

재조합 DNA 기술(recombinant DNA technology)은 다른 종류의 유전자나 심지어 다른 종으로부터 온 유전자를 결합시켜 재조합 DNA를 만들고, 이를 세포내로 삽입하여 복제되고 발현되게 하는 일련의 기술을 말한다.

1) 클로닝 벡터

클로닝벡터(cloning vector)는 다른 DNA를 삽입시킬 수 있고 세포내에서 독립적으로 복제될 수 있는 DNA로, 외래 DNA는 클로닝벡터에 삽입되어 숙주세포내로 도입된다.

Plasmid는 복제원점을 갖고 있어 세균 세포 안에서 자신을 복제할 수 있기 때문에, 산업적으로 이용되고 있는 많은 종류의 클로닝벡터들이 세균에서 분리된 plasmid를 개량하여 만들어졌다. 또한 파아지 DNA로부터 유래된 클로닝벡터도 이용되고 있다. 산업적으로 사용되는 plasmid들은 다음과 같은 특징을 가지고 있다.

① 크기가 작아서 쉽게 분리된다.

② 숙수세포 하나당 복제수가 많아서 쉽게 정제되며 충분한 양을 얻을 수 있다.

③ 항생제에 내성을 갖게 해주는 유전자처럼 쉽게 선별할 수 있는 유전자 표지 (marker)를 갖고 있다.

④ 외부 DNA가 삽입될 수 있는 여러 개의 제한효소부위를 갖고 있다.

⑤ 외래유전자 발현의 목적으로 사용되는 것은 강력한 프로모터를 갖고 있다.

2) 제한효소

제한효소(restriction enzyme)는 DNA의 특정 염기서열을 인식하고 절단하는 효소로 DNA 기술에 매우 유용하게 사용된다. 대부분의 제한효소는 DNA 분자 내의 4, 6, 또는 8개의 짧은 염기서열을 인식하고 특정부위를 자른다. 예를 들면 EcoRI이란 제한효소는 GAATTC 부위를 인식하고 A와 G염기 사이를 절단하여 점착성말단(sticky end)을 갖는 DNA 조각을 생성한다. 만일 동일한 효소로 잘려진 DNA 단편들을 섞어줄 경우 서로 상보적인 염기를 갖는 말단이 수소결합에 의해 쌍을 이루며 연결되고, DNA 연결효소(ligase)처리에 의해 영구적으로 결합하게 된다.

3) 재조합 DNA기술의 응용

그림 11-15는 유전자 조작기술을 이용하여 재조합 미생물을 생산하는 방법을 보여주고 있다. 1) 먼저 원하는 단백질을 암호화하는 유전자를 가진 세포로부터 DNA를 분리하거나, 화학적 방법에 의해 합성을 한다. 2) 분리된 유전자 DNA와 plasmid를 동일한 제한효소로 처리하여 절단시킨다. 3) 절단된 DNA 조각과 plasmid를 시험관 내에서 섞고 DNA 연결효소처리를 하여 재조합 plasmid를 만든다. 4) 재조합 plasmid를 숙주 세균에 형질 전환시키고 배양한 후 원하는 유전자를 가진 재조합균주(recombinants)를 분리한다. 이렇게 만들어진 재조합 균주를 대형 발효조에서 배양하여 원하는 단백질을 대량으로 생산할 수 있다.

재조합 DNA 기술은 식량생산, 신의약품의 합성, 환경문제 해결 등 여러 분야에서 광범위하게 응용되고 있다. 현재 대장균, 고초균, 방선균 등의 원핵생물을 위시하여 효모나 곰팡이 등의 진핵생물을 숙주로 사용하는 유전자 조작도 가능하게 되었다. 미생물의 세포에서 사람의 인슐린(insulin), 성장호르몬(growth hormone) 및 항바이러스성 약제인 인터페론(interferon) 등의 대량생산이 이미 실용화 되어 있으며, 식품가공에 이용하는 효소나 세제용 효소 등 효소제제의 대량 생산에 관한 연구도 활발히 이루어지고 있다. 송아지의 제4부위 세포에서 분리되는 chymosin이 대장균에서 대량배양이 되고 있으며, 이외에 protease, glucoamylase, α-amylase, gluco isomerase 등이 산업적으로 생산되고 있다. 또한 질병, 해충, 제초제에 대하여 저항성을 갖도록 유전적으로 조작된 농작물의 생산이 실용화 되고 있다.

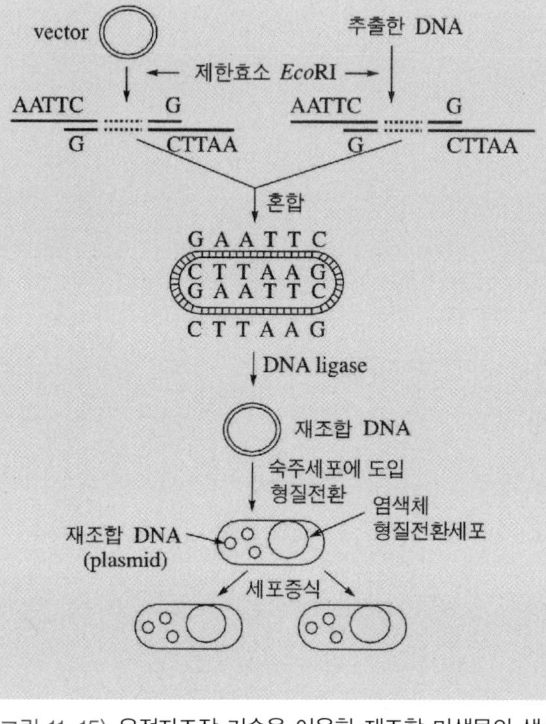

〈그림 11-15〉 유전자조작 기술을 이용한 재조합 미생물의 생산

Chapter

12

미생물의 이용

미생물의 이용

미생물을 이용하여 오래전부터 장류, 주류, 유제품. 식초 등의 전통적인 발효식품을 제조하여 왔으며, 근대에 와서는 알코올, 유기산, 아미노산, 핵산, 미생물효소, 비타민 등의 생산과 식용 및 사료용으로 이용되는 등 매우 광범위하고 다양하게 이용되고 있다.

1 전통적인 발효식품의 제조

1) 장류

장류에는 간장, 된장, 고추장, 청국장 등이 있으며 우리나라를 비롯한 동양에서 많이 이용하는 발효식품이다. 콩의 단백질은 발효과정에서 분해 되어 peptide나 아미노산이 생성되어 소화 흡수가 용이하게 되고 염분이 많아 저장성이 높은 조미식품이다.

(1) 간장

간장(soy sauce)은 양조간장과 아미노산간장 및 혼합간장으로 구분할 수 있다. 양조간장은 수개월 동안 발효과정을 거쳐 제조한 것으로 메주간장, 개량메주간장, 코지(麴)간장으로 세분되며, 아미노산간장은 대두박, 글루텐 등의 단백질을 염산으로 가수분해하고 탄산소오다로 중화시켜 수일 만에 제조하는 것이며, 혼합간장은 아미노산간장에 양조간장을 일부 혼합하여 조화시킨 것이다.

① 메주 간장

우리나라 전통적인 간장으로 원료는 콩만을 사용하는데, 콩을 10~12시간 물에 담근 후, 솥에 넣어 5시간정도 삶은 다음 파쇄하고, 목침만한 크기로 뭉쳐서 덩어리로 하고, 약간 자연건조 시킨 후 메달아 두면 Mucor, Rhizopus, Aspergillus속 등의 곰팡이와 Bacillus 등의 세균이 증식하여 메주가 된다. 메주 만들기는 가을에 하여 10~20일 동안은 쌓아놓고 발효시킨 후, 볏짚으로 묶어서 메달아 두었다가 이듬해 봄에 소금물에 담게 된다. 또한 개량메주는 증숙한 콩에 5% 정도의 소맥분(미리 황국균 포자를 섞은 것)을 잘 혼합하여 대두표면에 균일하게 코팅하고, 27~28℃의 국실에서 30~40시간 정도 배양하여 균사가 고르게 번식하고 황색포자가 착생하기 시작하면 출국한 것으로, 바로 간장 담금을 하든가 건조시켜 저장한다.

담금에 있어서 가장 적당한 염수농도는 약 20%(보메 비중계로는 19°) 정도로 하는 것이 좋으며, 여기에 메주를 넣고 1~2개월이 지난 후 메주를 분리하여 된장으로 이용하고, 분리 액을 다리면 간장이 된다.

② 코지(麴) 간장

코지 제조는 탈지대두에 물을 흡수시켜 찌고, 여기에 미리 볶아서 부순 밀에 황국균의 종균을 섞은 것을 혼합하여, 27~28℃의 국실에서 48시간 정도 배양한다. 이때 국균이 자라면서 amylase, protease, lipase 등의 효소가 생성된다. 이 코지를 발효탱크에 옮기고, 원료량의 1.2배 정도의 염수를 넣어 담금하고, 25~30℃로 6~12개월 숙성시킨다. 숙성된 간장 덧은 자루에 넣어 압착기로 짜고, 유출액을 80℃로 20~30분간 다리면 간장이 완성된다.

간장 덧 중의 미생물은 주로 내염성의 젖산균과 효모이다. 젖산균으로는 Pediococcus sojae, Tetracoccus sojae로 젖산을 만들어 특유한 향미를 부여해 준다. 효모로는 담금 초기에는 발효력이 없는 Candida polymorphia 등이 보이나, pH 5정도로 되면 Saccharomyces rouxii가 주 효모로 왕성한 발효를 하며, 90일 정도가 되면 이 균은 차츰 쇠퇴하게 되고, Candida versatilis가 후숙에 관여하게 된다. 간장 표면에 곱이 생성되는 유해균으로는 Zygosaccharomyces sulsus, Zygosaccharomyces japonicus 등이 있다.

(2) 된장

된장(soy paste)은 콩과 식염을 주 원료로 하며, 여기에 쌀이나 보리를 혼합한 된장도 있다. 우리나라 대부분의 가정에서는 간장을 만들고 나온 메주를 단지에 다져넣어 된장을 담는다. 이런 된장은 영양성분이 간장으로 빠져 나갔으므로, 맛이나 영양가 측면에서 좋지는 않다. 오래되면 된장 표면이 산화되어 검게 되므로, 비닐 등으로 밀봉하여 보관하여야한다.

일본식 된장은 쌀과 콩 또는 보리와 콩을 1 : 1로 혼합하여 사용하거나 콩만을 사용하기도 한다. 쌀이나 보리로 코지를 만들고, 찐 콩과 소금을 혼합하여 담고, 표면에는 소금을 뿌려 1~수개월 상온에 두면 숙성된다. 미생물은 Saccharomyces rouxii가 많고 Candida, Pichia, Debaryomyces, Hansenula속 등의 효모와 Bacillus subtilis 등의 세균이 있다.

(3) 청국장

콩을 발효시킨 영양식품으로 우리나라와 일본에서 즐겨 먹는다. 식용방법은 서로 달라서 우리나라는 주로 끓여서 찌개로 먹는데 비하여, 일본에서는 납두(納豆, natto)라고 하며 날로 먹는다. 납두용 원료 콩은 일반적으로 탄수화물함량이 많은 소립대두가 많이 쓰이는데, 흡수량이 많고 증자할 때 쉽게 물러지고 납두균의 생육에도 유리하다. 콩은 정선하여 수세한 후 물에 담가 콩의 중량이 2~2.3배 될 때까지 흡수시켜 건져내고, 압력솥에 넣어서1.0~1.5kg/㎠으로 20~30분 정도 증자한다. 증자한 콩은 품온이 80~90℃ 정도로 뜨거울 때 납두균의 포자현탁액을 분무하여 균일하게 혼합하고, 접종한 콩의 품온이 50℃ 이하로 내려가기 전에 용기에 충진 · 포장하여 발효실로 옮긴다. 포장용기로서는 플라스틱용기가 주로 사용되고 있다.

발효실 온도를 35~40℃로 유지하면, 포자는 발아하고 균의 증식과 함께 발열한다. 품온을 50℃ 정도로 하면 납두 특유의 풍미와 점질물이 생성된다. 주발효기간은 약 16시간이며, 이후 실온까지 냉각해서 수 시간 두어 후숙을 행한다. 냉장고에 하룻밤 보관하고, 품온을 5℃ 이하로 떨어뜨려서 출하한다.

납두균은 1905년 일본에서 Bacillus natto Sawamura의 학명을 붙였으나 현재는 Bacillus subtilis 로 분류되고 있다. 그러나, 비타민의 일종인 Biotin을 생육에 필요로 하는 등 Bacillus subtilis의 일반성질과는 다른 특징을 갖고 있다. 납두균에는 특유한 phage가 있어, 제조공정에서 이들이 오염되지 않도록 발효실이나 사용기구는 충분히 살균할 필요가 있다. 납두의 품질은 풍미와 함께 특징적인 점질물의 양과 질에 의하여 큰 영향을 받는다. 점질물의 점성주체는 γ-glutamyltranspeptidase의 작용에 의해서 만들어진 γ-glutamin산이다.

우리나라 청국장은 콩을 충분히 불려 증자한 후, 40~50℃일 때 균을 접종(자연접종 포함)하여 40~45℃에서 약 20시간 발효시킨다. 여기에 식염, 고춧가루, 마늘 등을 넣고 파쇄 하여 용기에 다져두면 청국장이 완성된다. 볏짚이나 건초, 메주에 부착된 균을 이용할 수도 있다.

2) 주류

지구상에는 인류의 역사와 더불어 수많은 종류의 술이 존재한다. 술은 크게 발효주, 증류주, 혼성주로 구분할 수 있는데, 발효주는 발효액을 그대로 또는 여과하여 음용하는 것으로, 알코올농도는 낮으나 Ex.분은 높고 증류주는 발효시킨 것을 증류한 것으로 알코올 농도는 높고 Ex.분은 거의 없다. 혼성주는 알코올에 여러 가지 첨가제를 넣어서 만든 술이다.

(1) 청주

쌀은 75% 정도까지 도정하는데, 그 이유는 쌀 표층의 지방, 회분, 단백질, 비타민 등을 제거하여 착색, 고급알코올의 생성, 이취의 생성을 방지하고, 잡균의 생육을 저지하기 위함이다. 수침한 쌀을 증자하여 황국균(Aspergillus oryzae)을 접종하고, 28℃에서 35~40시간 정도 배양하면 균사가 균일하게 번식하여 특유한 향을 내는 코지가 얻어진다. 이 코지와 2배량의 증미, 원료의 1.2배량의 물, 종효모와 젖산 또는 젖산균을 첨가하여 20일쯤 발효시키면 주모가 된다. 주모에 덧 밥을 3~4회 첨가하여 발효시키고, 압착하여 유출된 액을 침전 여과하고 알코올도수, 기타성분을 조정한 후 65℃에서 수 분간 열처리하여 제품화 한다. 효모는 보통 일본청주협회 효모인 Sacchatomyces sake를 사용하는데 "The Yeast" 3판에서는 S.cerevisiae로 균 명칭이 통합되었다.

(2) 맥주

맥주는 맥아의 amylase로 전분질을 당화하고 여과한 액에 호프(Hop)를 넣어 끓인 후 여과하고, 여액을 냉각시킨 후 효모를 접종하여 발효시킨다. 사용하는 효모의 발효형식에 따라 상면발효맥주와 히면발효맥주로, 색의 농담에 따라 농색맥주와 담색맥주로 구별한다. 영국에서는 Saccharomyses cerevisiae를 이용한 상면발효맥주가 생산되고, 우리나라, 미국, 일본, 유럽의 여러 나라에서는 S. carlsbergensis를 이용한 하면발효맥주가 생산되고 있다. 일반적으로 상면발효맥주는 하면발효맥주에 비하여, 에스테르나 고급알코올류가 많고 향기가 강한 특징을 보인다.

맥주의 원료는 보리, 백미 또는 전분, 호프로서 보리는 두줄보리인 Golden melon 종으로 발아력이 우수하고, 전분질은 많고 단백질은 적은 것을 사용한다. 호프는 자웅이주의 덩굴식물로서 수정 안 된 암꽃만을 따서 건조하거나 pellet상으로 가공한 것을 사용하는데, 맥주 특유의 방향과 쓴맛을 부여한다. 발효는 주발효와 후발효로 구분되는데, 주발효는 냉각된 맥아즙에 효모를 접종하여 5~10℃로 유지하면서 8~12일간 발효시키고, 후발효는 주발효가 끝나 침전된 효모를 제거한 상징액을 후발효탱크에 옮겨 0~2℃의 품온으로 60~90일(병맥주) 또는 30~60일(생맥주) 동안 발효시켜서 여과 제성한다. 이때 용존 탄산가스는 약 0.4~0.5%이다. 침전시켜 분리한 효모는 세정하여 발효공정에 다시 이용한다.

후발효가 끝난 맥주는 규조토, 여지, 마이크로세라믹필터 등을 사용하여 여과하고, 생맥주의 경우는 그대로 용기에 넣는다. 가열살균을 하는 경우는 60℃에서 15~20분의 저온살균법 또는 70℃에서 30~60초의 순간살균법을 행한다. 또 맥주를 담은 용기에 공기가 혼입되면 산화에 의한 향미의 열화나 혼탁이 되므로 용기의 공간에 공기가 잔존하지 않도록 하고 있다.

(3) 포도주

과실주의 대표적인 포도주는 포도의 종류나 제조방법에 따라 적포도주와 백포도주, 감미포도주, 발포성포도주, 테이블와인, 디저트와인 등으로 구별하고 있다.

적포도주의 제법을 간단히 설명하면, 원료포도는 줄기를 제거하여 파쇄하고 아황산을 50~100ppm 첨가한 다음 효모를 첨가하여 발효시킨다. 효모는 발효향이 좋고 아황산내성이 강한 것을 사용한다. 당분은 26% 정도가 되도록 설탕을 보당하고, 25~27℃로 5~7일 정도 발효시킨 후, 압착하여 과피를 제거하고 다시 발효시킨다. 다음에 침전물을 제거하고 저장한 후 여과하여 병입, 포장한다.

(4) 약주, 탁주

우리나라의 전통적인 토속주로서 술덧에 용수를 넣거나 짜서 맑게 한 술이 약주이고, 술덧에 물을 넣고 체로 걸러 혼탁한 술이 탁주이다. 원래 약 · 탁주의 원료는 백미였으나, 식량사정으로 1963년에 밀가루로 대체되었고, 요즘은 원료를 규제하지는 않고 있다.

밀가루에 약 25% 정도의 물을 가하여 잘 혼합하고 증숙한다. 이것에 종균을 접종하고 약 40시간 정도 배양하여 밀가루 코지를 만든다. 종균은 구연산생성능과 당화력이 강한 Aspergillus kawachii가 이용되고 있다. 이것을 1.2배 정도의 물과 주모를 첨가하여, 1~2일 발효시켜 1단 담금을 한다. 다시 증자한 밀가루와 물을 추가하여 1~2일 발효시켜 2단 담금을 하고, 술덧을 거르고 물을 가하여 알코올도수를 6℃ 정도의 혼탁한 술로 만들면 탁주가 되고, 술덧을 걸러 맑게 하고 알코올도수를 13℃ 이하로 만들면 약주이다.

(5) 증류주

증류주는 양조주 또는 그 술덧을 증류한 것으로, 사용원료, 저장방법, 저장기간 등에 따라 다양하다. 전분질을 원료로 한 경우 맥아나 사상균의 효소로 당화하고 효모를 첨가하여 발효시키지만, 당질을 원료로 한 경우는, 당농도를 조정한 뒤 발효시킨다. 술덧 등의 증류는 단식 또는 연속식증류기를 사용하며, 증류주의 대부분은 숙성시키기 위하여 저장한다. 저장 중에 물과 알코올의 회합, 향미성분의 산화, 용기성분의 용출 등의 진행에 의해 숙성되며, 착색도 된다.

증류주제조에 관여하는 효모로는, 브랜디제조에는 Sacch. cerevisiae나 야생효모가 이용되고, 위스키제조에서는 원료이용률을 높이기 위해 Sacch. diastaticus를 병용한다든지, 럼주에서 발효온도가 높은 경우 Shizosacchromyces pombe를 사용하고 있다.

당화를 위한 사상균으로, 소주에서는 Asp. awamori의 백색변이주, 기타 증류주에서는 Rhizopus, Mucor, Neurospora, Aspergillus속이 사용되고 있다.

3) 식초

식초는 4~6%의 식초산을 주성분으로 함유한 조미료인데, 방향과 감칠맛을 주는 여러 가지 유기산, 당류, 아미노산류, 에스테르류 등이 함유되어 있다. 양조식초에는 원료에 따라 쌀초, 과일초, 막걸리초, 알코올초 등이 있다.

종균으로는 Acetobacter aceti, Acetobacter suboxydans 등이 이용되며, 제조방법에는 정치법, 속양법, 심부배양법 등이 있다.

4) 빵

빵은 소맥분, 식염, 효모, 설탕, 유지 등을 원료로 하고, 이들에 물을 가하여 반죽하여 생지를 만들고, 이것을 발효·팽창시켜서 구운 발효식품이다. 원재료, 제법, 생지의 성질, 형상 등의 차이에 의해 수많은 종류의 빵이 있다.

빵의 주원료인 소맥분은 단백질함량에 따라 강력분, 준강력분, 중력분, 박력분으로 분류되지만, 빵의 제조에는 강력분 및 준강력분이 사용된다. 소맥분에 물을 가하여 기계적으로 반죽하면, 점탄성이 있는 글루텐이 형성되어 이것이 효모의 발효작용으로 생성한 탄산가스를 감싸고, 빵 생지의 팽창에 중요한 역할을 하고 있다. 효모는 소맥분 중에 함유된 당분이나 첨가된 설탕을 발효시켜 알코올과 탄산가스로 분해하고, 생성한 탄산가스는 빵 생지를 팽창시키고, 알코올은 부생하는 유기산이나 에스테르 등과 함께 빵에 독특한 풍미를 부여한다. 효모는 공업적으로 대량생산된 압착효모나 건조효모가 사용되지만, 야생효모를 주체로 하는 천연의 빵 종균도 독특한 풍미를 갖는 빵의 제조에 쓰인다.

5) 젖산발효제품

발효유는 우유 또는 탈지유를 유산균 또는 효모로 발효시켜 호상 또는 액상으로 한 것, 또는 이들을 동결한 것이다. 제품은 무지유고형분 8% 이상, 유산균수 1,000만/㎖ 이상 함유하며, 요구르트가 그의 대표적인 것이다.

유산균음료는 유 또는 탈지유를 유산균 또는 효모로 발효시켜, 설탕, 향료, 기타 부원료를 혼합, 균질화한 가공음료이며, 무지유고형분을 3% 이상 함유한 액상 요구르트 타입과 3% 미만 함유한 주스타입이 있다. 전자에는 생균을 함유한 것과 살균한 제품이 있고, 후자는 100만/㎖ 이상의 유산균을 함유하고 있다.

(1) 요구르트

요구르트(yogurt)는 불가리아나 코카사스 지방에서 예부터 제조해온 발효유로서 살아있는 유산균을 다수 함유하고 있어 정장작용이 있다. 2/3로 농축한 탈지유 또는 탈지유에 5~6%의 탈지분유나 연유를 가한 것에 8~9%의 설탕과 향료를 첨가해서 가열용해하고, 70~80℃에서 30분간 살균한 후 40~45℃로 냉각하고, stater를 접종하여 용기에 담아 발효시킨다. 산도가 0.7~0.8%에 달한 시점에서 발효를 종료하고 냉각해서 제품으로 한다. stater용 젖산균으로는 Lactobacillus bulgaricus, Streptococcus thermophilus, S. lactis, S. cremoris 등의 유산균을 2종 이상 혼합하여 이용한다. 발효원료로서 설탕 이외에 한천, 젤라틴 등의 응고제나 유화제를 첨가하는 경우도 있다. 또 설탕이나 향료 등을 전혀 사용하지 않고 우유 원료만을 발효시킨 plain yogurt나 과육, 향료 등을 가한 soft yogurt, 음료로 적당한 drink yogurt 등 여러 가지 제품이 있다.

(2) 유산균음료 및 산유음료

유산균음료는 탈지유를 살균 냉각한 후, 앞에서의 유산균스타터 또는 Lactobacillus acidophilus를 주체로 한 스타터를 가하여 40℃에서 발효시킨다. 산도가 1.5~2%에 달한 때 냉각하여 응고한 커드를 분쇄하고, 이것에 설탕, 안정제, 향료 등을 가하여 균질화하여 제품으로 한다.

(3) 케피아(Kefir) 및 쿠미스(Koumiss)

케피아는 코카사스지방에서 우유나 양유를 원료로 하여 만들고, 쿠미스는 중앙아시아, 시베리아 지방에서 말 젖을 원료로 하여 만드는 전통적인 알코올성 발효유이다. 케피아용 스타터로는 케피아입자가 사용되는데 이것은 건조한 소맥립에 유산균(S. lactis, S. cremoris, Leuconostoc dextranicum 등)과 유당발효성효모 Kluyveromyces fragilis를 혼합한 것이 있다. 케피아, 쿠미스 모두 젖산 이외에 효모의 발효에 의하여 생성한 1~3%의 알코올과 다량의 탄산가스를 함유하고 있다.

(4) 치즈

치즈(cheese)는 우유의 단백질을 응고시켜서 유용한 세균이나 곰팡이를 번식시켜 저장성을 갖게 한 것으로 그의 제조방법, 원료, 숙성에 관여하는 미생물의 차이에 의해 500여 종류의 치즈가 있다. 우유에 유산균 및 rennet(응유효소제제)을 첨가하여 생성되는 커드(curd)에서 유청을 빼고, 단백질과 지방을 모은 후, 여기에 식염과 향료 등을 첨가해서 발효시킨다.

치즈제조에 사용되는 스타터는 유산균, 프로피온산균, 푸른곰팡이 등이 있고 , 이들의 균종을 단독 또는 혼합하여 사용한다. 유산균은 젖산의 생성을 목적으로 사용되며, 생육속도가 빠르고 저온에서 발육이 좋은 S. lactis, S. cremoris가 대표적인 균이다.

스위스치즈 등 고온에서 발효하는 것은 S. thermophilis, L. bulgaricus 등이 있다. 에멘탈치즈는 프로피온산균(Propionibacterium shermanii)의 작용에 의하여 치즈내부에 프로피온산, 초산, 탄산가스가 생성되고, 치즈는 독특한 풍미와 가스에 의한 구멍이 형성된다. 로케포티치즈(roqueforti cheese)는 분쇄한 커드에 Penicillium roqueforti의 고체배양물을 가해서 숙성시킨다. 치즈내부에 푸른 무늬가 생기고 생성된 지방산, 케톤류에 의해 특유의 자극취와 풍미가 형성된다. 카멤버티치즈는 치즈표면에 P. camemberti가 번식하여 흰색을 나타낸다.

렌네트(rennet)는 송아지의 제 4위에서 분비되는 응유효소인 렌닌(rennin)을 함유한 효소제제로서, 생후 2~5주간의 송아지 위에서 식염수 및 알코올로 추출한다. 렌닌은 단백질분해효소작용보다도 응고작용이 커서, 이것에 의해 생유 중의 카제인이 커드로 되어 응고하고 분리된다. 근년에는 송아지 렌네트 대신에 Mucor pusilus, Mucor miehei 등의 곰팡이가 생산하는 미생물 렌네트도 사용되고 있다.

(5) 버터

버터(butter)는 우유에서 분리한 유지방(cream)을 교반조작에 의해서 덩어리모양으로 한 것으로, 그 제조법에 의해서 발효버터와 무발효버터로 대별한다. 발효버터는 유산균(S. lactis, S. cremoris, Leuconostoc citrovorum 등)에 의해서 발효된 크림을 원료로 제조하는 것으로 특유의 산미와 풍미를 갖고 있으며, 유럽제국에서 많이 이용되고 있다. 무발효버터는 발효시키지 않은 크림을 원료로 만들며, 일본이나 미국에서는 거의 무발효버터가 이용된다.

또한 버터제조 시에 1~2%의 식염을 첨가한 가염버터와 식염을 첨가하지 않은 무염버터가 있다. 무염버터는 제과원료 등으로 사용된다.

2 근대적인 미생물 이용 공업

1) Alcohol

(1) 알코올발효와 미생물

에틸알코올이 주류로서 음용에 제공되는 것은 잘 아는 바이며, 발효액으로부터 증류 등에 의해서 알코올만을 분리하여 음료용 외에 용제나 침전제 등의 많은 용도에 사용되고 있다. 그 중 청주, 합성주, 위스키 첨가용 등, 음용알코올로 사용되는 것은 발효법으로 만들어진 것만이 허가되어 있다. 또, 음료용은 아니지만, 최근에는 재생산이 가능한 식물자원에서 얻어지는 이용하기 쉬운 형태의 연료에너지로서, Gashol용 알코올의 발효생산이 다시 주목 받고 있다.

알코올이 Saccharomyces cerevisiae로 대표되는 효모에 의해서 만들어지는 것은 잘 알려져 있지만, 이때 당에서의 생성반응은 Gay-Lussac의 식으로 알려진 다음의 이론식으로 나타낸다.

$$C_6H_{12}O_6 \rightarrow 2CH_3CH_2OH + 2CO_2$$

이 반응은 생성물인 알코올을 이용하는 입장에서 보면 알코올발효이지만, 동시에 생성하는 탄산가스를 주로 식품제조에 이용한 것이 빵이 있고, 효모가 인류의 식품과 깊은 관계가 있는 것을 알 수 있다.

그것은 여하튼 glucose는 해당경로를 거쳐 pyruvic acid로 되고, 탈탄산효소의 작용으로 탈탄산되어, 이어서 환원되어 alcohol을 생성한다. 이 식에서 알 수 있는 바와 같이, 이론상 180g의 glucose에서 중량비로 51.1%에 상당하는 92.1g의 ethyl alcohol가 생성하는 것이 되지만, 실제로는 효모균체나 부산물이 되는 부분이 있기 때문에 이론치의 95% 정도가 제품으로 된다. 또 최근에는 효모 이외에도 alcohol 발효력이 강한 미생물로서 세균에 속하는 Zymomonas mobilis가 주목되어, 유전 육종을 통하여 공업적 이용가능성을 추구하고 있다.

실제의 alcohol발효생산에는, 주로 효모를 사용하고 pH, 온도, 각종 원료농도 등의 배양조건을 효모의 활동에 알맞도록 조절하여, 될 수 있는 대로 원료 탄소원료에서 수율 좋은 알코올이 생산되도록 하고 있다. 이 발효는 원료가 당질(주로 폐당밀)이나 다당류(전분질 또는 셀룰로오스 원료), 즉, 원료의 당화과정이 필요한가, 불필요한가에 따라서 크게 두 가지로 나뉘어 진다. 위에서 말한 효모 S. cerevisiae나 세균 Zymomonas mobilis는 당질밖에 발효되지 않아 전분질을 분해하여 발효되는 형태로 할 필요가 있다. 하지만, 아직 실용화에는 이르지 않아 최근에는 유전자 공학의 진보에 따라서 전분발효성효모 S. diastaticus 등의 전분분해유전자를 S. cerevisiae에 조합하는 것에 의해, 전분에서 고효율로 직접 알콜발효가 시도되고 있다. 또한, 40℃ 부근의 고온에서도 발효력을 가진 Saccharomyces속의 신균(新菌)이나, 그러한 종류의 균인 Kluyveromyces속 효모도 최근 발견되고 있어, 유전자 자원의 탐색을 더욱더 계속하는 것도 중요하다.

한편, 전술한 바와 같이 균체성분에 드는 비용이나 원료를 최소로 고정하기 위하여 고정화균체, 고정화증식균체를 이용한 Bioreactor의 사용도 시도되고 있다.

(2) 당질원료에서 알코올 생산

이 방법에서 사용되는 주원료는 설탕을 정제할 때 부생(副生)되는 폐당밀이 대부분이지만, 이 경우의 과정은 전분질원료의 경우와 비교하면 매우 간단하여 그 대략은 원료당밀을 희석, 효모를 접종하여 발효를 행하고, 생성 알코올을 증류하는 것이다.

폐당밀은 통상 50% 정도의 발효성당을 함유하고 있으므로, 이것을 15~20%까지 희석한다. 이것에 무기영양원으로서 암모늄염이나 인산염을 소량가하고, pH를 4.5~5.0으로 조정한다. 이어서 멸균과 협잡물 제거를 겸해서 110℃, 60분 정도 가열한다. 30℃ 정도로 냉각 후, 당밀발효용의 Saccharomyces속 효모(대표효모: S. formosensis)를 접종하고, 30~33℃를 유지하며 발효를 행한다. 약 12~16시간에 효모가 충분히 생육하고, 더욱이 10시간 정도 가장 왕성한 발효를 지속하고, 접종 후 3~4일간으로 종료한다. 이론 생성량에 대한 수율은 80~90% 정도이다.

당질원료에는 발효기술상의 문제점이 적으므로 process의 연속화 시험이 많이 되고 있다. 우선, 소위 연속발효에 의해서 발효액 중의 생성알코올, 잔당, 효모균체를 동시에 정상상태로 유지하도록 조작하여, 장기간에 걸쳐서 일정 수율로 발효종료액을 연속적으로 얻는 것이 행하여졌다. 이 방법은 잡균오염이나 조작상의 문제가 없으면, 장기간 균일한 결과가 얻어지는 점에서 유리하지만, 발효정도가 저하되는 것은 피할 수 없다. 그 점의 개선에 고농도균체를 사용하는 것에 의한 발효시간의 단축을 목적으로 여러 가지 방법이 고안되었다. 그러면 균체를 회수하여 재이용하는 방법, 응집성이 있는 균주를 선택 또는 육성하여 자연 침강에 의해 유출을 방지하는 방법, 균체를 적당한 담체나 겔에 흡착 또는 포괄하여 고정화 하는 방법 등이다. 특히 고정화균체를 이용한 알코올의 연속생산이 실용화되고, 고정화법으로서 흡착에는 다공성 세라믹 등이 담체로서 사용되어, 포괄에는 알긴산칼슘이나 κ-카라키난 등의 천연고분자, 광가교성 수지 등의 합성고분자가 소재로서 사용되고 있다. 여기서는 알긴산칼슘 겔 포괄법을 예로서 설명한다. 알긴산나트륨(1.5%, W/W)과 영양제로서 소량의 스테롤류를 용해 혼합한 액에 효모를 가하여, 노즐에서 염화칼슘용액(16%, W/W) 중에 적하하고, 직경 2~3㎜의 gel piece를 조제한다. 고정화된 겔 내의 효모를 칼럼에 충진하고, 희석용액을 통하면 증식하여 활성화 된다. 고정화효모 gel piece 충진율 30~40%의 bioreactor에, pH 4.0, 15~20wt%의 당액을 탑 하부에서 통하면, 평균체류시간

10～15시간으로 8～11%(V/V)의 알코올발효액이 150일 이상에 걸쳐서 안정하게 생산된다. 이러한 process와 다른 process를 비교하면, 〈표 12-1〉에서와 같이 생산성은 회분법보다도 10～20배 향상하고, 또 고농도알코올에 내성을 갖는 효모의 육성, 겔 강도 등의 면에서 개선되면, 더욱 유리한 방법이 될 것이다.

〈표 12-1〉 각 process의 생산성 비교

Process	균체농도(g/L)	생성에타놀농도(v/v)%	생산성(g/L/h)
회분법	5	7~14	1~2
균체recycle법	15	7~8	4
고정화법	120	8~10	10~20

(3) 전분질 · 섬유질원료에서 알코올의 생산

전분질이나 섬유질을 원료로 하는 경우는 일단 그들을 무언가의 방법으로 가수분해하여 당으로 한 뒤에 알코올발효를 한다. 당화법에는 식물 또는 미생물효소를 이용하는 효소당화법과 주로 무기산을 이용하는 산당화법이 있다. 후자는 효소분해로 용이하지 않은 다당류의 원료를 분해하는 힘은 강하지만 조건의 설정이 어렵고, 반응기의 열화, 중화의 필요성 등 문제점도 많다. 효소당화법은 전분의 당화와 알코올발효를 동시에 행하는 소위 병행복발효방식의 특징을 가진 방법이다. 전분액화력이 약한 것을 보충하기 위해 액체코지를 이용한다.

먼저, 주원료를 증자한 것에 별도로 준비한 코지균에 먼저조제해둔 액체코지를 약 10% 가하여 전분의 액화를 행한다. 게다가 별도로 증자물에 아밀로균을 접종하여 37℃, 30～40시간 생육시킨 후 효모를 접종하여 30℃에서 배양해 발효력을 왕성하게 한 주모(酒母)를 제조하고, 이것을 액화건더기에 20% 정도 첨가하여 당화발효를 행한다. 통상 3～4일로 발효를 종료한다. 이 방법은 코지균, 아밀로균의 2종의 사상균 및 효모의 3종의 미생물을 같은 장소에서 동시에 활동하게 하는 것으로, 당화 · 발효력이 강력하기 때문에, 소요시간은 비교적 짧고, 관리는 그다지 어렵지 않다. 하지만, 발효의 출발점이 되는 아밀로주모의 관리는 매우 주의를 할 필요가 있다. 전분질의 경우, 발효종료액 중에 존재하는 섬유질 등을 제거할 필요가 있다. 그 밖에 증류법에 의한 알코올의 회수 및 벤젠과의 공비(共沸)를 이용한 무수알코올을 생산하는 프로세스는 당질, 전분질 모두 같은 방식으로 해서 행한다.

전분질원료에서 제조공정 중에 투입에너지의 20~30%에 해당하는 증자에너지의 저감을 목적으로 생전분을 당화하는 amylase를 이용한다. 즉, 무증자발효를 위해 미생물의 검색과 이용이 시도되어, Rhizopus속, Aspergillus속의 사상균에 유망한 균주가 나타나 실용화가 되고 있다.

정제에너지에 관해서는 종래의 증류법에서 필요로 하는 에너지는 전 투입 에너지의 약 30%를 점한다고 생각되며, 이것을 경감할 필요가 있다. 그를 위한 대응으로서 막분리 등이 생각되어지나, 아직 공업화에는 이르지 못하고 있다.

2) 유기산

(1) 유기산발효와 미생물

다양한 종류의 유기산이 미생물의 생명활동결과, 대사산물로서 만들어져서, 옛날부터 인류의 식생활에 관계하고 있다. 그들은 때론 산패 등의 원인으로 바람직하지 않은 경우도 있지만, 많은 인류의 지혜로 발효 · 양조식품이라는 형태로 이용되어 왔다. 즉, 유산음료, 지물, 식초 등에서 보이는 젖산이나 초산이 그의 대표적인 것이다.

미생물의 역할에 의해서 특정의 유기산만을 대사생산물로 얻는 것이 시도된 것은, 제2차대전 후의 미생물학의 현저한 진보에 의한 것이 크고, 일시에 많은 유기산의 발효생산이 시험되었다. 그러나, 그 후에 석유화학의 급속한 진보에 의해, 미생물이 생산하는 유기산도 화학합성법에 의해 값싸게 만들어지게 되어, 현재에는 유기산발효의 산업상의 중요성이 반드시 크다고는 할 수 없다. 다만, 발효법에서의 생산은 많은 경우 재생 가능한 당질을 원료로 하여 행하여지고, 특히 식품관련의 용도를 갖는 유기산은 앞으로도 미생물의 작용에 의한 것이 크다고 생각된다.

미생물에 의해서 생산되는 유기산은, 생성의 방식에 따라 둘로 나눌 수가 있다. 한쪽은 〈표 12-2〉에 정리한 바와 같은 해당계 및 TCA회로에 관련한 유기산이고, 미생물이 당질 등을 불완전 산화한 결과, 축적된다. 다른 쪽은 〈표 12-3〉에 나타낸 예와 같이 생성경로가 보다 단순하여, 직접산화나 1단계의 가수반응 등에 의해서 생성되는 것이다. 이 경우는 미생물이 원료를 1 내지 2단계 산화하여 에너지를 얻을 뿐으로, 원료와 생성유기산의 탄소수는 변하지 않는다.

〈표 12-2〉 해당계 및 TCA회로에 관련한 유기산발효

생산물	원 료	생산균	수량(%)
젖산	glucose	*Lactobacillus delbrueckii*	90~100
	sucrose	*Streptococcus lactis*	
		Leuconostoc mesenteriodes	
구연산	glucose	*Aspergillus niger*	80
	n-paraffin	*Candida lipolytica*	150
푸말산	starch	*Rhizopus nigricans*	70
호박산	glucose	*Brevibacterium flavum*	30
사과산	glucose	*Aspergillus flavus*	20
주석산	glucose	*Glucanobacter suboxydans*	27

〈표 12-3〉 직접산화 또는 가수에 의한 유기산발효

생산물	원 료	생산균	수량(%)
초산	ethyl alcohol	*Acetobacter aceti*	90~100
젖산	propane diol	*Arthrobacter oxydans*	50
글루콘산	glucose	*Aspergillus niger*	
		Gluconobacter roseus	90~100
		Pseudomonas ovalis	
2-케토글루콘	glucose	*Pseudomonas fluorescens*	90~100
산	gluconic acid	*Aspergillus flavus-oryzae*	
코지산	glucose		50
사과산	fumalic acid	*Lactobacillus brevis*	100
주석산	cis epoxy	*Achromobacter tartarogenes*	108
	succinic acid		

이상에 열거한 유기산 중, 현재 공업적으로 발효법을 행하고 있는 것은 구연산 등 극히 한정된 것 만이다.

(2) 초산

알코올을 산화하여 초산을 생성하는 호기성세균은 초산균이라고 총칭하고 있지만, 크게 나누어서 2종류가 알려져 있다. 한 쪽은 Acetobacter속균으로, 초산을 분해하여 탄산가스를 생성하는 능력을 갖지만, 포도당의 산화력은 없다. 다른 쪽은 Gluconobacter속균으로 초산의 분해능은 없지만 포도당을 산화하여 glucon산을 생성하는 능력을 갖고 있고, 비타민 C 생성의 중간체인 sorbose를 sorbitol로부터 고수율로 생성한다. 공업적으로 유용한 균도 포함되어 있다.

발효법에 의한 공업적 초산의 생산은, 식초제조를 목적으로 하는 것으로 Acetobacter aceti, A. acetosus, A. pasteurianus 등이 대표균주로 알려져 있다.

(3) 젖산

① 젖산균과 그의 반응

공업적인 젖산생산에 사용되어지는 미생물은 젖산균이라 불리는 세균군이다. 이들은 젖산생산보다 오히려 청주 등의 주류나 유제품, 지물 등의 양조 · 발효식품의 제조과정에서 깊은 관계있는 중요성이나 Leuconostoc mesenteriodes와 같이 대용혈액으로서 사용되는 dextran의 생산균으로서 유용성이 인정되어 있다.

젖산균은 당을 대사하여 젖산을 생성하는 발효의 형식에 의해서 둘로 나눈다. 하나는 호모형젖산균(homolactic acid bacteria)이라 부르고, Lactobacillus delbrueckii, L. casei, L, bulgaricus, Streptococcus lactis 등이 여기에 속한다.

이들의 균은 당류에서

$$\underset{\text{포도당}}{C_6H_{12}O_6} \rightarrow \underset{\text{젖산}}{2CH_3CHOHCOOH}$$

의 식으로 이론생성율인 100%에 가까운 수율로, 거의 젖산만을 생산한다.

다른 쪽은 헤테로형 젖산균(heterolactic acid bacteria)이라고 부르며, Leuconostoc mesenteroids, Lactobacillus pentaaceticus 등이 알려져 있다. 이들 균은 균주나 조건 등에 의해서 생성물의 양과 비율은 다르지만, 당류에서 젖산 이외에 에틸알코올, 초산, glycerin, 탄산가스 등을 생성한다.

$$\underset{\text{포도당}}{C_6H_{12}O_6} \rightarrow \underset{\text{젖산}}{CH_3CHOHCOOH} + \underset{\text{알코올}}{CH_3CH_2OH} + \underset{\text{탄산가스}}{CO_2}$$

실용상 중요한 호모형의 경우 젖산의 생성반응은, 육탄당에서 소위 해당경로를 거쳐서 pyruvic acid에 이르고, 젖산탈수소효소의 작용에 의하여 환원되어 젖산이 된다. 또 생성하는 젖산의 광학활성은 근육에 있어서의 해당작용의 경우와 달리, 균주에 의해서는 L-젖산만이 아니고 D-젖산이나 DL-젖산이 만들어지는 수도 있다. 또 오탄당을 출발물질로 하여 젖산생성이 행하여지는 수도 있지만, 그 경우는 호모형, 헤테로형의 구별 없이,

$$\underset{\text{오탄당}}{C_5H_{10}O_5} \rightarrow \underset{\text{젖산}}{CH_3CHOHCOOH} + \underset{\text{초산}}{CH_3COOH}$$

의 반응식에 따라서 반응이 일어난다.

② 젖산의 발효생산

공업적인 젖산발효는 당연히 호모형 젖산균을 사용하여 행하는 것이 유리하며, 원료로서는 당밀, 당화전분 등이 사용된다. 전분의 당화법은 알코올발효법에서와 마찬가지로 효소법, 산당화법 등이 있다. 어느 것이나 전당의 농도가 10~15% 되도록 하여 당화 후, 발효 중에 생성하는 젖산을 중화할 목적으로 탄산칼슘을 가하여 L. delbrueckii 등의 종모를 첨가하고, 균을 각각의 적온(45~50℃가 많다)에 두어 가볍게 교반하면서 발효를 시킨다. 발효일수는 4~7일로, 생성한 탄산칼슘을 발효액에서 분리회수한다.

(4) 구연산

① 구연산발효균과 그의 반응

구연산은 식품 중의 산미료로서 중요하지만, 이외에도 많은 용도가 있고, 제법이 효율적으로 우수하므로 현재 발효 생산되고 있다.

약 100년 전에 Penicillium속의 곰팡이 1종이 구연산을 생성하는 것이 알려진 이

래, 구연산 생산균으로 많은 균주가 보고 되어 있다. 더욱이 당이 아닌 탄화수소인 n-알칸을 원료로 하여도 효모 등이 좋은 수율로 구연산을 생산하는 것도 알려져 있다. 이것은 구연산이 당이나 n-알칸의 대사경로 중에 위치하는 TCA 회로상의 일원이 되어 그들 탄소화합물의 산화중간대사물이 되고, TCA 회로가 대사경로로서 널리 미생물에 존재하고 있는 것에서 충분히 수긍이 간다. 당질을 원료로 하는 경우의 우수한 생산균은 대부분 사상균에 속하고, 특히 Aspergillus속, Penicillium속에 많다. 대표적인 균주는, A. niger, A. saitoi, A. awamori, P. citrinum, P. leteum 등이 있다. 탄화수소원료의 경우는 Candida속 효모나, Arthrobacter속 세균 등이 생산균으로 알려져 있지만, 수율이 가장 높은(원료에 대한 수율 150% 정도) 것은 C. lipolitica이다.

구연산의 생성은 당에서 해당경로, 피르빈산을 거쳐, n-알칸에서는 β-산화경로를 거쳐서, 각각 생기는 아세틸 CoA와 oxaloacetic acid와의 결합반응에 의해서 일어나는 것이다. 당, n-알칸을 탄소원으로 할 때의 구연산발효 전체의 반응식은 다음과 같다.

$$(당)\ C_6H_{12}O_6 + 3/2O2 \rightarrow C_6H_8O_7 + 2H_2O$$

$$(n\text{-}알칸)\ 6CH_2 + 9/2O_2 \rightarrow C_6H_8O_7 + 2H_2O$$

이들의 식에서 계산되는 이론 수율은, 원료가 포도당의 경우는 106.7%(W/W), n-알칸의 경우는 228.6%(W/W)로 된다.

② 구연산의 발효생산

구연산의 공업적 생산에는 흑국균인 Aspergillus niger가 사용되며, 표면배양법과 액내배양법이 있다. 오래전에는 표면배양법이 행하여졌지만, 근년은 액내배양법으로 바뀌었다. 발효의 주원료로는 당밀이 사용되는 수가 많지만, 당밀 중에 함유된 과잉의 금속염이 발효에 있어서 저해적으로 작용하므로 전처리가 필요하다. 통상 당농도 10～15%, pH 2～4에서 배양온도 25～30℃에서 발효를 행한다. 발효종료 후에 수산화칼슘을 첨가하여 중화하고, 가열하여 구연산칼슘으로서 회수한다. 이것을 황산으로 유리산으로 한 뒤, 정제, 결정화 한다.

(5) 글루콘산

글루콘산은 두부의 응고 등의 식품제조 외에 의료용으로도 사용되지만, 포도당을 산화하여 글루콘산을 배양액 중에 축적하는 미생물로서는 초산균에 속하는 Acetobacter aceti, Gluconobacter roseus 및 Pseudomonas ovalis 등의 세균이나 Aspergillus, Penicillium 등의 곰팡이가 알려져 있다. 이들 중에서 다른 유기산의 생성이 적고 수율이 높은 점에서 Aspergillus niger가 우수하다.

산화력이 강하여 산화세균으로 부르는 세균군 중에는, 글루콘산을 다시 산화하여 2-케토 글루콘산이나 5-케토 글루콘산을 생성하는 것이 있다. 전자의 대표균으로서 Pseudomonas fluorescens, 후자에서는 Gluconobacter suboxydans가 알려져 있다.

① 글루콘산, 케토글루콘산의 생성

포도당을 산화하여 글루콘산을 축적하는 미생물에는 초산균과 같은 산화세균과 곰팡이가 알려져 있지만, 공업적으로는 균체와 발효액과의 분리 등에 있어서 유리한 곰팡이가 사용되어진다.

포도당농도로서 25% 정도의 당과 무기영양원을 함유한 배지에 A, niger를 접종하고 탄산칼슘을 중화제로 가하든지, 수산화나트륨으로 pH를 일정하게 하여, 통기교반을 하면서 25~30℃에서 발효시킨다. 생성한 글루콘산은 칼슘염 또는 나트륨염으로서 회수한다.

케토글루콘산의 경우는 위와 같은 조건 하에서 대응하는 산화세균(P. fluorescens 또는 G. suboxydans)을 통기교반배양하여 역시 칼슘염 또는 나트륨염으로 회수한다.

(6) 탄화수소를 원료로 하는 유기산의 생성

탄화수소의 미생물변환생성물에는 지금은 식품과 직접 관계가 있는 생산물은 아니지만, 반응 상 흥미 깊은 것이다. 탄화수소는 많은 미생물에 의해서 비교적 용이하게 산화 변환을 받는 것이 알려져 있고, 직쇄상 탄화수소, 방향족탄화수소에 관하여 연구되고 있다.

3) 아미노산

아미노산은 단백질을 구성하는 중요한 생체성분이다. 단백질에 함유되는 아미노산은 약 20종류이지만, 단백질에 따라 구성아미노산의 종류와 수는 다르다. 따라서 구성아미노산이 1개라도 부족하면, 단백질은 완성되지 않는다. 진화 된 고등동물은, 일부의 아미노산을 자기 자신이 합성하지 못하고, 외계의 음식물로부터 섭취하지 않으면 안 된다. 이러한 아미노산은 필수아미노산으로, 사람의 경우에는 valine, leucine, isoleucine, tryptophan, phenylalanine, threonine, lysine, methionine 등이다. 필수아미노산의 섭취량이 부족하면 여러 가지 장애가 나타난다. 예를 들면, lysine이 유아기에 결핍하면 발육불량이 된다고 한다. 결핍하기 쉬운 필수아미노산을 식품이나 가축의 사료에 가하는 것에 의하여 영양상태를 개선하기도 하고, 사료효율을 높이는 것이 된다.

아미노산이 천연물에서 단리된 것은 단백질이 아미노산으로 되어있는 것을 알기 전이다. 예를 들면 asparagine은 아스파라가스를 짠 즙에서 발견되었고(1806년), cystine은 방광결석을 분해하여 단리 되었다(1810년). 그 후, 단백질이 아미노산으로 구성되어 있는 것을 밝혀지게 되는 과정에서, 새로운 아미노산이 차차로 분리되고(1820~1930년경), 최후에 threonine의 존재가 알려졌다.

1908년, 이케다키쿠나에(池田菊苗)는 다시마 추출액의 감칠맛의 주성분을 분리하고, 이것이 이미 알려져 있는 글루타민산의 모노나트리움염인 것을 발견하였다. 이때부터 글루타민산은 조미료로서 세계적으로 사용되게 되었지만, 오랫동안 다른 아미노산과 마찬가지로, 천연의 단백질(소맥이나 대두 등의 식물단백질)의 염산 가수분해물에서 얻어졌다. 그러나 1955년경 배지 중에 상당량의 글루타민산을 축적하는 세균이 일본에서 발견되어, 곧 이것을 이용하는 공업적 발효생산법이 확립되었다. 이것에 이어서 여러 가지 아미노산의 발효생산법이 고안되어 지금에는 단백질을 구성하는 아미노산의 대부분을 생산할 수 있게 되었다. 그 양이 가장 많은 것은 글루타민산으로 연간 약 65만톤, 메치오닌 30만톤, 리신 15만톤의 규모에 달하고, 조미료 이외에 식 · 사료의 필수아미노산 강화제, 식품의 품질개량제, 의약품, 대사활성제 등으로서 사용되고, 더욱 화장품이나 공업용소재에 까지 그의 용도는 넓다. 의약용 수액에의 이용도 현저히 증가하고 있다.

아미노산 발효의 성립을 계기로 하여, 다분히 경험적인 종래의 발효기술은 생화학을 기반으로 하는 근대적 발효기술로 전환되었다. 또 이들의 기술개량의 과정에서 변이주나 분자육종주를 이용하는 방법이 쓰여 졌다. 이러한 과정은 현대의 발효기술발전의 모텔이 되고, 이것을 잘 파악하는 것이 발효학 전반의 이해에 연결된다고 해도 과언이 아니다.

아미노산발효라 하는 말은, 원래는 당질과 암모니아나 요소 등의 질소원을 함유한 배지 중에서 미생물이 아미노산을 직접 생산하는 방법을 일컬었지만, 현재는 목적 아미노산의 전구체를 배양액에 가한다든지, 또는 미생물효소를 쓴다든지 하여 아미노산을 합성하는 방법도 그 중에 포함하고 있다.

(1) **직접발효법**(배지 중에 아미노산을 축적시킨다)

① 야생주를 사용하는 방법

② 변이주를 사용하는 방법: 영양요구 변이주
대사조절 변이주(아나로그내성주, 복귀변이주, 이화물질억제 변이주)
온도감수성 변이주 등

③ 분자육종주를 사용하는 발효

(2) **전구체 첨가법**(전구체 등을 배지에 첨가하여 아미노산을 축적시킨다)

(3) **효소법**(미생물효소를 사용하여 아미노산을 합성한다)

4) 핵산

(1) **정미성**(nucleotide)

nucleotide류는 동식물이나 미생물세포에 함유된 리보핵산 RNA의 구성단위이고, RNA를 화학적 또는 효소적으로 분해하면 2′(3′)-nucleotide 또는 5′-nucleotide가 생성된다. 5′-nucleotide 중, 5′-이노신산(IMP)과 5′구아닐산(GMP)의 Na염은 특유의 지미(旨味, 감칠맛)를 갖고 있고, 화학조미료로서 사용되고 있다. 5′-IMP는 Liebig에 의해서 우육엑기스에서 발견되어, 일본의 고다마(小玉, 1912년)에 의해서 카스오부시(가다랭이를 짜개 발리어 쪄서 말린 포)의 지미성분인 것을 발견하였다. 또, 5′-GMP는 최초로 췌장핵산에서 분리되어, 이것이 버섯의 주요정미성분인 것을 쿠니나까(國中, 1960년)등에 의해서 발견되었다.

nucleotide가 정미성을 나타내기 위해서는 그 화학구조가 purine핵을 갖고, purine핵의 6번 탄소원자에 수산기가 결합하고, ribose 또는 deoxyribose의 5′의 탄소원자에 인산기가 결합하고 있는 것의 3가지 조건이 필요하다. 이들의 조건을 만족하는 것은, 5′-IMP, 5′-GMP 및 5′-XMP(xanthyl산)이지만, 화학조미료로서 공업적으로 생산되는 것은 5′-IMP와 5′-GMP이다. 이들 정미성 nucleotide를 글루타민산나트리움과 혼합사용하면, 각각을 단독으로 사용한 경우보다 확실히 강한 지미를 나타내기 때문에(맛의 상승효과), 이들을 혼합하여 복합조미료로서 사용되고 있다.

① 정미성 nucleotide의 생산방법

정미성 nucleotide는 동물조직이나 어육등의 천연물에서의 추출법에 의해서 소규모로 조제 되는 이외에 공업적으로는 주로 RNA의 효소적 분해법, 중간체의 발효와 합성법을 조합시킨 방법 및 직접발효법 등에 의해서 생산되고 있다.

A. RNA의 효소적 분해법

효모의 RNA를 효소적으로 분해하여 정미성 nucleotide인 5′-IMP나 5′-GMP를 생산하는 방법이 있다. RNA는 미생물 중에서도 세포가 크고, 균체 수량 및 RNA의 함량이 높은 효모균에서 공급된다.

Saccharomyces cerevisiae, Candida utilis 등의 효모균을 당밀이나 아황산 펄프 폐액을 사용하여 배양하고, 그 균체에서 식염수 또는 알칼리를 사용하여 RNA를 추출시킨다. RNA를 추출한 뒤의 균체 잔사는 단백질을 많이 함유하므로 동물 사료로서 이용되어진다. 추출한 RNA에 RNA 분해효소 5′-phosphodiesterase를 작용시키면

RNA분자의 ribose의 3′ 위치의 인산ester 결합이 절단되어 5′에 인산이 결합한 5′-nucleotide가 생성한다. 5′-phosphodiesterase는, 푸른곰팡이의 1종인 Penicillium citrinum의 고체배양물의 추출액이나 방선균 Streptomyces aureus의 배양액에서 부분정제한 조효소가 사용된다.

곰팡이의 효소제품 중에는 RNA를 3′-nucleotide로 분해하는 3′-phosephodiesterase나 nucleotide를 nucleoside로 분해하는 phosphatase 등이 포함되지만, 이들의 효소는 간단한 열처리에 의하여 활성이 실활되므로 적당한 반응조건하에서, 예를 들면 반응온도 65℃, pH 5에서 반응하는 것에 의하여 RNA를 효율 좋게 5′-nucleotide로 분해할 수가 있다. 방선균의 효소액에는 AMP를 IMP로 전환하는 AMP deaminase가 포함되어 있으므로, 효소반응의 결과, 반응액 중에는 5′-IMP와 5′-GMP가 직접 생성한다. 생성한 5′-nucleotide는 이온교환칼럼크로마토그래피에 의해서 분리 · 정제된다.

B. 발효와 합성의 조합법

발효법에 의해서 nucleotide 또는 purine nucleotide 생합성경로의 중간체를 생성시켜, 이것을 화학적으로 인산화 하여 5′-nucleotide로 하는 방법이다. 세균에 의한 purine nucleotide의 생합성 경로는 6탄당인산회로의 중간체인 ribose-5′-인산을 출발물질로 하여 IMP가 합성될 때까지의 반응과, IMP에서 각각 AMP, GMP가 합성되는 분지경로 및 XMP, GMP간의 상호변환경로부터 되어 있다. IMP는 이 생합성 경로의 중심물질이며, IMP를 거쳐 AMP나 GMP가 합성된다.

그러나 이들 nucleotide의 생합성경로는 세포 내에서 복잡한 대사조절을 받고 있고, 또, 생성한 nucleotide는 세포막의 투과성이 나쁘고, 여러 가지 분해효소에 의해서 nucleotide 나 염기로 분해 되므로, 목적으로 하는 nucleotide를 세포외로 직접 축적시키는 것은 극히 곤란하다. 거기서 세포의 영양요구성 변이주를 사용하여 nucleotide를 배양액 중에 다량 축적시켜, 이것을 화학적으로 산화하는 방법이 개발되었다. 예를 들면, adenine 및 어떤 종류의 아미노산을 생육에 필요로 하는 Bacillus subtilis나 Brevibacterium ammoniagenes 등의 변이주를 써서 이노신을 생산하고, 이것을 인산화 하여 5′-IMP를 합성하는 방법이 있다. 또, purine nucleotide 생합성의 중간체인 AICAR(5-aminoimidazole-4-carboxamide ribonucleotide)을 발효생산하고, 이것을 화학적으로 5′-GMP로 변환하는 방법도 개발되어 있다.

C. 직접 발효법

nucleotide생합성계의 대사조절기구를 해제하여, 목적으로 하는 5′-IMP나 5′-GMP를 세균의 배양액 중에 직접 생성 축적시키는 효율적인 방법이다. IMP 생합성의 제 1단계의 반응을 촉매하는 amidephosphorifercyl transferase는, adenine계 화합물에 의해서 그의 생합성 및 효소활성이 저해되지만, adenine의 첨가량을 제한하여 adenine에 의한 효소활성의 저해를 방지하여 IMP를 축적시킬 수가 있다. 예를 들면, Brevibacterium ammoniagenes의 adenyl succinic acid 합성효소를 결실한 adenine 요구주는 adenine 첨가량의 제한 하에서 다량의 5′-IMP를 축적한다.

또 배지 중의 망간이온의 농도를 생육에 대한 최적량보다 적게 하는 것에 의해서 세포막투과성을 높인 5′-IMP의 축적량을 증가시킬 수가 있다. 망간이온은 세포막 투과성을 지배하는 인자이고, 그 첨가량이 제한된 조건에서 5′-IMP의 효율적인 축적이 일어난다. 또 IMP 생산주에서 유도한 5′-XMP생산균주도, 5′-XMP를 5′-GMP로 변환하는 활성이 강한 균주를 혼합배양하여 직접 5′-GMP를 발효 생산하는 방법도 행하고 있다.

(2) 기타 핵산관련물질

RNA분해법이나 직접발효법에 의한 정미성 nucleotide 생산 공업의 발전에 수반하여 각종 염기, nucleoside, nucleotide류가 값싸게 공급되게 되고, 그들을 원료로 하여 여러 가지 생리활성을 갖는 핵산관련물질이 생산되고 있다.

① ATP 기타 nucleoside polyphosphate

효모의 발효 · 호흡에너지를 이용하여 adenosine 또는 AMP에서 ATP를 고수율로 생산하는 방법이 개발되어 있다. 이 경우, 효모의 건조균체 또는 마쇄균체 등의 복합효소계를 이용하여, adenosine 또는 AMP를 기질로 하여 당질 및 고농도의 무기인산의 존재 하에서 반응을 행하지만, 기질로서 AMP 대신에 GMP, UMP, CMP를 사용하면 각각 GTP, UTP, CTP 등 nucleoside 3인산이 생성한다. 또, 방선균 Streptomyces adephospholyticus의 효소에 의해서 ppApp(adenosine 5′-pyro인산 3′-pyro인산), ppGpp(guanosine 5′-pyro인산 3′-pyro인산) 등의 nucleotide류가 생산된다.

② 당(nucleotide)

당(nucleotide)은 다당류의 생합성에 있어서 당공여체로서 생리적으로 중요한 화합물이며, 종래 미생물균체에서 추출법이나 합성법에 의해서 조제되었지만, 효모의 발효에너지를 이용하는 생산방법이 개발되었다. 당공여체로서 포도당, 갈락토오스, 글루코사민 등과 nucleotide공여체로서 GMP, UMP를 기질로 하여 고농도의 무기인산의 존재 하에서 효모의 건조균체를 가해서 반응시키면 GDP-mannose, UDP-glucose, UDP-galactose, UDP-N-acetylglucosamine 등을 효율 좋게 생산할 수가 있다. 또 지질 생합성의 보효소인 CDP-choline, CDP-ethanolamine 등의

cytisine보효소의 생산도 같은 방법으로 할 수 있다.

③ 보효소

NAD, FAD, FMN, CoA 등의 보효소류는 종래 미생물 균체에서 추출되었지만, 미생물의 살베이지 합성능(salvage pathway, 재이용경로)을 이용한 배양조건하에서 또는 효소적으로 조제하는 것이 가능하게 되었다. NAD는 그의 구성성분인 nicotinic acid와 adenine을 함유하는 인공배지에 세균(Brevibacterium ammoniagenes)이나 효모(Saccharomyces carlsbergensis)를 접종하여 배양하면, 균체내외에 NAD가 축적한다. 또 계면활성제를 배지에 첨가하면, 세포막의 투과성이 높아져 NAD는 세포외로 누출한다. B. ammoniagenes, Sarcina lutea 등의 영양요구성 변이주를 adenine, riboflavin 또는 flavin mono nucleotide(FMN)를 함유한 배지에서 배양하면 FAD가 생성, 축적한다. 또 빵효모의 ATP 합성계와 세균의 CoA 합성계와의 공역반응을 이용하여 당, AMP, 판토텐산, 시스테인, 인산염을 함유한 반응계에서 CoA가 생산된다.

5) 미생물효소

미생물은 많은 종류의 효소를 생산하고, 효소의 공급원으로서 우수한 특징이 있어 식품가공, 양조, 화학공업, 분석, 치료 등 넓은 분야에서 이용되어 왔지만, 그 중에서도 식품분야에서의 이용이 가장 많다.

(1) 당질관련효소

① 전분의 이용

전분은 고분자 상태로 각종식품원료, 접착제 제지, 섬유가공, 의약 등에 이용되지만, 소비되는 전분의 60% 이상은 산 또는 효소로 분해하여 이용된다. 대표적인 것으로 물엿, 포도당, 맥아당, 이성화당 등이 있다.

② 전분관련효소의 종류와 용도

A. α-amylase(EC 3.2.1.1)

전분의 α-1, 4-glucoside결합을 endo형으로 분해하고 덱스트린 또는 올리고당을 생성한다. 액화형, 당화형, 내산성, 알칼리성, 내열성 등의 여러 가지 특징이 있는 α-amylase가 알려져 있다. 이 효소는 Bacillus subtilis, Bacillus licheniformis, B. amyloliquefaciens, Aspergillus oryzae 등에서 생산되며 직물의 호발제, 전분의 액화, 올리고당의 제조, 식품가공, 양조, 소화제 등으로 사용된다.

B. β-amylase(EC 3.2.1.2)

전분의 α-1, 4-glucoside결합을 비환원성 말단부터 맥아당 단위로 가수분해한다. amylopectin은 분지의 앞에서 분해가 정지되어 β-limit dextrin이 남는다. 공업적으로는 대두 또는 맥아에서 얻은 β-amylase가 사용되지만, Bacillus속 세균도 생산한다. 맥아당물엿, 맥아당제조, 맥주, 위스키 등의 제조에 사용된다.

C. glucoamylase(EC 3.2.1.3)

전분의 비환원성 말단에서 포도당 단위로 가수분해한다. α-1,6-glucoside결합도 분해하기 때문에 전분을 완전하게 포도당으로 분해할 수 있다. Aspergillus niger, Rhizopus delemer 등에서 생산되며, 포도당제조에 이용된다.

D. isoamylase(EC 3.2.1.68)

amylopectin의 α-1,6 glucoside결합을 가수분해하고, amylose 모양의 직쇄결합

당질을 생성한다. Pseudomonas amyloderamosa 등에서 생산되며 맥아당, 각종 올리고당, 아밀로스의 생산에 이용된다.

E. pullulanase(EC 3.2.1.41)

pullulan의 α-1,6 glucoside결합을 가수분해하여, 최종적으로 maltotriose를 생성한다. amylopectin 또는 분지올리고당의 α-1,6 glucoside결합도 가수분해 한다. Klebsiella pneumoniae, Bacillus acidopullulyticus 등의 균에서 생산되며 maltose, maltotriose 등의 maltooligo당, 분지 cyclodextrin, glucose의 생산에 이용된다.

F. cyclomaltodextrin glucanotransferase(EC 2.4.1.19)

전분에서 glucose가 6, 7 또는 8개 결합한 환상의 dextrin을 생성한다. 각각의 cyclodextrin을 α-, β-, γ-cyclodextrin이라 부른다. Bacillus macerans, B. megaterium, B. circulans 등의 세균에서 생산되며 cyclodextrin의 생산, coupling sugar등 전이당의 생산에 사용된다.

cycldextrin에는 6~10Å의 소수성 공극(空隙)이 있고, 이 구멍에 유성물질을 싸잡아 넣어 포접화합물을 형성하므로 휘발성물질의 보존, 불안정성물질의 안정화에 이용된다. 또 열, 산, 알칼리 등에 대해서도 안정하나 용해도가 낮은 결점이 있어 용해도를 크게 한 분지 cyclodextrin이 제조되고 있다.

③ 섬유소분해효소

섬유소는 천연에 존재하는 탄수화물 중에서 양적으로 가장 많으며, 식물체에 45~50% 함유되어 있다. 식물체에는 이외에도 hemicellulose 20~25%, lignin

20~30%를 함유하고 있어, 이들 3성분이 복잡하게 결합하여 lignin-hemicellulose-cellulose 복합체를 형성하고 있다. 천연cellulose에는 cellulase에 의한 분해가 어려운 결정영역이 약 50% 존재하기 때문에 cellulase에 의한 cellulose성 물질의 당화는 곤란하다. 이제까지 lignin제거와 결정화도를 저하시키기 위한 여러 가지 전처리법이 고안되어 있다.

cellulase는 복수의 효소로서 3종으로 대별된다.

A. exo-cellobiohydrolase(C1효소, avicelase, EC 3.2.1.31)

부분적으로 분해 된 cellulose를 비환원성말단에서부터 exo형으로 분해하고, 주로 cellobiose를 생성한다. carboxymethylcellulose(CMC) 등 물에 녹는 cellulose유도체에는 거의 작용하지 않는다.

B. endo-1,4-β-glucanase(Cx효소, CMCase, EC 3.2.1.4)

부분적으로 분해 된 cellulose 및 CMC처럼 수용성cellulose유도체를 endo형으로 분해한다. avicel처럼 결정성이 높은 cellulose에는 거의 작용하지 않는다.

C. cellobiase(β-glucosidase, EC 3.2.1.21)

cellobiose 및 cellooligo당을 glucose로 분해한다.

cellulase에 의한 cellulose의 분해기작으로, 먼저 endo형 효소(Cx효소)가 cellulose에 작용해서 cellulose사슬에 끊어진 자국을 넣고, 다음에 exo형 효소(C1효소)가 작용하여 cellobiose와 cellooligo당을 생성하고, 최후로 β-glucosidase가 glucose까지 분해한다는 기작이 받아들여지고 있다. 최근 cellulase가 갖는 축합과

전이작용도 cellulose분해에 기여한다는 보고도 있다.

cellulase는 과즙착즙율의 향상, 사료의 소화율 향상, 소화제성분, 세제성분, 면포의 피부감촉 향상 등의 용도로 사용되고 있다.

④ hemicellulase

식물세포벽을 구성하는 다당, hemicellulose를 분해하는 효소를 총칭하여 hemicellulase라고 한다. hemicellulose는 xylan, galactan, mannan 등 여러 가지가 있고, 분해하는 효소는 xylanase, galactanase, mananase 등으로 부른다.

hemicellulase는 ① 야채 등 식물조직을 부드럽게 하고 ② 사료에 첨가하여 소화율을 향상하고 ③ pectinase와의 공동작용에 의해 과즙을 청징하고 ④ 옥수수, 콩 등의 곡류의 외피 박리를 용이하게 하고, 전분이나 단백질의 수율을 향상하는 등의 목적으로 사용한다. ⑤ xylanase는 xylan에서 xylose(당뇨병환자의 감미료, 수액성분의 원료)를 제조하거나 craft pulp의 lignin제거, 표백에 사용한다.

⑤ pectinase

야채, 과일 등의 젊은 조직에 많이 함유된 pectin질을 분해하는 효소를 총칭해서 pectinase라고 한다. 많은 미생물이 pectinase를 생산하지만 공업적으로는 Aspergillus niger, Corticium rolfsi, Rhizopus속 등의 미생물이 생산하는 것이 사용된다. 이 효소는 ① 사과, 귤 등의 과즙생산 ② 귤 과피의 제거 ③ 과일주의 청징 ④ 마, 면 등의 섬유 정련 ⑤ 미생물세포벽의 용해, protoplast의 조제 등에 사용된다.

⑥ 용균효소

미생물의 세포벽을 분해하고 용균하는 효소를 일반적으로 용균효소라고 부르지만,

세포벽의 구조는 미생물의 종류에 따라 다르므로, 용균효소는 다양하다. 세균, 특히 그람 양성균 및 일부의 음성균(E. coli, Salmonella typosa 등)은 lysozyme에 의해 용균 된다. lysozyme은 난백, 타액, 눈물, 무화과, 파파이야 등에 존재하고, 미생물에서는 Bacillus subtilis, Staphylococcus epidermidis, Streptomyces albus 등이 생산한다.

lysozyme은 ① 소시지, 어묵, 조갯살, 슈크림 등의 방부제 ② 소염제 ③ 감기의 예방 ④ 세균류의 용균 ⑤ 효모의 용균에 의한 효소, 핵산의 추출과 효모엑기스의 제조 등에 사용된다.

⑦ 단당 및 소당류 관련효소

A. lactase(β-galactosidase, EC 3.2.1.23)

이 효소는 유당의 β-galactoside결합을 분해하여 galactose와 glucose를 생성한다. 유당은 용해도가 약 15%로 낮아 유제품의 혀 촉감을 나쁘게 하고, lactase결핍증의 사람이나 성인에는 장내에 가스를 발생하여 설사, 복통의 원인이 되므로, 우유를 lactase로 처리하여 저유당우유를 제조하고 있다.

사상균에는 Aspergillus oryzae, A. niger, 세균에는 Bacillus acidicadarus, 효모에는 Kluyveromyces lactis 등이 lactase를 생산한다.

B. melibiase(α-galactosidase, EC 3.2.1.22)

이 효소는 raffinose의 α-galactoside결합을 분해하고, galactose와 sucrose를 생성한다. 사탕무우 중에 0.1% 정도 미량 함유된 raffinose는 정당공정에서 설탕의 결정화를 방해하고 또 이성화당을 생성하는 원인이 된다. 당밀을 Mortierella vinacea 등의 사상균이 생산하는 melibiase로 처리하면 이상결정이 없어진다.

C. glucose oxydase(EC 1.1.3.4)

glucose를 산화하여 glucon산과 과산화수소를 생성한다. α-glucose보다 β-glucose를 160배 빠르게 산화한다. Aspergillus속, Penicillium속 등의 사상균에서 생산되고 ① 식품의 산화방지(용존산소 제거) ② glucose제거(건조계란 제조) ③ 당뇨병 진단 및 분석시약 ④ 항 곰팡이제 등의 용도가 있다.

⑧ 배당체분해효소

A. naringinase

여름밀감 등의 감귤류 과육의 고미물질(naringin)을 제거하며, Aspergillus niger 등의 사상균에서 생산된다.

B. heperiginase

오렌지, 레몬 등의 감귤류에 함유된 flavonoid배당체에 의한 백탁을 방지하는 목적으로 사용되며, Aspergillus niger에서 생산된다.

C. anthocyanase

배당체의 일종인 anthocyanin을 glucose와 anthocyanicin으로 분해하며, Aspergillus niger에 의하여 생산되어 복숭아과즙의 탈색, 적포도과즙의 탈색 등에 사용된다.

(2) 단백질관련효소

단백질을 분해하는 효소를 총칭하며 protease라고 부른다. 그 종류가 많고 각종 식품의 제조, 세제 등의 넓은 분야에서 이용된다.

① protease의 분류

작용양식, 활성중심의 활성기의 종류, 작용pH, 기원(起源) 등에 의하여 분류한다.

A. 작용양식에 의한 분류

- endopeptidase: 단백질 내의 특정 아미노산을 인식하고 내부에서부터 절단하는 효소이며 pepsin, trypsin, chymotrypsin 등이 있다.
- exopeptidase: 단백질의 N말단 또는 C말단에서부터 peptide결합을 가수분해하여 아미노산을 유리하는 효소이며 aminopeptidase, carboxypeptidase가 있다.

B. 활성중심에 의한 분류

- serine protease: 활성에 serine잔기가 관여하고 있는 protease이며, Bacillus subtilis가 생산하는 subtilicin, 방선균 protease, 코지균 알칼리성protease 등의 미생물효소가 있고, 동물기원의 효소로는 chymotrypsin, trypsin 등이 있다.
- cysteine protease: cysteine잔기가 활성에 관여하고 있는 protease로 많은 식물protease(papain, ficin, bromelain), 동물protease(cathepsin), 연쇄구균 protease 등이 있다.
- aspartic protease: asparagine산이 활성에 관여하고 있는 protease로서 최적 pH가 낮은 산성protease의 1종이다. 많은 사상균이 생산하며, 동물기원의 것으로는 pepsin이 있다.
- 금속protease(metalo protease) 아연 등의 금속이온이 활성에 관여하고 있는 protease로서, 최적 pH는 중성부근에 있고, 칼슘이온에 의해 안정화 된다. 고

초균의 중성protease, 코지균의 중성protease, carboxypeptidase, aminopeptidase 등이 있다.

C. 생성기원에 의한 분류

- 동물protease: 동물에서 얻어지는 효소로서 pepsin, pancreatin등이 있다.
- 식물protease: 식물에서 얻어지는 효소로서 papain(papaya), ficin(무화과) 등이 있다.
- 미생물protease: 미생물에서 얻어지는 효소로서 고체배양 또는 액체배양 하여 생산한다.

② protease의 작용

protease는 ① 단백질의 peptide결합을 가수분해 ② amino산 amide결합을 가수분해 ③ amino산ester의 가수분해 ④ peptide결합의 합성과 전이 ⑤ amino산의 carbonyl기의 산소와 물의 교환반응 등을 행한다.

③ protease의 용도

protease는 식품, 세제, 의료 등 넓은 분야에서 사용되고 있다.

- 조미료의 제조: 된장, 간장의 제조에 있어서 코지의 보조로 사용된다.
- 맥주 및 청주의 청징: 단백질에 의한 맥주나 청주의 백탁을 제거하기 위해 식물 bromelain, papain이 사용된다.
- 치즈의 제조: 우유 카제인의 응고에 송아지 및 Mucor속이 생산하는 rennin이 사용된다.

- 식육의 연화: papaya의 papain이 사용된다.
- 소시지 케이스의 제조: 소가죽의 콜라겐을 가용화하는 것에 세균의 중성 또는 알칼리성 protease가 사용된다.
- 제과: 소맥분단백질을 부분적으로 가수분해하여 생지를 조제하는 것에 세균의 중성protease가 사용된다.
- 화장품: 세안 팩, 크림, 샴푸 등에 세균의 중성protease가 배합되어 있다.
- 사료: 사료의 소화성을 높이기 위하여 세균 또는 사상균의 산성 및 중성 protease가 사용된다.
- 세제: 피부의 단백질에 의한 오염물의 분해에 세균의 알칼리성protease가 사용된다.
- 피혁: 가죽을 무두질하는데 트립신이 사용된다.
- 의약: 소화제의 성분으로서 사상균의 산성, 중성protease, trypsin, pepsin 등이 첨가되고, 소염제로서 trypsin, chymotrypsin, 세균의 중성protease등이 사용된다. 화상 및 창상에는 세균의 중성protease가 사용된다.
- 아미노산계 감미료 아스파탐의 제조: asparagine산 및 phenyl alanine의 결합에 세균이 생산하는 endopeptidase가 사용된다.
- 고미의 제거: 단백질의 가수분해에서 소수성 아미노산이 말단에 노출 될 때 나타나는 고미를 제거하는데 carboxypeptidase 또는 aminopeptidase가 사용된다.
- 혈구의 단백질을 protease로 처리해서 탈색하고 햄, 소시지 등의 증량제로서 사용한다.
- phenyl ketone 뇨증(phenyl ketone을 tyrosine으로 변환하는 효소가 결핍)이나 allergy 환자의 단백원을 제조하기 위하여 우유casein을 protease로 처리해서

유해물질을 뺀 casein수해물을 제조한다.

- 돼지insulin을 사람insulin으로 개조하는 것에 사용 함.
- casein에서 칼슘흡수촉진작용, cholesterol저하작용이나 혈압저하작용을 갖는 기능성peptide를 제조하는 목적으로 사용 함.

④ 주요 미생물protease 및 단백질관련효소

A. subtilisin

Bacillus subtilis가 생산하는 알칼리성 protease, 최적 pH 7~8 또는 9~10이고, 단백질의 분해, 세제, 가죽의 물 흡수촉진 등에 사용된다.

B. 미생물 rennin(chymosin)

Mucor miehei, Mucor pusilus 등의 사상균이 생산하며, 송아지rennet와 유사한 응유효소로, 우유 κ-casein의 105번째의 phenylalanine과 106번째의 methionine 사이의 peptide결합을 절단하여 우유를 응고시킨다. 단백질의 분해활성에 비해 응유활성이 큰 것이 특징으로, 치즈 제조에 사용되고 있다.

C. trans glutaminase

단백질의 glutamin산 잔기의 γ-carboxylamide기와 여러 가지의 제1급 아민사이에서 acyl기의 전이를 행한다. 포유류의 간장, 혈액 등에 존재하지만, 미생물에서는 Streptoverticillium속 등에 의해서 생산된다. 이 효소는 단백성식품의 단단함이나 탄력 등의 물성을 개선한다든지 유화성이나 용해성을 향상하거나 화장품이나 의약품으로서 흡수성, 막형성성, 섬유형성성, 접착성을 형성하는 것에 이용된다. 또 NAD 등의 보효소를 단백질에 고정화하는 목적으로도 사용된다.

⑤ protease를 사용하는 합성반응의 응용 예

A. aspartame

aspartame은 asparagine산과 phenylalanine에서 된 dipeptide의 methyl ester이다(Asp-Phe-OMe). 설탕의 180배의 감미가 있고, 저칼로리의 감미료로서 사용되고 있다.

B. plastein반응

plastein반응은 protease가 갖는 분해와 합성작용에 의해 저분자 peptide에서 단백질 닮은 물질을 합성(plastein이라 함)하는 반응을 말한다. 이 반응은 색소, off flavor 등의 좋지 않은 성분을 함유한 저이용성의 단백질 또는 저영양성의 단백질로부터 무취, 무미이며 물에 용해성이 좋고 또 필수아미노산을 결합하여 영양가가 개선되는 소위 기호성과 영양성이 우수한 식품소재를 제조하기 위하여 행하여진다. 단백질의 가수분해물은 통상 소수성 아미노산의 노출에 의해 고미를 나타내는 수가 많지만, 이것을 제거 또는 재합성하는 것에 의해 고미를 소실하는 것이 가능하다. 고미성 아미노산의 제거에는 exopeptidase가 사용되고, 재합성에는 endopeptidase가 사용되고 있다.

(3) 지질관련효소

지질관련효소로서 lipase, esterase, lipoxygenase 등이 있다. 지질의 분해, 합성, ester교환, flavor의 생성 등 식품공업에 있어서 중요한 효소이다.

① lipase(EC 3.1.1.3)

중성지질의 지방산과 glycerine의 ester결합을 가수분해하는 효소를 lipase라고 한다.

A. lipase의 분류

triglyceride의 ester결합을 우선적으로 분해하는 위치와 분해율은 lipase의 기원에 따라 다르다.

- α-위치를 우선적으로 분해하는 lipase: Pseudomonas fragi, Candida lipolytica, Rhizopus sp. Aspergillus sp. 등의 많은 lipase
- β-위치를 특이적으로 분해하는 lipase: Candida cylindracea, Sclerotina libertiana 등의 lipase
- α-, β-위치의 어느 것이나 잘 분해하는 lipase: Geotrichum candidum, Candida cylindracea 등의 lipase

B. lipase의 반응

lipase는 glyceride 및 ester의 가수분해작용 이외에 ester의 합성이나 교환반응을 한다.

C. lipase의 용도

- 유지의 분해

유지의 가수분해는 통상 고온 고압하에서 행하지만, lipase를 사용하면, 30~40℃의 저온에서 90% 이상의 분해를 할 수 있다. 예를 들면

- α-위치를 특이적으로 분해하는 lipase를 사용하는 것에 의해 식품유화제로서 유용한 monoglyceride가 얻어진다.
- 효모 및 사상균의 lipase는 소화제로서 사용되어 진다.
- 우유에서 버터, 치즈의 flavor가 제조된다.
- 양조미를 lipase로 처리하여 향기가 좋은 청주를 제조한다. 또 된장의 향기를 증

강하는 것도 가능하다.

- 알칼리성 lipase는 세제성분으로서 이용되고 있다.
- 화장품성분으로서 샴푸에 사용된다.
- 난황이 혼입된 난백을 lipase로 처리하고, 기포성을 증가하는 것에 사용된다.
- 소나무 펄프의 수지를 분해하여 종이의 얼룩을 적게 하고 종이 질을 향상시킨다. 원목의 저장비용을 저감하는 효과도 있다.

② lipoxygenase

lipoxygenase(EC 1.13.11.12)는 linoleic acid, linolenic acid처럼 불포화지방산의 cis, cis-1,4-butadiene기에 작용하고, hydroxy peroxide기를 갖는 cis-trans이성체를 생성한다. lipoxygenase는 소맥분을 표백하여 흰 빵을 제조하거나 dough의 강화, 빵의 향기 개선 등의 목적에 사용되어 진다.

현재, 대두에서 얻는 효소가 사용되고 있지만, Aspergillus속, Rhizopus속, Penicillium속, Pseudomonas속, Achromobacter속, Fusarium속 등의 미생물이 생산한다.

③ flavor효소

flavor 전구물질에 작용하여 휘발성 향기물질을 생성하는 효소를 총칭해서 flavor 효소라고 한다. 단일효소에 의한 경우와 복수의 효소가 관여하고 있는 경우가 있다.

A. butter flavor의 생성

전지분유의 수용액에 Candida cylindracea의 lipase를 작용시킨 뒤 효소를 가열실활 시켜, 분무건조 한다.

B. milk flavor의 생성

크림에 췌장의 steapsin을 작용시킨 뒤, 가열하여 효소를 실활 시키고, 탈지유 등과 혼합하여 분말화 한다.

6) 비타민과 보효소

효모의 균체 내에는 많은 종류의 비타민이나 보효소가 함유되어 있기 때문에 효모 균체를 원료로 한 영양제가 생산되고 있다. 단일 비타민, 보효소로서 현재 미생물생산이 되고 있는 것은 비타민 B_2, 비타민 C, 비타민 B_{12}, ATP, coenzyme A(CoA), coenzyme Q_{10}(CoQ_{10}), FAD 등이 있다. 또 현재 미생물생산의 연구가 진행되고 있는 비타민으로는 비오틴(biotin H), 비타민 K, 다가불포화지방산 등이 있다.

(1) 비타민 B_2

비타민 B_2(riboflavin)는 의약품이나 동물의 영양강화사료에 사용된다. 많은 미생물이 B_2를 생성하지만 면실에서 분리된 Eremothecium ashbyii, Ashbya gossypii의 비타민 B_2 생성능은 아주 높아서, 배양액 중의 균사에 B_2의 황색결정이 인지될 정도이다. 최적배양조건하에서 500~600mg/ℓ 의 riboflavin의 축적이 배양액 중에 생긴다. 배양종료 후 균체내의 B_2를 추출하여 B_2농도 1~1.5mg/mℓ의 용액을 얻는다.

(2) 비타민 B_{12}

비타민 B_{12}는 항악성빈혈인자로서 알려져 있다. 구조상 몇 개의 이성체가 존재하지만, 최초에 발견된 것은 cyanocobalamine으로, 코발트를 함유한 붉은 복숭아색의 비타민이다. 초기에는 streptomycin, chlorotetracycline 등을 생산할 때 부생하는 B_{12}가 이용되었다. 후에는 B_{12} 생산균으로서 Streptomyces olivaceus, Propionibacterium freudenreichii, Bacillus megaterium 등이 발견되어, 그 생산량은 3~25㎎/ℓ 이었지만, 현재에는 그 생산량이 더욱 향상되었다. 특히 Pseudomonas denitrificans의 betaine 요구주는 120~150㎎/ℓ 로 다량의 B_{12}를 생성한다. 얻어진 균체에서 B_{12}를 추출하고, 약재 및 동물사료첨가제로서 사용된다.

(3) 비타민 C

비타민 C(ascorbic acid)는 항괴혈병인자 이외에도, 환원력을 갖고 있으므로 의약품, 식품첨가제 산화방지제 등으로서 사용되어진다. 현재 공업적으로는 D-glucose → D-sorbitol → L-sorbose → 2-keto-L-gulonic acid → L-ascorbic acid의 과정으로 합성되지만, 그 중간체인 d-sorbitol에서 sorbose로의 산화는 화학적 방법으로는 racemic형 sorbose를 생성하기 때문에, 광학활성인 L-sorbose만을 얻을 수 있는 산화세균, 특히 Acetobacter suboxydans, Gluconobacter melanogenus 등을 사용하는 발효법(sorbose발효)에 의해서 행하여진다. 또 L-sorbose, L-itonic acid, L-gulonic acid, glucose에서 vitamin C 화학합성중간체 2-keto-L-gulonic acid이나 2,5-di keto-D-gluconic acid의 효율적인 미생물생산에 관한 연구가 행하여지고 있다. 최근에는 유전자공학적 방법을 써서, 여러 가지 비타민C 생합성효소 증강 균주의 취득이 시도되어지고, Corynebacterium sp.의 2,5-di keto-D-gluconic acid reductase가 도입된 Erwinia citrens를 65시간 배양하는 것에 의해, glucose에서 49.4%의 수율로 19.8g/ℓ 의 2-keto-L-gulonic acid가 생성한다.

(4) coenzyme A

coenzyme A(CoA)는 생화학, 분석용 시약, 또 일부 의약으로서 중요한 화합물이다. 종래는 CoA 함량이 높은 효모균체에서 추출 또는 화학합성법에 의해서 소량 조제하는데 지나지 않았지만, CoA의 생합성에 있어서 대부분의 과정에 ATP가 관여하고 있는 것에서, pantothenic acid, L-cysteine, ATP, 인산완충액(pH6.0), 계면활성제 및 Brevibacterium ammoniagenes의 건조균체를 쓰는 균체반응(37℃, 6시간)에 의해서 2~3㎎/㎖의 축적량이 얻어진다. CoA 자신이 반응의 제 1단계의 pantothenic acid kinase에 대해서 feed back 저해를 나타내기 때문에, phosphopantothenic acid 또는 phosphopantetheine을 기질로서 쓰면 CoA 합성량은 각각 33㎎/㎖, 115 ㎎/㎖로 되었다.

(5) coenzyme Q_{10}

coenzyme Q_{10}(CoQ_{10}, ubiquinone-10)은 benzoquenone유도체로, n=1에서 n=12까지, 특히 n=6에서 n=10까지는 널리 생물계에 존재하고, 전자전달계의 보효소로서 중요한 역할을 한다. 고등식물의 것은 n=10의 CoQ에서 순환기계 의약으로서 사용된다. 미생물에 있어서 CoQ생성에 대해서는 Agrobacterium, Rhizobium, Phyllobacterium, Rhodopseudomonas, Paracocus속 등의 세균이 CoQ를 다량 함유하는 것이 알려져 있다.

Agrobacterium의 CoQ 축적량은 211㎎/ℓ 이다. 한편 메타놀 자화성세균 Pseudomonas N842균주도 CoQ_{10}을 다량 생산하고, 그의 고생산성 변이주는 CoQ_{10} 함량이 야생균주의 약 2배(2.88㎎/g 건조균체) 이었다.

(6) pyrrolo-quinoline quinone

pyrrolo-quinoline quinone(PQQ)은 1979년에 methanol 자화성세균의 methanol탈수소효소의 보효소로서 발견된 NAD, FAD에 이어서, 제 3의 산화환원효소이다. 상기효소 이외에, 여러 가지 당, 알코올, 알데히드의 탈수소효소의 보효소로서 생물계에 분포하고 있다. 또 동물이나 미생물의 세포증식촉진작용을 하는 것도 발견되었다. PQQ의 미생물생산에 있어서는, 현재 methanol 자화성세균을 사용하는 발효법에 의해서 100mg/ℓ 의 PQQ가 배지 중에 축적한다.

(7) biotin

biotin(비타민 H)는 생체 내에서 탄산의 고정, 전이, 탈탄산 등을 촉매하는 효소의 보효소이고, 지방산대사나 당대사에 중요한 역할을 한다. 의약이나 동물사료첨가제로서 주로 사용된다.

비오틴은 현재, 공업적으로는 화학합성법으로 생산되고 있지만, 비오틴분자 내에는 부재탄소가 3개 존재하기 때문에, 미생물생산법도 개발되고 있다. Bacillus sphaericus은 생합성전구체인 pimelic acid에서 biotin 생합성 중간체 dethiobiotin을 상당량 생산하지만 동시에 비오틴도 비교적 다량(1mg/ℓ)으로 생산한다. 그래서, 비오틴 유사체(biotin analogue)인 actitiacin산 및 5-(2-methyl)-n-길초산에 대한 내성변이주를 유도한 바, 비오틴축적량은 11.1mg/L로 향상하였다. 현재 유전자공학적 방법을 사용하여 비오틴오페론을 형질도입한 B. sphaericus가 16mg/ℓ 의 비오틴을 생산하고, 더욱더 jar fermenter를 사용한 fed-batch배양에 있어서 대장균에서는 100 mg/ℓ, Serratia marcescens에서는 600mg/ℓ 의 비오틴이 생산된다.

(8) 비타민 K_2

비타민 K_2(menaquinone-n, MK-n)는 지용성비타민의 일종으로 혈액응고인자로서, 또 전자전달계의 한 인자로서의 역할이 알려져 있다. 지금까지 MK의 고생산성미생물로서, Flavobacterium meningosepticum이 발견되어 있다. 그의 균체 내에 축적된 MK는 MK-6이며, 그 생산량은 21.3mg/ℓ (3.52mg/g 건조균체)이다, MK의 생합성 중간체의 유사물인 1-hydroxy-2-naphthoene산(HNA)의 내성변이주의 MK-6 생산능은 야생주와 같은 정도이다. 그러나, 이 변이주는 야생주에서는 발견되지 않았던 MK 동족체로 isoprene단위가 1적은 MK-5를 생산하고, 그의 생산량은 MK-6의 약 2배이었다. 한편 다른 MK-6 고생산 Flavobacterium속 세균에 대해서도 HNA내성의 부여에 의해서 MK생산능은 야생주의 1.7배로 됨과 동시에, 그 경우에도 야생주에서는 보이지 않았던 MK동족체 MK-4를 생산하였다. 더욱이 호흡저해제나 menadione (vitamin K_3)에 대한 내성변이주는 MK총생산량이 125㎎/ℓ (야생주의 5.4배)로 향상되었다.

(9) β-carotene

β-carotene은 비타민 A의 전구체로이고, 항산화작용을 갖고 있는 것이 알려져 있다. 최근 β-carotene이 항암작용을 갖는 것이 보고되어 주목을 받고 있다. β-carotene 생산에 관하여는 미생물에서는 없지만, 녹조 Dunaliella salina에 의한 생산이 호주의 광대한 저수지에서 행하여지고 있다. 이 녹조는 1g/ℓ 에 까지 생육하고, 조체단백 1g당 260㎎의 β-carotin을 축적한다.

7) 식료 및 사료 미생물

현재 세계의 인구는 약 60~65억에 이르고 있어, 인류의 식량난을 우려하지 않을 수 없다. 미생물 균체를 식량으로 이용하려는 생각은 오래되어, 제 1차대전 중 독일에서 Candida utilis(당초에는 Torula utilis로 명명됨)의 생산이 실용화 되고, 제 2차 대전에는 이 효모의 제조공업이 상당히 발전하였다. 현재 세계 각국에서 펄프폐액이나 당밀을 이용하는 식 · 사료효모의 생산이 본격적으로 실시되고 있으며, 또 담자균이나 광합성단세포조류(Chlorella, Scenedesmus)의 대량배양도 행하고 있다.

(1) 원료

미생물균체를 식 · 사료로 이용하기 위해서는 동식물성 단백자원과 경쟁할 수 있는 가격으로 생산되지 않으면 안 된다. 따라서 알코올음료나 빵효모의 제조에 사용되는 곡물, 당밀 등의 원료는 특수한 용도 이외에는 그들의 사용이 경제적으로 곤란하다. 현재 공업적으로 이용할 수 있는 탄소원으로 육탄당 이외에 오탄당도 함유하는 목재당화액, 또는 제지폐액, 아황산펄프폐액 등이 있고, 더욱이 최근에는 더욱 유망한 신탄소원으로 석유계탄화수소가 등장하였다.

한편 펄프, 전분, 각종 양조식품 등의 제조공업 폐액과 같이 생화학적 산소요구량(biochemical oxygen demand, BOD)이 커서 그대로 방류하면 하천, 호수, 바다를 오염하는 것이 확실한 각종 폐기물을 처리하는 수단으로서, 이들을 자화하는 미생물을 이용하여 BOD를 저하시킴과 동시에 식 · 사료효모를 제조하는 방법이 중시되고 있다.

(2) 사용균주 및 영양가치

일반적으로 미생물은 각종의 유기탄소화합물을 자화하는 능력을 갖고 있으며 또한 생육속도와 유기탄소 · 무기질소의 자화효율이 매우 높다. 또 많은 미생물은 생육에 빛을 요구하지 않기 때문에 탱크배양을 할 수 있다. 따라서 미생물의 배양에는 넓은 장소를 요하지 않고, 날씨에 좌우되는 일도 없이 배양관리를 용이하게 할 수 있고, 또한 생산계획도 용이하다는 큰 이점이 있다.

현재 식 · 사료미생물로서 공업적으로 생산되고 있는 것으로는 효모 및 일부의 담자균과 조류이지만, 장래 균체의 회수기술이나 특이한 이용분야가 개발 된다면, 세균이나 곰팡이도 경제적으로 대량생산될 가능성이 있다. 대표적인 식 · 사료미생물을 〈표 12-4〉에 나타내었다.

〈표 12-4〉 식료 및 사료용 미생물의 예

구 분	미생물명
효모	*Candida utilis* *Candida palmioleophila* *Candida lipolytica* *Candida maltosa* *Kluyveromyces fragilis* *Mycotorula japonica* *Saccaromyces cerevisiae*
곰팡이	*Aspergillus niger* *Aspergillus oryzae* *Fusarium gramnearum* *Paecilomyces sp.* *Trichoderma viride*
세균	*Methylophilus methylotrophus*
담자균	*Agaricus bioporus* *Flammulina velutips* *Lentinus edodes* *Pleurotus ostreatus* *Pholiota nameko* *Tricholoma matsutake*
단세포조류	*Chlorella pyrenoidosa* *Chlorella ellipsoidea* *Chlorella vulgaris* *Scenedesmus ellipsoidea* *Spirulina*

① 효모

Candida utilis는 무포자효모로서 육탄당과 오탄당을 이용할 수 있어 목재당화액이나 펄프폐액을 원료로 배양하여 생산된다. 이 균을 개량한 변이주 Candida utilis var. major는 세포의 크기가 2배 정도로 커서 균체의 회수가 쉽다. 맥주효모인 Saccharomyces carlsbergensis, 빵효모인 Saccharomyces fragilis는 약용으로도 이용한다.

이들은 건조균체성분의 약 50%에 해당되는 단백질을 가지며 그 아미노산 조성도 methionine 등의 함황아미노산이 적으나 lysine 등의 필수아미노산이 많다. 건조효모의 단백질소화율은 87%로서 무지방우유의 97%보다는 다소적지만 좋은 편이다. 미생물단백의 소화율이 다소 낮은 이유는 미생물세포의 세포벽이 비교적 단단하기 때문으로 세포벽에 대한 처리(부탄올이나 메탄올 처리, 자가소화, 동결융해처리, 고압증자 등)나 세포벽의 주요 구성성분인 mannan이 함유되지 않은 변이주를 분리하여 이용하기도 한다.

효모의 비타민은 B군이 많고, 회분에는 칼륨, 칼슘, 인, 철이 많고 나트륨은 적으며 인체에 이용되기가 쉬운 형태이다.

② 버섯

식용버섯으로는 표고, 느타리, 목이, 양송이, 송이, 싸리 등이 있으며 자연산뿐만 아니라 대부분 인공재배도 하며, 그 자실체를 식용으로 한다. 자연산 버섯 중에는 독버섯도 있으므로 식용에는 주의하여야 한다.

③ 단세포조류

식용으로 이용되고 있는 것은 클로렐라(Chlorella pyrenoidosa), 세네데스무스(Scenedesmus ellipsoidea) 등의 단세포조류이다. 클로렐라는 고등식물처럼 태양에너지를 이용하여 탄산가스를 고정하고 생체성분을 합성해 증식하는데 생산효율이 고등식물보다 높다. 즉, 같은 면적에서 쌀의 3~5배의 수율을 얻는다. 건조된 클로렐라는 단백질을 40~50%, 지방을 10~30% 함유하고, 에너지는 5.5kcal/g이다. 소화율이 낮은 편이나 메탄올처리로 향상시킬 수 있다. 비타민 A 및 C가 풍부하며 B_{12}, 판토텐산 엽산 콜린, 비오틴, 비타민 K 및 미네랄류가 많으므로, 비타민강화 또는 영양강화 식품으로 유용하다.

또 아프리카 원주민이 식용하고 있는 스피룰리나(Spirulina)는 단백함량이 60~70%로 높고 소화성이 좋으며 함황아미노산이 많고 균 회수가 용이하다.

(3) 식료 및 사료미생물의 안전성

미생물 균체는 영양도 중요하지만, 안전성은 보다 중요하다. 발암물질, 중금속, 곰팡이독 등의 독성검사를 철저히 해야 하고, 장기간에 걸쳐 충분히 검토되어야 한다. 안전성시험에서 국제적으로 권위 있는 네덜란드의 Central Institute for Nutrition and Food Research(CIVO)에서는 다음 시험방법을 행한다.

① 쥐(rat)에 대한 2년간의 만성독성 시험 및 발암 시험

② 생쥐(mouse)에 대한 18개월의 발암 시험

③ 탄화수소효모를 먹여 사육 또는 생산한 축산물(닭, 돼지)의 안전성 시험

(4) 미생물세포성분의 이용

식용효모는 영양 강화나 풍미의 향상을 목적으로 한 식품첨가제로서 이용된다. 즉 된장, 간장, 빵, 비스킷, 소맥분 등에 5% 정도 첨가하는 예가 있다. 또 효모의 RNA를 추출해서 핵산계조미료의 제조 원료로 이용하고 있다. 효모에는 보통 RNA가 2.67~10%, DNA가 0.03~0.516% 함유하고 있으며, 염수나 알칼리로 쉽게 추출하여 에탄올로 침전시켜 분리한다.

미생물균체에는 건물(乾物) 중에 2~3%의 유지를 함유하는데, 특수한 것은 60% 이

상을 함유하는 Nocardia, Rhodotorura gracilis, Cryptococcus terricolus, Penicillium spinulisum, Chlorella pyrenoidosa 등의 균들도 알려져 있어, 유지자원으로서도 유망하다.

8) 빵 효모의 생산

빵에 있어서 스폰지질의 식감은 품질의 판정에 중요한 인자가 되는데, 이는 CO_2에 의한 것으로, 반죽에서 CO_2를 발생시키기 위하여 중탄산소오다 등도 이용되지만, 가장 좋은 것은 효모이다. 효모는 빵의 풍미를 좋게 하고 스폰지 조직도 미세하게 형성시켜 준다. 이용되는 균주는 Saccharomyces cerevisiae로서 배양액의 당농도는 0.5~1.0%, 온도는 25~30℃, pH 3.5~4.5로 하고, 무균공기를 주입하여 교반하면서 배양한다. 배양액을 원심분리하여 얻어진 균체를 세정한 후 필터프레스나 진공여과기로 탈수하여 수분량을 65~70%로 조정하고 혼화, 정형, 포장하며, 저장은 0~5℃로 한다.

9) 수소세균

수소세균이 미래의 식량자원으로서 주목되는 것은 우주식량으로의 전망과 지구상의 단백질원으로서 가장 크게 기대되고 있기 때문이다.

그 이유는

① 수소가 배양원료이므로 대사산물은 물이 되어 배양물은 깨끗하다.

② 탄소원으로서 CO_2가 이용된다.

③ 원료인 수소는 물을 분해하여 경제적으로 대량생산할 수 있다.

④ 광합성균에 비하여 증식속도가 빠르다.

수소세균의 생육 중 물질의 반응은 다음 식으로 표시 할 수 있다.

$$6H_2+CO_2+2O_2 \rightarrow CH_2O+5H_2O \quad \text{또는}$$
$$4H_2+CO_2+O_2 \rightarrow CH_2O+3H_2O \ (\text{증식이 활발하여 효율이 가장 좋은 시기})$$

수소세균의 예를 들면 다음과 같다.

Pseudomonas saccharophila, Pseudomonas facilis,

Pseudomonas ruhlandii, Alcaligenes entrophus,

Alcaligenes paradoxus, Paracoccus denitrificans, Nocardia opaca

10) 석유단백 생산균

지금까지의 미생물균체를 생산하는 원료는 당밀이나 전분질이었으나, 식량부족시대가 닥쳐온다면 이들 원료의 공급은 어렵게 되므로, 지하에 있는 액상이나 기체상의 탄화수소를 미생물의 탄소원으로 하여 균체를 생산하고자 하는 것으로, 석유를 원료로 사용하므로 석유단백이라 한다.

석유는 증류하면 휘발유, 등유, 경유, 중유 등으로 분리되는데, 미생물배양에는 등유와 경유가 쓸 수 있으나, 미생물이 잘 이용하는 액상파라핀이 많이 검토되고 있다.

액상파라핀을 자화하는 세균, 효모, 곰팡이의 종류는 상당히 있지만, 단백질함량이 많고 균체회수가 쉬운 효모가 주로 이용되는데, Candida lipolytica, Candida tropicalis, Candida intermedia 등이 알려져 있다.

배양액의 조성은 원료탄화수소, 무기암모늄염, 인산염, 마그네슘염을 주로하고 미량의 Fe, K, Na, Ca, Zn 등의 염류를 함유한다. 여기에 Yeast extract나 corn steep liquor를 소량 첨가하여 25~30℃에서 통기배양하고 끝나면 원심분리로 균체를 회수하고 수세한다.

11) 버섯

식용버섯의 조성은 70~95%가 수분이며, 5~30%가 고형물이다. 이 고형물의 20% 내외가 단백질이며, 소화율도 좋은 편이다. 우리나라에서는 1963년경부터 양송이를 인공재배하기 시작하였는데, 볏짚을 주원료로 하여 만든 퇴비로 균상을 준비하고, 버섯종균을 균상에 3㎝ 깊이로 심고 약 10일이 지나면, 균상 위에 얇게 흙을 덮어주고, 품온을 25~30℃로 하여 20~30일간 유지하여 균사를 번식시킨다. 이후에는 버섯 발생시기가 되므로 10~20℃로 유지해 준다. 버섯의 수확량은 20~30kg/㎡ 정도이다.

Chapter

13

식품에 대한 미생물 실험법

식품에 대한 미생물 실험법

식품에 대한 미생물 시험에 있어서 가장 유의해야 할 점은 시료 중의 미생물이 시시각각으로 변하여 증식 또는 사멸하는 경우가 있으며, 또한 원래 시료 중에 함유되어 있던 미생물 외에 다른 미생물이 시험조작 중 오염될 수 있다는 점이다. 그래서 실험상의 오염을 방지하기 위해 시험조작은 원칙적으로 무균조작이어야 한다.

1 식품에 대한 미생물 실험법

1) 시료의 채취방법

① 시료가 균질인 상태일 때는 어느 부분을 채취해도 무방하나 균질하지 않은 상태일 때는 많은 양의 시료를 채취한다.

② 미생물학적 검사를 할 시료는 잘 섞어도 균질하게 되지 않으므로 실제와는 다른 검사결과를 가져올 수 있다. 예를 들면 우유 한 병(180㎖)에서 시료 1㎖를 취해 대장균군 검사를 할 때, 이 한 병 중 90개의 대장균군이 있어도 검출되지 않을 확률이 60.7%나 되므로 가능한 한 시료를 잘 섞어 균일한 상태에 가깝도록 한 다음 시료를 채취해야 한다.

③ 시료의 채취는 반드시 무균적으로 행해야 하며 멸균한 유리제용기나 petri dish 등에 넣어 5±3℃를 유지하면서 시료 채취 후, 4시간 이내에 실험실로 운반하여야 하고 가능한 한 빨리 실험을 해야 하는 데, 부득이하게 시료를 저온으로 유지할 수 없거나 즉시 운반이 곤란할 경우는 반드시 채취일시 및 채취 당시의 시료상태를 상세히 기록해 두어야 한다. 특히 신선한 어패류와 같이 세균의 증식이 잘 되는 시료는 채취와 운반에 특히 주의해야 한다.

④ 시료 채취기구는 미리 몇 개씩 건열 및 화염멸균을 한 다음 보관하고 시료 1개마다 새것을 사용해야 한다.

⑤ 곡분이나 분유와 같이 건조가 잘되어 있어 변질이나 부패가 잘 되지 않는 시료는 냉장 상태에서 운반할 필요는 없으나 2차 오염을 방지하기 위해 밀봉 또는 밀폐해야 한다.

⑥ 냉장운반을 위해 얼음을 사용할 때는 2차 오염을 막기 위해 얼음이나 그 녹

은물이 시료에 직접 닿지 않도록 해야 한다.

⑦ 시료의 균질화를 위해 액상시료는 강하게 진탕하여 균질화하고, 고형 및 반고형 시료는 homogenizer 또는 stomacher를 이용하여 적당량의 희석액과 혼합하여 균질화한 것을 검액으로 사용한다.

⑧ 칼, 도마 및 식기류에서 시료는 채취 시는 멸균한 탈지면에 멸균 생리식염수를 적셔 검사하려는 기구의 표면을 닦아 낸 탈지면을 무균용액에 넣어 시험용액으로 한다.

2) 시료의 시험용액 조제

시료는 무균적으로 취급해야 하며 특히 미생물수가 적을 것으로 예상되는 시료는 더욱 신중히 취급해야 한다.

① 액상식품: 시료를 강하게 진탕하여 혼합한 것을 시험용액으로 한다.

② 반 유동식품: 시료를 멸균 유리봉이나 멸균 spatula등으로 잘 혼합한 다음 그 일정량(10~25㎖)을 멸균용기에 취해 9배량의 멸균생리식염수와 혼합하여 시험용액으로 한다.

③ 고체식품: 시료의 일정량(10~25g)을 멸균된 가위나 칼 등으로 잘 게 자른 후 멸균생리식염수를 가해 homogenizer나 stomacher 등을 이용하여 가능한 한 저온에서 균질화 한 다음 여기에 멸균생리식염수를 가해 일정량(100~250㎖)으로 만든 것을 시험용액으로 한다.

④ 고체표면 시료: 시료표면의 일정면적(보통 100㎠)을 일정량(1~5㎖)의 멸균생리식염수를 적신 멸균 gauze나 면봉 등으로 씻은 다음 여기에 일정량(10~100㎖)의 멸균생리식염수를 가한 후 강하게 진탕하여 부착된 균의 현탁액을 만들어 시

험용액으로 한다.

⑤ 분말상 식품: 시료를 멸균 유리봉이나 멸균 spatula등으로 잘 혼합한 다음 그 일정량(10g)을 멸균용기에 취한 후 9배량의 멸균생리식염수를 가해 혼합 한 것을 시험용액으로 한다.

⑥ Butter와 ice cream류: butter와 ice cream류는 40℃ 이하의 water bath속에서 15분 내에 용해시킨 다음 10㎖를 취한 후 여기에 멸균생리식염수를 가해 100㎖로 한 것을 시험용액으로 한다.

⑦ Capsule제품류: capsule을 포함하여 시료의 일정량(10~25g)을 취한 다음 9배량의 멸균생리식염수를 가한 후 homogenizer나 stomacher 등을 이용하여 균질화한 것을 시험용액으로 한다. 이와 같이 조제된 시험원액에 대해서는 멸균생리식염수를 이용하여 필요에 따라 10배, 100배, 1,000배… 등의 희석액을 만들어 사용한다. 시험용액의 조제 시 시료를 용기에 포장한대로 채취할 때는 그 외부를 물로 씻은 후 자연 건조시킨 다음 마개 및 그 하부 5~10㎝의 부근까지 70% alcohol을 적신 탈지면으로 닦은 후 화염 멸균한 다음 냉각 후 멸균한 기구로 개봉 또는 개관하여 2차 오염을 방지해야 한다. 지방분이 많은 시료는 Tween 80과 같은 세균에 대해 독성이 없는 계면활성제를 첨가하는 것이 좋다.

⑧ 냉동식품: 냉동상태의 시료를 포장된 상태 그대로 40℃ 이하에서 가능한 한 단시간 내에 녹인 다음 용기나 포장의 표면을 70% alcohol을 적신 탈지면으로 잘 닦은 후 위의 ①에서 ⑦의 방법으로 시험용액을 조제 한다.

3) 실험에 사용되는 시약의 조제

① **멸균 인산완충 희석액**: KH_2PO_4 34g을 증류수 500㎖에 용해시킨 다음 1N NaOH 용액 175㎖를 가해 pH를 7.2로 조정한 후 여기에 증류수를 가해 1ℓ 로

만든 것이 인산완충액이다. 이것을 121℃(15Lb)에서 20분간 멸균한 다음 냉장고에 보관하고, 사용할 때에는 이 원액 1mℓ를 취해 멸균증류수 800mℓ에 희석하여 멸균 인산완충 희석액으로 사용한다.

② **멸균생리식염수**: NaCl 8.5g에 증류수를 가해 전체를 1ℓ 로 한 다음 121℃(15Lb)에서 15분간 고압 증기 멸균한 것이 멸균생리식염수이다.

③ **New Man염색액**: tetrachloroethane 40mℓ와 ethanol을 삼각 flask에 취한 다음 70℃까지 가온한 후 여기에 methylene blue 1~2g을 가하고 세게 진탕 혼합하여 색소를 용해시킨 다음 냉각 후 빙초산 6mℓ를 천천히 가한 다음 여과한 후 냉암소에 밀봉 저장한다. 염색액을 조제 후 시일이 너무 경과한 것이나 침전물이 생성된 것을 사용해서는 안 된다.

④ **BTB-MR지시약**: bromthymol blue 0.2g과 methyl red 0.1g을 95% ethanol 300mℓ에 용해한 후 정제수 200mℓ와 혼합한 것.

4) 표준평판법에 의한 일반세균수의 측정

표준평판법에 의해 측정되는 균수는 시료 중에 존재하는 균 중 중온에서 표준한천배지(standard methods agar or plate count agar)에 발육할 수 있는 총균수를 말하며, 수질검사 시에는 특히 일반세균수라 부르고 있다. 가장 일반적인 방법은 시료와 표준한천배지를 petri dish 중에서 혼합 응고시킨 후 배양하여 발생한 세균의 집락수로부터 시료 중의 생균수를 산출하는 방법으로 혼석배양법 또는 혼석법이라 부른다. 일반세균수의 표시는 CFU/g(시료 g당 colony forming unit)로 나타낸다.

⊙ 조 작

- 액체시료는 잘 흔들어 섞고, 고체시료는 「2. 시료의 시험용액 조제」항에서와 같

이 적당한 전처리를 하여 가능한 한 균질한 상태로 만든 다음 멸균 인산완충 희석액 또는 멸균 생리식염수를 이용하여 10배 단계희석을 한다.

- 시료원액과 각 희석액 1㎖씩을 Clean Bench 내에서 멸균 petri dish 2매씩에 무균적으로 넣고, water bath상에서 약 50℃로 유지시킨 고압증기멸균한 표준한천배지 약 15㎖씩을 무균적으로 분주한 다음 petri dish 뚜껑에 부착되지 않도록 주의하면서 조용히 회전(약 70회)하여 시료와 배지를 잘 혼합한 후 냉각응고시킨다.
- 또한 확산집락의 발생을 억제하기 위해 그 위에 다시 표준한천배지 3~5㎖씩을 가하여 중첩하는 수도 있다. 이때 시료를 petri dish에 넣고 나서 배지를 첨가할 때까지 20분 이상이 경과해서는 안 된다.
- 냉각 응고시킨 petri dish는 거꾸로 하여 35±1℃에서 24~48시간(검체에 따라서는 30℃에서 72±3시간)배양한다. 이때 대조시험으로 시료를 가하지 않은 멸균 인산완충 희석액 또는 멸균 생리식염수를 1㎖씩을 배지에 가한 것을 대조로 하여 petri dish, 희석용액, 배지 및 조작이 무균적으로 행해졌는지 여부를 확인한다. 또한 배지는 배양 중에 그 중량이 15%이상 감소되어서는 안 된다.
- 배양 후 즉시 집락계수기(colony counter)를 이용하여 발생된 집락수를 계수한다. 부득이 한 경우에는 5℃에서 보존하고 24시간이내에 계수한다. 집락수의 계산은 확산집락이 없고(전면의 $\frac{1}{2}$ 이하일 때에는 지장이 없다), 한 평판배지 당 30~300개의 집락이 발생된 평판을 택하여 집락수를 계수하는 것을 원칙으로 하며, 전 평판에 300개 이상의 집락이 발생한 경우에는 300에 가까운 평판에 대해 밀집평판측정법에 따라, 내경 9㎝의 petri dish일 경우는 1㎠ 내의 평균 집락수에 64를 곱하여 그 평판의 집락수로 계산한다. 그리고 전 평판에 30개 이하의 집락만이 발생했을 경우에는 가장 희석배수가 낮은 것을 택하여 측정하나, 보고

는 반드시 몇 개 이하라고 해야 한다. 따라서 시료를 희석 시는 이와 같은 문제점을 고려하여 가능한 한 넓은 폭의 희석액을 만들 필요가 있다. 그리고 밀집평판 측정법에 의한 결과는 정확한 값을 기대할 수 없는 단점이 있다.

- 표준평판법에 의한 시료 1㎖ 중의 일반세균수를 기재 또는 보고할 경우는 그것이 어떤 제한된 조건에서 발육한 집락수를 측정한 값임을 명확히 하기 위해, 한 평판에 발생한 집락수 또는 2매 이상의 평균 집락수에 희석배수를 곱한 다음 그 수치가 표준평판법에 의한 시료 1㎖(또는 1g) 중의 세균수 몇 개라고 기재 또는 보고해야 하며 동시에 배양온도와 배양시간을 기록한다. 이때 숫자는 높은 단위 즉, 위에서부터 3자리 째의 숫자를 사사오입하여 유효숫자를 두 자리로 하고 그 이하는 0을 붙인다.

◈ 참고사항

- 표준한천배지의 조성: yeast extract 2.5g, peptone 5g, glucose 1g,agar 15g, 정제수 1ℓ , pH 6.8~7.2
- 표준평판법에 의해 일반세균수를 측정 시 사용하는 petri dish는 지름 9~10㎝, 높이 1.5㎝의 것을 사용한다.
- 일반세균수는 영어의 standard plate count(SPC)를 직역한 말인 표준평판균수라고도 하며 또한 total aerobic mesophiles(전 호기성 중온균)라고도 한다.
- 통상배양은 30~37℃에서 행하나 일본식품위생법에서는 35±1℃라는 배양온도가 규정되어 있고, 배양시간은 24±2시간 또는 48±3시간이 사용되고 있다.
- 시료를 희석할 경우 잔류염소가 있으면 거의 희석할 필요가 없으나, 잔류염소가 없는 시료일 경우는 10배 단계희석법으로 5~6단계까지 희석할 필요가 있다.

- 시료의 조제나 희석에는 멸균인산완충희석액 외에 가끔 멸균생리식염수나 멸균 인산완충 식염수 등이 사용되고 있다. 일본의 식품위생법이나 미국의 AOAC 및 우유 및 유제품 표준시험법에서는 멸균 인산완충 희석액을 사용하도록 규정하고 있다.
- 시료액에 멸균한 표준한천배지를 분주시 약 50℃로 유지하라고 했으나 시료에 함유되어 있는 세균에 상해를 주지 않기 위해서는 배지의 온도를 가능한 한 낮게 하는 편이 좋다. 50℃라는 온도는 petri dish 속에서 배지와 시료의 혼합조작을 완료할 때까지 한천이 응고되지 않도록 약간 여유를 갖게 한 온도이다. 특히 열에 대해 민감한 세균을 취급 시에는 배지를 가능한 한 낮은 온도로 내리고 나서 혼합하든가 또는 한천 평판 도말법을 행하는 것이 좋 다.
- 시료를 petri dish에 넣고 나서 배지를 15㎖가 할 때까지 20분 이상이 경과해서는 안 된다는 이 시간의 규정은 그 이상 시료를 방치하면 시료 속에서 세균이 증가하여 측정치에 오차가 생기기 때문이다. 따라서 다수의 시료를 취급할 때는 한 번에 많은 시료를 조제하지 않도록 하여 규정된 시간 내에 검사가 끝나도록 해야 한다.
- 일반 세균수의 계산 및 표기법

희석배수 / 집락수	×100	×1,000	×10,000
시료A(1회)	298	36	4
(2회)	291	34	5
시료B(1회)	288	35	7
(2회)	273	33	6
시료C(1회)	299	38	6
(2회)	292	36	8

* 시료A : {(298+291)/2×100}+{(36+34)/2×1,000}/2=32,225

∴ 위에서 3째 자리수를 사사오입하여 표기한다. 즉, 32,000또는 3.2×104 CFU 또는 SPC/㎖

* 시료B : 31,000 또는 3.1×104 CFU or SPC/ml

* 시료C : 33,000 또는 3.3×104 CFU or SPC/ml

5) 표준평판법에 의한 저온 세균수의 측정

저온 세균수는 보통 20~25℃의 저온에서 비교적 신속하게 발육하는 세균을 말한다.

⊙ 조 작

전술한 4의 표준평판법에 의한 일반세균수 측정방법과 동일하게 조작을 행하나 단지 다른 것은 배양온도와 배양시간이다. 즉, 25±1℃에서 72±3시간 배양하여 발생한 집락수를 측정하여 저온세균수로 한다.

6) 내열성 세균수(세균포자수)의 측정

내열성세균수는 다음의 처리 및 배양조건에서 발생한 호기성 포자 형성균의 집락수를 말한다.

⊙ 조 작

전술한 2의 시료의 시험용액 조제항에서와 같이 만든 시험원액 20㎖를 멸균중형 test tube(18×170㎜)에 넣고 끓는 물속에서 10분간 넣어 가열한 다음 6-4의 표준평판법에 의한 일반세균수 측정방법과 동일하게 조작을 행한다. 그러나 배양은 35±1℃에서 48±3시간 행하며, 그 배양조건에서 발생한 집락수를 측정하여 내열성세균수로 한다.

7) 대장균군 시험

대장균군(coliform organisms or coli-aerogenes group)이라 함은 gram 음성의 무아포성 간균으로 유당을 분해하여 산과 gas를 발생하는 호기성 또는 통성혐기성 세균을 말하며, 대장균군 시험에는 대장균군의 유무를 검사하는 정성시험과 대장균군의 수를 측정하는 정량시험이 있다.

대장균군은 보통 온혈동물의 장관 내에 상재하는 균인 점에서 이들 세균이 음료수나 식품에서 검출되면 직접, 간접적으로 사람이나 동물의 분변이 오염되었음을 의심할 수 있는 것이다. 그러므로 각종 소화기계 전염병균이나 식중독세균이 존재할 가능성이 있으므로 해당음식물은 위생상 좋지 않다고 보여 진다. 이런 의미에서 대장균군은 예로부터 분변 오염 지표균 또는 오염 지표균이라고 불리우고 있다. 이것은 각종 경구전염병의 수계전염의 예방입장에서, 음료수를 대상으로 하는 상수의 위생기준으로서 극히 타당하며, 또한 식품위생행정의 입장에서도 그리고 우유 및 생식용 냉동식품 등의 성분규격(세균학기준)으로서도 받아들여지고 있다. 그러나 최근과 같이 경구전염병의 발생이 감소해 가면 대장균군은 직접 경구전염병과의 관련성보다 오히려 그 식품이 불결하게 취급되었거나 또는 가열한 식품 등에서는 가열 후의 2차 오염을 나타내는 자료로서 이용될 경향이 강하다. 그리고 대장균군이라는 일군의 세균은 의학적 세균학, 세균분류학에서 말하는 대장균(장내 세균과에 속하는 Escherichia coli)과는 반드시 일치하지는 않으며 오히려 공중위생이나 응용세균학의 입장에서 사용되는 말이라 할 수 있다.

대장균군에는 E. coli, Citrobacter freundii, Enterobacter(Klebsiella) aerogenes, Enterobacter cloacae, Erwinia carotovora 등이 포함되어 있으며, 그 감별에는 예로부터 Parr의 IMVIC system(Indole시험, Methyl red반응, Voges-Proskauer반응 및 Citrate배지에서의 발육시험의 4항목에 대한 첫 글자임)이 사용되어 왔다.

이 분류는 앞에서 설명했듯이 세균분류학상의 것이 아니지만 공중위생에 관련한 분야에서는 현재도 널리 사용되고 있다.

(1) IMVIC test

이 시험은 분리한 대장균군의 순수한 배양균에 대해 생물학적성상을 조사하고 그 결과로 부터 균주를 종의 단계까지 분류하는 방법이다.

① Indole시험: tryptophane으로부터 indole생산능력의 유무를 시험한다.

◈ 시 약

- Kovacs시약: p-dimethylaminobenzaldehyde 5g을 iso(or normal)-amylalcohol 75㎖에 용해한 다음 HCl 25㎖를 가한다. 이때 용액은 황색을 나타내야 한다.
- Indole생산 시험용 peptone 수: peptone 10~20g, NaCl 5g을 증류수 1ℓ 에 녹여, 시험관에 약 5㎖씩 분주한 다음 멸균한다. Peptone은 tryptophane을 많이 함유한 것을 사용하며, 보통의 peptone을 사용할 때는 0.1%가 되도록 tryptophane을 가해도 좋다.

⊙ 조 작

순수 배양한 균주에서 1백금이를 취해 peptone수에 접종하고, 35±1℃에서 24±2시간 배양한 다음 Kovacs시약을 0.2~0.3㎖ 가하고 잘 흔들어 섞은 후 10분간 정치하고 나서 관찰한다. Amylalcohol의 상층에 암적색이 인정되며 양성이고, 발색되지 않으면 음성으로 판정한다. 또한 발색이 등색일 경우는 의양성으로 판정한다.

② Methyl red시험: 포도당인산염 peptone배지에서 산의 생성능력이 있는지 없는지를 판정한다.

◆ 시 약

- Methyl red 용액: methyl red 0.1g을 ethanol 300㎖에 녹인 다음 정제수를 가해 전량을 500㎖로 한다.
- 포도당인산염 peptone 배지: peptone 7g, glucose 5g, K_2HPO_4 5g을 정제 1ℓ에 녹인 다음 시험관에 5㎖씩 분주하여 고압 증기 멸균한다.

⊙ 조 작

순수 배양한 균주에서 1백금이를 취해 포도당인산염 peptone배지에 접종하고 35±1℃에서 4~5일간 배양한 다음, methyl red 용액 5방울을 가하여 관찰한다. 적색을 띠면 양성, 황색을 띠면 음성으로 판정하고, 적색과 황색의 중간색을 띤 것은 균주의 순수분리가 불완전한 경우가 많으므로, 다시 순수 분리한 다음 이 시험을 반복한다.

③ Voges-Proskauer시험: 포도당인산염peptone배지에서 acetylmethyl carbinol의 생산능력유무를 판정한다.

◆ 시 약

- Naphthol용액: α-maphthol 5g을 ethanol 100㎖에 녹인 것으로 사용 직전에 조제한다.
- KOH용액: KOH 40g을 증류수 100㎖에 녹인 것
- 포도당인산염 peptone배지: 위의 Methyl red시험의 시약항을 참조할 것

⊙ 조 작

순수 배양한 균주에서 1백금이를 취해 포도당인산염peptone배지에 접종하고 35±1℃에서 48±3시간 배양한 다음 그 1mℓ를 작은 시험관에 취하고 여기에 naphthol 용액 0.6mℓ와 KOH용액 0.2mℓ를 가한 후 2~5분간 강하게 진탕한다. 양성일 경우는 액이 홍색~짙은 홍색을 띠며, 시간이 경과함에 따라 상층부로부터 적색의 정도가 증가한다. 1시간이 지나도 적색이 나타나지 않으면 음성으로 판정한다.

④ 구연산나트륨 시험: Sod. citrate를 탄소원으로 하여 발육할 수 있는 능력이 있는지 없는지에 대해 판정한다.

◆ 시 약

- 구연산나트륨배지(Simmons배지): $MgSO_4$ 0.2g, $NH_4H_2PO_4$ 1g, K_2HPO_4 1g, Sod. citrate 2g, NaCl 5g, Agar 15g, 0.2% BTB용액 12mℓ, 정제수 1ℓ 를 가열 용해 후 작은 시험관에 약 3mℓ씩 분주한 다음 autoclaving한다. 멸균이 끝나면 사면 또는 반사면 배지를 만든다.

⊙ 조 작

순수 배양한 균주로부터 생리식염수부유액을 만든 다음 백금이로 취해 배지의 사면부분에 획선 배양한다. 배양은 35±1℃에서 24±2시간 행하며, 음성일 때는 다시 3일간 더 배양한 다음 최종적으로 판정한다. 판정은 확실한 발육이 인정되며, 배지색이 짙은 청색으로 변한 것을 양성으로 하고, 녹색을 띠는 것을 음성으로 한다.

⑤ 44℃에서의 배양시험: 이 시험은 Escherichia coli Ⅰ형과 Ⅱ형 그리고 Ⅲ형의

감별에, 이들 균군의 최적배양온도의 상한의 온도차를 이용하는 방법이다.

◆ 시 약

- EC배지: peptone 20g, lactose 5g, bile salt mixture(담즙산염) 1.5g, K_2HPO_4 4g, KH_2PO_4 1.5g, NaCl 5g, 정제수 1ℓ, pH 6.8-7.0, 이 배지를 Durham발효관에 10㎖씩 분주한 다음 autoclaving한다.

⊙ 조 작

순수 배양한 균주를 EC배지에 접종하고 water bath속에서 44±0.2℃, 48시간 배양한 다음, gas발생이 있으면 양성으로 한다.

⑥ Gelatin 액화시험: 세균의 gelatinase유무를 시험하여, Klebsiella cloacae 및 Erwinia carotovora와 타 균군과의 감별에 이용된다.

◆ 시 약

- 경화 gelatin: gelatin 20g에 정제수 100㎖를 가하여 가열 용해한 다음 pH를 7.4로 조절한다. 여기에 carbon powder(炭末) 3~5g을 가하고 cabon powder가 균일하게 부유하도록 주의하면서 petri dish에 약 3㎜의 두께로 흘려 넣고 냉각시켜 신속하게 응고시킨다. 응고한 gelatin을 petri dish로부터 꺼내 3~4배로 희석한 formalin水 중에 18~24시간 담가둔 다음 수세하여 1㎝×5~8㎜의 작은 조각으로 절단한 후 광구병에 넣고 수도수로 24시간 수세한다. 이것을 다시 물과 함께 beaker 속에 넣고 가열하여, 증기에 formalin 냄새가 나지 않을 때 가지 물을 교체하면서 가열한다. 마지막으로 작은 조각을 적당한 병에 넣은 다음

100℃에서 30분간 씩 3일간 간헐 멸균한다. 멸균한 다음에는 빙실에 보존한다.

⊙ 조 작

Bouillon 1㎖를 멸균 소시험관에 취하고 37℃에서 15분간 방치한 다음 경화 gelatin 1조각을 가하고, 여기에 한천사면배지에서 배양한 순수배양균 전부를 긁어내어 농후하게 부유시킨다. 이것을 35~37℃에서 18~48시간 배양한다. 경화gelatin의 작은 조각이 불규칙한 형태로 되거나 그 속에 들어있는 carbon powder가 부유하여 관 밑에 침전된 것을 gelatin액화 양성으로 판정한다. Gelatin액화가 약한 균은 18~48시간 전후에 양성으로 되며, 또한 액화가 강한 균은 6~12시간 정도에 carbon powder가 유출된다.

(2) 대장균군의 정성시험

대장균군의 정성시험에는 LB배지(유당 Bouillon배지, Lactose Broth)법과 BGLB배지(Brilliant Green Lactose Bile Broth)법 그리고 Desoxycholate 유당한천배지(Desoxycholate Lactose Agar)법이 있는데, LB배지법은 영양소가 부족한 시료중의 대장균군 정성시험에 주로 이용되고, BGLB배지법은 대장균군에 대한 선택성을 갖고 있기 때문에 영양소를 다량 함유하며 세균이 증식하기 쉬운 시료의 정성시험에 이용된다. 즉, 청량음료수, 분말 청량음료(유산균의 첨가유무에 관계없음), 얼음 및 생식용 굴의 양식해역의 해수 등의 대장균군 정성시험은 LB배지법으로 행하고, 식육제품 및 어육연제품 등의 시험에는 BGLB배지법으로 행한다. 그리고 ice cream류, 발효유, 유산균음료, butter 및 cheese는 Desoxychlate유당한천배지법으로 행하고, 그 외의 우유 및 유제품의 경우는 BGLB배지법으로 행하며, 생식용 냉동 신선 어개류, 가열치 않고 먹는 냉동식품, 가열 후 섭취하는 냉동식품 중 동결직전에 가열할 식품, 냉동한 삶은 문어 및 빙과류의 경우는 Desoxycholate유당한천배지법으로 행한다. 대장균군의 정성시험은 추정시험, 확정시험, 완전시험의 3단계시험으로 나누어 행한다.

① LB배지법: 10㎖의 시험용액을 넣는 LB배지는 2배농도의 LB배지를 사용하고, 1㎖ 및 0.1㎖의 시험용액을 넣는 LB배지는 LB배지조성 그대로의 것을 사용한다.

A. 추정시험

⊙ 조 작

LB배지를 넣은 발효관에 시험용액을 넣은 다음 35±1℃에서 48±3시간 배양했을 때 gas발생이 있으면 대장균군의 존재가 추정된다. 시험에 사용되는 발효관은 Durham발효관 또는 Smith발효관이 있으며, 실험에 사용되는 발효관수는 각 희석액당 5개씩 사용한다. 즉, 시험용액을 10, 1, 0.1㎖씩 각각 5개씩의 발효관에 접종한 다음 35±1℃에서 24±2시간 배양한 후 발효관 내에 gas가 발생한 것이 있으면 추정시험양성이며, 만약 24±2시간 내에 gas가 발생하지 않았을 경우에는 계속해서 48±3시간 될 때까지 더 배양한 다음 관찰한다. 이때까지도 gas가 발생하지 않았을 때에는 추정시험 음성이며, gas가 발생한 것이 있을 때에는 추정시험양성이다. 추정시험양성인 시료에 대해 다음의 확정시험으로 넘어간다.

◈ 참고사항

- 2배농도의 LB배지(Lactose Broth)의 조성: beef extract(or meat extract) 6g, lactose 10g, peptone 20g, brom thymol blue 0.04g, 정제수 1ℓ, pH 7.0~7.4
- LB배지의 조성: beef extract(or meat extract) 3g, lactose 5g, peptone

10g, brom thymol blue 0.024g, 정제수 1ℓ, pH 7.0~7.4

B. 확정시험

⊙ 조 작

추정시험에서 gas발생이 있었던 추정시험 양성발효관으로부터 1백금이 씩을 취해 BGLB배지가 들어 있는 발효관에 접종한 다음 35±1℃에서 48±3시간 동안 배양했을 때 gas발생 유무를 관찰하거나, 또는 EMB배지나 Endo배지를 넣어 고화시킨 평판배지에 획선으로 접종하여 35±1℃에서 24±2시간 배양했을 때 전형적인 대장균군의 집락이 발생했을 경우를 확정시험 양성으로 하고, 비전형적인 집락이 발생했을 경우는 확정시험 음성으로 한다. 확정시험 양성인 시료에 대해 다음 단계인 완전시험을 행하되, BGLB배지가 든 발효관에서 배양했을 때 배지의 색이 갈색으로 변했거나, EMB배지나 Endo배지가 든 평판배지에서 배양했을 때 비전형적인 집락이 발생한 것에 대해서도 완전시험을 행한다.

◈ 참고사항

- 대장균군의 확정시험에는 BGLB배지, EMB배지, Endo배지가 사용된다.
- Endo한천평판배지에서 유당분해균(대장균군)은 선홍색 집락을 형성하며, 비유당분해균은 무색집락을 형성한다.
- EMB평판배지에서 유당분해균(대장균군)은 흑청색의 광택이 나는 집락을 형성한다.
- BGLB배지(Brilliant Green Lactose Bile Broth)의 조성: peptone 10g, lactose 10g, Brilliant green 0.0133g, 우담즙말 20g 또는 신선한 소의 담즙 200mℓ, 정제수 1ℓ, pH 7.0~7.4

- EMB배지(Eosin Methylene Blue Agar)의 조성: peptone 1g, lactose 10g, K_2HPO_4 2g, Eosin Y 0.4g, Methylene blue 0.065g, Agar 18g, 정제수 1ℓ, pH 6.0~7.0
- Endo배지(Endo Agar)의 조성: Peptone 10g, Beef or Meat extract 3g, Lactose 10g, Na_2SO_3 1.6g, Basic Fuchsin 0.1g, Agar 15g, 정제수 1ℓ, pH 7.0~7.4

만드는 방법은 Peptone 10g, Beef or Meat extract 3g, Agar 15g을 정제수 1ℓ에 가온 용해한 다음, 여기에 미리 소량의 물에 녹인 유당 10g을 가하여 잘 혼합한 후 이어 fuchsin alcohol 포화용액(95% alcohol 100mℓ에 basic fuchsin 11g을 녹인 상등액) 1mℓ를 가하여 식힌 후 약 50℃가 되었을 때 새로 만든 10% Na_2SO_3용액을 소량씩 가하여 fuchsin에 의한 배지색이 담도색으로 되었을 때(약 16mℓ 소요됨)가하는 것을 멈춘다. 이것을 petri dish에 15~20mℓ씩 분주하고 간헐멸균 또는 autoclaving한다.

C. 완전시험

⊙ 조 작

대장균군의 존재를 완전히 증명하기 위하여, EMB배지 또는 Endo배지상의 집락이 Gram⊖, 무아포성의 간균임을 확인하고, 유당을 분해하여 gas를 발생하는지 여부를 재확인하는 시험이 완전시험이다. 확정시험에서 Endo평판배지나 EMB평판배지위에 전형적인 집락을 형성한 것 1개와 비전형적인 집락을 형성한 것 2개 이상을 백금이로 취해 LB배지가든 발효관과 보통한천배지가 든 사면배지에 접종하고 35±1℃에서 48±3시간(한천배지는 24±2시간)배양했을 때 gas가 발생한 발효관에 해당되는 한천사면배지의 집락에 대해 Gram염색을 실시한 후 현미경하에서 관찰했을 때 Gram⊖의 무아포성 간균이 증명되면 완전시험은 양성이며 완전시험이 양성일 경우 대장균이 양성(또는 있음)으로 최종 판정한다.

◈ 참고사항

- LB배지의 조성: 앞의 A)추정시험에 있는 참고사항을 참조할 것
- 보통한천배지(Nutrient Agar)의 조성: Beef or Meat extract 5g, Peptone 10g, NaCl 5g, Agar 15g, 정제수 1ℓ, pH 7.0~7.4
- Gram염색법에 대해서는 앞의 실험 5를 참조할 것

② BGLB 배지법

⊙ 조 작

시료는 필요에 따라 적당한 전 처리를 하여 시험용액을 만들고, 시험용액 1, 0.1mℓ를 2개씩의 BGLB발효관에 접종한 다음 35±1℃에서 48±3시간 배양한 후 gas발생 유무를 관찰하며, gas발생이 있는 발효관이나 흔들었을 때 거품모양의 gas가 생기는 발효관에 대해 EMB평판배지나 Endo평판배지에 획선으로 접종한 다음 배양한다. 그 다음의 조작은 LB배지법의 확정시험이나 완전시험과 동일하게 행하여, 대장균군의 유무를 판정한다.

③ Desoxycholate유당한천배지법

⊙ 조 작

- 시료는 필요에 따라 적당한 전처리를 하여 시험용액을 만든 다음 시험용액 1mℓ와 각 10단계 희석액 1mℓ씩을 2매씩의 멸균 petri dish에 취하고, water bath 상에서 약 50℃로 보존한 Desoxycholate유당한천배지 15mℓ씩을 무균적으로

분주한 후 petri dish의 뚜껑에 부착하지 않도록 주의 하면서 조용히 회전(약70회)하여 시험용액과 배지를 잘 혼합한 다음 냉각 응고시킨다.

- 응고시킨 Desoxycholate유당한천배지위에 동일한 배지 또는 보통한천배지 3~5㎖를 가하여 중첩시킨다. 이 조작은 생략할 수도 있다.
- Incubator에 petri dish를 거꾸로 하여 넣은 다음 35±1℃에서 20±2시간 배양한 후 전형적인 암적색의 집락이 인정되었을 경우는 1개 이상의 집락을, 의심스러운 집락일 경우는 2개 이상의 집락을 EMB평판배지 또는 Endo평판배지에 접종하여 35±1℃에서 24±2시간 배양한다.
- 그 다음의 조작은 LB배지법의 확정시험이나 완전시험과 동일하게 행하여, 대장균군의 유무를 판정한다.

◈ 참고사항

- 10단계 희석액으로써는 앞의 3.실험에 사용되는 시약의 조제항 중 멸균 인산완충 희석액이나 멸균생리식염수를 사용하면 되고, 그 희석액의 조성도 그 부분을 참조할 것
- Desoxycholate유당한천배지(Desoxycholate Lactose Agar)의 조성: peptone 10g, lactose 10g, sodium desoxycholate 1g, NaCl 5g, K_2HPO_4 2g, Neutral red 0.033g, 구연산철암모늄(Ferric ammonium citrate) 2g, Agar 15g, 정제수 1ℓ , pH 7.0~7.4이며, 이 배지는 고압증기멸균하면 pH가 떨어져 sodium desoxycholate가 침전할 수 있기 때문에, 가열 용해 후 50℃로 냉각한 다음 water bath상에서 보존하면서 즉시 사용하면 된다.
- 보통한천배지의 조성: 앞의 LB배지법 중 완전시험항에 있는 참고사항을 참조 할 것

(3) 대장균군의 정량시험

① 최확수법에 의한 정량시험

최확수법이란 수단계의 연속한 10배 희석액의 시료를 3개 또는 5개씩의 LB배지가 든 발효관에 접종하여 대장균군의 존재유무를 시험하고 동시에 그 결과로부터 확률론적인 대장균군의 숫자를 산출하여 이것을 최확수(MPN, Most Probable Number)로 표시하는 방법으로, 최확수는 시료 10, 1, 0.1mℓ씩을 각각 5개씩 또는 3개씩의 발효관에 접종하여 배양한 후 얻은 결과에 의해 시료 100mℓ 또는 100g 중에 존재하는 대장균군의 수를 표시하는 것이다. 최확수는 이론상 가장 가능한 수치이다.

⊙ 조 작

대장균군의 정량시험에는 희석시료(0.1mℓ 이하의 경우에는 10배수의 단계 희석액 1mℓ씩을 사용한다.)10, 1, 0.1, 0.01mℓ와 같이 연속해서 4단계 이상을 5개 또는 3개씩의 LB 배지가 든 발효관에 접종한다. 이때 주의할 점은 시료의 최대량을 가한 발효관의 대다수 또는 전부에서 gas가 발생되고, 최소량을 가한 발효관의 전부 또는 대다수가 gas를 발생하지 않도록 적당하게 희석하여 사용해야 한다.

Gas가 발생한 발효관 각각에 대해 추정, 확정, 완전시험을 행하여 대장균군의 유무를 확인한 다음 최확수 표로부터 시료 100mℓ 중의 최확수를 구한다. 즉, 대장균군의 최확수법에 의한 정량시험에 의해 시료 또는 희석시료의 각각의 발효관을 5개씩 사용하여 다음과 같은 결과를 얻었다면

시료접종량	10mℓ	1mℓ	0.1mℓ
Gas 발생관수	5개	3개	1개

최확수 표에 의한 시료 중의 MPN은 110이 되며, 이때 시료 접종량이 1, 0.1, 0.01

㎖이었을 경우는 110×10=1,100이 된다. 그리고 시료의 접종이 3단계 이상으로 행해 졌을 때는 다음 표와 같이 취급한다.

접종량 / 시료	1㎖	0.1㎖	0.01㎖	0.001㎖
Ⅰ	5	(5)	(2)	(0)
Ⅱ	(5)	(4)	(3)	0
Ⅲ	(0)	(1)	(0)	0
Ⅳ	5	3	1	1
	((5)	(3)	(2))	

〈최확수표〉→3개씩 접종했을 때의 양성관수에 대한 최확수 표와 5개씩 접종했을 때의 양성관수에 대한 최확수 표가 있으나 여기서는 생략한다.

② BGLB배지법에 의한 정량시험

⊙ 조 작

시료는 필요에 따라 적절한 전처리를 하여 시험용액을 만든 다음 시험용액 10, 1또는 0.1㎖씩을 5개의 BGLB배지가든 발효관에 접종하며, 0.1㎖ 이하를 접종할 필요가 있는 경우에는 10배 단계 희석액을 각각 1㎖씩을 사용한다. 이때 시험용액의 최대량을 가한 발효관의 전부 또는 대부분에서 gas발생이 인정되고, 최소량을 가한 발효관의 전부 또는 대부분에서 gas가 발생되지 않도록 접종량과 희석도를 고려해야 한다. 그 다음의 조작은 각 발효관에 대해 BGLB배지법에 의한 정성시험법과 동일하게 행하며, 대장균군의 유무를 조사한 다음 최확수 표에 따라 시료 100㎖ 또는 100g 중의 대장균군수를 산출한다.

③ Desoxycholate유당한천배지법에 의한 정량시험

⊙ 조 작

필요에 따라 시료를 적절한 전 처리법으로 처리하여 시험용액을 만든 다음 시험용액 1mℓ와 10배 단계 희석액 1mℓ씩을 Desoxycholate유당한천배지에 의한 정성시험법과 동일한 조작으로 배지(15mℓ)와 혼합한 후 35±1℃에서 20±2시간 배양하여 생성된 집락 중 전형적인 집락과 의심스러운 집락에 대해 정성시험에서와 같은 조작을 행해 대장균군의 유무를 결정하고, 균수 산출은 표준평판법에 의한 일반세균수 측정법과 동일하게 행한다.

◈ 참고사항

- Desoxycholate 유당한천배지로(배지항 참조) 하수나 오수와 같이 여러 종류의 세균이 다수 존재하는 시료를 배양하면 gram 양성균은 발육이 저지되나 대장균군 이외의 gram 음성균이 발육하여 대장균군과 유사한 집락을 형성하는 수가 있으므로 적변된 집락의 판정에 있어 충분한 주의가 필요하다.
- 시료는 배양 후 petri dish상에 30~300개의 집락이 생길 정도로 희석하고, 1개의 희석 시료 당 2매 이상을 배양하여 발생한 집락수의 평균치를 시료 1mℓ당의 균수로 환산하여 대장균군의 균수를 평가한다.
- Desoxycholate유당한천배지는 이름 그대로 desoxycholic acid의 염을 사용하고 있으며, 이 성분은 대장균군을 비롯한 장내세균의 발육은 거의 억제하지 않으나 gram양성균의 발육은 억제하고, 시료 중에 대장균이 존재할 경우 35℃에서 18~22시간 배양하면 암적색의 집락을 형성한다.
- Desoxycholate 유당한천배지와 시료를 혼합한 후 다시 배지를 중층하는 것은 다른 균이 표면에 발육하는 것을 막는 의미와 대장균군이라도 표면에 발육하면

배지 내부에서 발육하는 것과 달리 전형적인 암적색의 집락을 형성치 않으므로 이것을 방지하기 위해서이다.

- 또한 시료 중에 대장균군이 다수 존재할 경우에는 집락이 밀집되고 집락자체가 작아지며 때로는 퇴색하는 수가 있으므로 주의할 필요가 있다.
- 배양시간이 24시간 이상이 되면 구균 중 어떤 종류는 적색의 작은 집락을 만들면서 발육하거나 신선한 과일이나 과즙이 들어 있는 제품에서는 대장균군과 비슷하기 때문에 혼동하기 쉬운 집락을 형성하는 세균이 발육하는 경우도 있다.
- Desoxycholate 유당한천배지는 멸균에 의해 pH가 변하거나 desoxycholate의 침전이 일어나 gram양성균에 대한 발육저지 작용이 약해지는 수가 있으므로 보통의 배지와 같은 고압증기멸균은 피해야 한다. 사용직전에 필요량의 배지를 조제하여 가열 용해하는 것만으로 충분하며, 배지를 반복하여 가열 용해해서 사용하는 것은 피해야 한다.
- 미국의 우유 및 유제품 표준시험법에는 desoxycholate배지가 삭제되고 violet red bile acid salt 배지(VRBA)가 채용되고 있는데, VRBA쪽이 desoxycholate 유당한천배지보다 대장균군의 집락을 보기 쉽다고 한다.
- VRBA(Violet Red Bile Agar)의 조성은 yeast extract 3g, peptone 3g, bile acid salt (Bile salts No. 3) 1.5g, lactose 10g, NaCl 5g, Agar 15g을 정제수 1 ℓ 에 가열 용해한 다음 pH 7.4로 수정한 후 Neutral red 1% 수용액 3mℓ와 crystal violet 0.1% 수용액 2mℓ를 가해 멸균하지 않고 그대로 사용한다. 보존할 경우에는 121℃에서 15분간 멸균한다. 이배지에 사용되는 bile acid salt는 desoxycholate와 cholic acid의 염과의 혼합물이다. VRBA배지에서는 대장균군을 비롯한 장내세균은 발육이 거의 억제되지 않으나 담즙산염과 crystal violet의 존재 때문에 gram 양성균은 발육치 못한다. Difo나 BBL배지 회사에서 분말

배지를 시판하고 있다.

8) 대장균시험

식품의 종류에 따라 대장균의 검출이 대장균군 검출보다 정확한 오염지표가 되는 경우가 있으며, 대장균의 시험법에는 최확수법에 의한 정량시험과 일정한 한도까지 균수를 정성으로 측정하는 한도시험법이 있다.

(1) 최확수법

필요에 따라 시료를 적절한 전 처리법으로 처리하여 시험용액을 만든 다음 시험용액 10㎖, 1㎖ 및 0.1㎖를 각각 5개의 EC배지가 든 발효관에 접종한 후 water bath속에 넣어 44.5±0.2℃에서 24±2시간 배양한다. 단지 시험용액 10㎖를 첨가할 경우는 2배농도의 EC배지 10㎖를 이용한다. 이때 gas가 발생된 발효관을 대장균(E. coli)양성으로 판정하며, 각 농도의 양성관수로부터 최확수 표에 의해 시료 100g 중의 대장균수를 측정한다.

(2) 한도시험법

적절한 전 처리법에 의해 만든 시험용액 1㎖를 3개의 EC배지가 든 발효관에 접종한 다음 44.5±0.2℃에서 24±2시간 배양후, gas가 발생된 발효관이 있으면 추정시험 양성으로하고, gas발생이 인정되지 않으면 추정시험음성으로 한다. 추정시험이 양성일 경우는 해당 발효관으로부터 1백금이를 취해 EMB평판배지에 획선 접종한 다음 35±1℃에서 24±2시간 배양한 후 전형적인 집락을 취해 LB배지가 든 발효관과 보통한천배지가 든 사면배지에 각각 접종한 다음 LB배지가 든 발효관은 35±1℃에서 48±3시간 배양하고, 사면배지는 35±1℃에서 24±2시간 배양한다. LB배지가 든 발효관에서

gas발생이 인정되면 이에 해당되는 사면배지에서의 집락을 취하여 Gram염색한 후 검경하여 Gram음성, 무아포성 간균이 인정되었을 때 대장균 양성으로 판정한다.

◈ 참고사항

- EC배지(EC Broth)의 조성: peptone 20g, lactose 5g, bile salt mixture(담즙산염)1.5g, K_2HPO_4 4g, KH_2PO_4 1.5g, NaCl 5g, 정제수 1ℓ , pH 6.8~7.0
- EMB배지의 조성: 대장균군 정성시험의 LB배지법 중 확정시험항의 참고사항을 참조할 것
- LB배지와 보통한천배지의 조성: 대장균군 정성시험의 LB배지법 중 완전시험항의 참고사항을 참조할 것

9) 총균수 측정

주로 생우유 중에 오염되어 있는 세균수를 측정하기 위하여 일정량의 생우유를 slide glass위에 일정면적 도말한 다음 건조시켜 염색한 후 현미경으로 검경하여 염색된 세균수를 측정하며, 측정된 세균수를 시야면적과의 관계에 따라 시료 중에 존재하는 세균수로 측정하는 방법이다.

⊙ 조 작

- 표본의 제작: 시료가 든 용기를 25회 이상 잘 흔든 다음 우유세균 검사용 micro pipet으로 일정량 흡입한 후 gauze로 pipet 외부에 부착된 우유를 닦아 낸 다음 pipet 내의 우유를 그 선단으로부터 gauze나 Kleenex를 사용하여 흡입시키면서 정확히 0.01㎖로 맞춘 후 그 전부를 slide glass위에 떨어뜨리고 도말 침을 이용하여 1㎠ 면적에 도말한 다음 약 5분간 가온하여 건조시킨 후 Newman염색

액(앞의 3. 실험에 사용되는 시약의 조제항 참조)속에 순간적으로 넣어 적셔 염색하고 남은 액은 즉시 흔들어 떨어뜨린 다음 건조시킨 후 물로 세척하고 다시 건조시켜 표본을 만든다.

- 측정: 유침lens를 장치한 현미경을 미리 대물 micrometer를 이용하여 시야의 직경을 0.206㎜로 조절한 다음 여기에 위에서 만든 표본을 장착한 후 그 도말면의 중심을 통과하는 직선상의 동일간격의 16시야에 보이는 모든 세균수를 측정한 다음 1시야에 대한 평균수를 구한 후 여기에 30만을 곱한 수의 첫째의 자리숫자로부터 3째 단위을 사사오입하고 상위 두 단위 수로 표시한다. 1시야에 나타난 세균수를 측정하는 방법에는 개체법과 균괴법이 있다.

a. 개체법: 1시야에 나타난 세균이 균괴를 형성했을 때 그것이 쌍쌍을 이루고 있거나 연쇄상을 이루고 있는 세균은 1개로 측정한다. 균괴로 되어있을 때에는 개개의 균을 눈으로 보아 구별할 수 없을 경우는 1개로 측정한다.

b. 균괴법(group count): 1시야에 나타난 세균이 균괴를 형성하고 있을 때 즉, 쌍쌍 또는 연쇄 균괴를 형성하고 있을 때에는 각각 1군을 1개로 계산한다. 그러나 옆에 인접한 균 또는 균괴가 최소의 균의 지름에 2배 이상 떨어져 있을 때에는 별개 균의 clamp로 측정한다. 따라서 떨어져있는 1개의 균은 clamp로서 측정하는 것으로 한다.

10) 유산균수의 측정

이 시험은 발효유나 유산균 음료 중에 함유되어 있는 유산균수를 측정하기 위해 실시하는 데, 유산균수의 측정방법은 일반세균수 측정방법에 준하여 실시하고 시료의 희석액은 멸균생리식염수를 사용한다. 다만 배지는 BCP첨가 평판 측정용 배지를 사용하며 35~37℃에서 72±3시간 배양한 후 발생한 황색의 집락을 유산균의 집락으로 계수한다.

(1) 유산 간균 및 구균수의 측정

이 시험은 발효유 또는 유산균 음료중의 유산균수를 측정하기 위해 실시하는데 유산균수의 측정은 일반세균수 측정방법에 준하여 행하되 시료의 희석액은 멸균생리식염수를 사용한다. 단지 배지는 BCP첨가 평판 측정용 배지를 사용하며 35~37℃에서 72±3시간 배양한 후 발생된 황색의 집락을 유산균의 집락으로 계수한다.

◈ 참고사항

- 멸균식염수의 조제: 증류수 1ℓ 에 NaCl 8.5g을 녹인 다음 121℃(15Lb)에서 15분간 고압 증기 멸균한 것
- BCP첨가 평판 측정용 배지(plate count agar with brom cresol purple)의 조성: yeast extract 2.5g, peptone 5g, glucose 1g, Tween 80 1g, L-cystine 0.1g, brom cresol purple 0.04-0.06g, agar 15g, 정제수 1ℓ , pH 6.0-7.0

(2) 비피더스균(Bifidobacterium)수의 측정

① 시료 1g에 멸균한 10%탈지분유 희석액 또는 멸균 생리식염수를 가하여 100㎖가 되게 하고 혼합기에서 균질화한 것을 검액으로 한다.

② 검액(10-2용액) 1㎖에 멸균 희석액 9㎖를 가하여 10-3희석액을 만든 다음 동일한 조작을 반복하여 10-4, 10-5, 10-6, 10-7희석액을 조제한다.

③ 각 희석액 0.05㎖씩을 각각 BL한천배지가 든 평판배지 2매에 접종한 다음 멸균 conradi봉으로 도말한다.

④ 혐기성 incubator에 넣고 37℃에서 48~72시간 배양한 다음 발생된 집락수를 계수하고 여기에 희석배수와 factor 20(0.05㎖를 도말했으므로 1㎖의 1/20을 도말한 셈)을 곱하여 시료 1g당의 생균수를 산출한다. 단 한 평판당 30~300개정도의 집락이 발생한 것만 측정하며, 만일 한 평판 당 30~300개 범위의 집락이 발생한 것이 없을 경우는 희석배수를 변경하여 재 실험을 행한다.

⑤ 배양 후 BL한천배지가 든 평판배지상의 균의 성장을 관찰해 보면, Bifidobacterium longum → 유갈색~황갈색의 반구상으로 융기된 중심부가 적갈색인 직경 약 1~2㎜의 집락을 형성하며, Bifidobacterium bifidum→ 유갈색~회색으로 융기된 중심부가 적갈색인 직경 0.5~1.5㎜ 정도의 원형집락을 형성하고, Bifidobacterium breve → 유백색~유갈색의 반구형으로, 중심부가 융기된 직경 1~2㎜의 원형 집락을 형성한다.

◈ 참고사항

- 멸균생리식염수의 조제: 위의 유산 간균 및 구균수 측정의 참고사항 참조할 것
- BL한천배지(BL Agar)의 조제: Beef extract 3g, Liver extract 5g, Yeast extract 5g, Proteose peptone 10g, Tryptone 5g, Soypeptone 3g, Soluble starch 0.5g, Glucose 10g, K_2HPO_4 1g, KH_2PO_4 1g, $MgSO_4$ 0.2g, NaCl 0.01g, $MnSO_4$ 0.00674g, L-Cysteine · HCl · H_2O 0.5g, Ferrous sulfate 0.01g, Polysorbate 80(Tween 80) 1g, Agar 15g, 정제수 1ℓ , pH 7.2, 즉, 위의 성분들을 정제수 1ℓ 에 넣어 가열 용해시킨 후 pH를 7.2로 조절하고 121℃에서 15분간 autoclaving한 다음 약 50℃로 냉각되면 여기에 , 소, 말, 양 또는 사람의 탈 섬유소 혈액을 5% 되도록 첨가하고 멸균 petri dish에 분주하여 평판배지를 만든 후 배지표면을 건조시켜 사용한다.

(3) 유산균과 비피더스균의 혼합제품 중의 유산균수 측정

(1)의 유산 간균 및 구균수와 (2)의 비피더스균수의 측정방법에 따라 실험한 후 유산균수와 비피더스균수를 합하여 산출한다. 단, 이때에 비피더스균수의 측정에는 BS배지가든 평판배지를 사용한다.

◈ 참고사항

- BS배지의조성: (2)의 참고사항에 기술한 BL한천배지 1ℓ 에 Sod. propionate 15g, paromomycin sulfate 50㎎, neomycin 100㎎, lithium chloride 3g을 첨가하여 용해 후 121℃에서 15분간 autoclaving한 것

11) 진균(효모 및 곰팡이)수의 측정

진균수의 측정은 일반세균수의 측정방법에 준하여 실험한다. 단지 배지는 PDA한천배지를 사용하며, 25℃에서 5~7일간 배양한 다음 발생된 집락수를 계수한 후 여기에 희석배수를 곱하여 진균수로 한다.

◈ 참고사항

- PDA한천배지(Potato Dextrose Agar)의 조성: 껍질을 벗긴 Potato 200~300g을 1㎠정도의 크기로 잘라 정제수 1ℓ 에 넣고 1시간 동안 water bath상에서 100℃로 가열하여 침출액을 만든 다음 세겹 정도의 gauze로 여과하고, 그 여액에 glucose 20g, agar 15g을 넣고 가열 용해한 후 정제수를 가해 1ℓ 로 하고 pH를 5.6±0.1로 맞춘 다음 autoclaving한다. 사용 직전에, 여기에 멸균된 10% 주석산 용액을 무균적으로 가하여 pH를 3.5±0.1로 다시 맞춘 다음 멸균 petri dish에 약 15㎖씩 분주하여 평판배지를 만든 후 사용한다.

12) 탄저균(Bacillus anthracis)의 검출

육 및 육제품의 유제를 만든 후 식염을 첨가하지 않은 보통한천배지가 든 평판배지에 도말한 다음 37℃에서 24시간 배양한다. 탄저균은 특이한 회백색의 축모상 또는 곰보 유리 모양의 집락을 형성하며 혈액한천배지에서는 용혈성이 없고 Bouillon에서는 침전하여 발육하며 상층부는 투명하고 균막을 형성하지 않는다. 이를 도말하여 염색하면 gram양성의 대형 간균으로서 양단이 직각으로 잘려져 있고 낚시 대 모양의 연쇄상을 나타낸다. 상기의 유제를 신선한 경우는 그대로, 그렇지 못한 경우는 80℃에서 30분간 가열한 후 guinea pig(250~300g body weight)의 복강 내에 0.5~1.0㎖접종하면 양성인 경우 24시간 후에 접종부위에 부종이 생기고 점차 복부 내에 퍼져 수일 후에 폐사한다. 이를 해부하여 병리학적 소견을 관찰하고, 도말하여 검경한 후 다시 균을 분리 동정한다.

◈ 참고사항

- 식염을 가하지 않은 보통한천배지: Peptone 5g, Beef extract 3g, Agar 15g, 정제수 1ℓ , pH 7.0~7.4로 맞춘 후 121℃(15Lb)에서 15분간 autoclaving할 것.
- 혈액한천배지(Blood Agar): 무균 탈 섬유소 혈액 및 보통한천배지를 각각 water bath 중에서 가열 용해한 다음, 보통한천배지를 test tube에 10㎖씩 분주한 후 water bath상에서 약 45℃로 보존하고 여기에 탈 섬유소 혈액을 멸균 pipet으로 1~2㎖식 test tube의 솜마개의 부위에 액이 묻지 않도록 주위하면서 무균적으로 가하고 조용히 진탕하여 보통 한천배지와 혈액을 잘 혼합한다. 이것을 그대로 사면으로 굳히든지 또는 무균적으로 petri dish에 부어 평판배지를 만든다.

혈액한천배지는 만든 후에 멸균할 수 없으므로 완전히 무균상태에서 조작해야 하며, 만약을 위해 37℃의 incubator내에 넣어 두고 24~48시간 배양한 다음 잡균이 생겼는지 여부를 확인하고 나서 사용함이 원칙이다.

- 탈 섬유소 혈액의 제법: 소, 말, 토끼, 염소 등의 정맥 또는 심장에서 멸균주사기를 이용하여 채혈하고, 미리 솜마개를 한 200㎖의 삼각 flask에 직경 0.5㎝ 정도의 작은 유리구슬이나 유리의 작은 파편 20개 정도를 넣어 건열멸균해 둔 flask에 $\frac{1}{3}$용량정도의 혈액을 넣어 즉시 3~5분 가볍게 흔들면 혈액속의 섬유소(fibrin)는 유리구슬에 부착응괴 되어 분리되고 탈 섬유소 된 혈액(defibrinated blood)을 얻게 된다. 이것을 빙실에 보존해두면 1주일 정도는 사용할 수 있다.
- 보통한천배지(Nutrient Agar): Beef extract 5g, Peptone 10g, NaCl 5g Agar 15g, 정제수 1ℓ, pH 7.0~7.4, 이상의 성분을 정제수 1ℓ 에 가열 용해 후 121℃(15Lb)에서 15분간 autoclaving할 것
- 보통 Bouillon배지(Nutrient Broth): Peptone 5g, Beef extract 3g, 정제수 1ℓ, pH 6.9~7.4, 이상의 성분을 정제수 1ℓ 에 가열 용해 후 121℃(15Lb)에서 15분간 autoclaving할 것

13) 결핵균의 검출

우유와 같은 액상시료는 약 30㎖ 취해 3000rpm에서 30분간 원심 분리한 다음 유지부는 test tube에 취하고 침전물에서 1백금이를 취해 도말표본을 만든 후 Ziehl-Neelsen법에 의해 항산성 염색(전술한 5-(4) 기타 특수염색법 부분 참조할 것)을 한 다음 검경한다. 유지부에는 이와 동량의 8% NaOH액을 가하고, 침전물 부분에는 약 10배량의 4% NaOH액을 가하여 잘 혼합한 후 각각 0.1㎖씩을 3% Okawa배지에 접종하고 37℃의 incubator내에 배지를 옆으로 눕혀 두었다가 대부분의 검액이 흡수되면 배지

의 시험관을 밀전하여 2개월간 배양을 계속하면서 때때로 균집락의 발생을 관찰한다. 배양에 사용하고 남은 시료를 BTB를 가한 염산수용액을 가하여 중화시킨 다음 1~2씩을 guinea pig의 피내에 주사한다. 이때 사용하는 guinea pig는 Tuberculin반응 음성인 것으로서 체중 300g 이상의 것을 사용하며, 주사 후 2주간쯤부터 가끔 Tuberculin반응과 체중을 조사한다. 결핵균에 감염을 받은 경우에는 보통 2~5주간부터 양성반응이 나타나며, 체중은 점차로 감소하고 주사한 국소에 경결 또는 괴양이 생기며 국소 임파절이 종창한다. 4~8주 후에 guinea pig를 죽여 부검하고 임파절 및 각 장기의 결핵성 변화를 관찰한다. 병변 부위의 장기를 무균적으로 채취하여 1% NaOH를 이용 유제를 만든 다음 20.1㎖씩을 1% Okawa배지에 배양하여 다시 결핵균을 확인한다.

◈ 참고사항

- 3% Okawa배지(3% KH_2PO_4배지)의 조제: KH_2PO_3 3g, sod. glutamate 1g을 정제수 100㎖에 녹인 다음 100℃에서 30분간 boiling한 후 여기에 全卵液 200㎖와 glycerin 6㎖, 2% Malachite green 수용액 6㎖를 충분히 혼합한 다음 5~6㎖씩을 멸균시험관에 분주한 후 85~90℃에서 60분간 가열 멸균할 것.

14) Brucella균의 검출

우유의 경우 20~30㎖를 취해 3,000rpm에서 30분간 원심 분리하여 유지부와 침전물부분을 아래의 배양법에 의해 직접도말 배양하고 두 마리 이상의 guinea pig(250~300g 체중의 것)에 3~5㎖씩을 복강 내에, 세 마리 이상의 mouse(12~15g 체중의 것)에 0.25~0.5㎖씩을 피하에 주사한다.

고체시료는 그 유제를 만들어 직접도말 배양하고 위의 실험동물에 주사하거나, 유제를 멸균gauze로 여과한 후 그 여액 또는 1000rpm에서 5분간 원심 분리하여 얻은 상등액을 실험동물에 접종한다. 이 균의 분리용배지는 Liver Agar배지를 넣은 평판배지를 사용하지만, 만일 시료가 잡균에 의해 오염되고 있다고 인정될 때는 Liver Agar배지에 그 중량의 20만분의 1에 해당하는 gentian violet을 첨가하여 10% CO_2 gas 존재 하에 37℃에서 4~6일간 배양한다. 이때 형성된 집락은 작은 원형으로서 다소 융기되어 있고 투명한 빛깔이 있으며 착색되어 있지 않으나 시일이 경과된 집락은 약간 불투명하고 갈색을 띤 회백색을 보인다. Gram염색을 하여 검경하면 Gram음성의 단간균으로서 구균처럼 보인다. Bouillon에 접종하여 37℃에서 24시간 배양하면 균이 혼탁되며 발육하고, 10일 이상 경과하면 더욱 혼탁해지면서 적조한 균괴가 균막과 같이 표면으로부터 관벽에 엉긴다. 이 균은 운동성이 없으며 당류도 거의 분해하지 않고 Indole반응, Methyl red반응 및 Voges-Proskauer반응이 음성이다. 위의 실험동물에 주사한 것은 접종 3주 후에 실험동물의 혈청에서 이 균에 대한 항체가 형성되었는지 여부를 혈청학적으로 진단하고 비장에서 이 균을 분리 배양한다.

◈ 참고사항

- Liver Agar배지의 조성: Beef liver infusion 500g, Proteose Pepton 10g, NaCl 5g, Agar 20g, 정제수 1ℓ

15) Salmonella균의 검출

(1) 증균배양

시료를 적절한 전처리 방법으로 처리하여 시험용액을 만든 다음, 그 1~2㎖를 증균용 액체배지인 Selenite F Broth 10㎖에 접종한 후 35~37℃에서 48시간 배양한다.

(2) 분리배양

증균된 균액을 분리용 배지인 Desoxycholate Citrate Agar 배지 또는 MacConKey Agar배지에 접종한 다음 35~37℃에서 배양한 후 Salmonella균으로 의심되는 집락에 대해 확인 배양을 실시한다.

(3) 확인배양

분리용 배지에서 의심되는 집락이나 유당 분해균을 선택하여 보통 한천배지에 이식하고 35~37℃에서 18~24시간 배양한 다음 TSI한천배지에 천자 이식하고 37±1℃에서 18~24시간 배양하여 생물학적 성상을 조사한다. Lactose는 분해하지 못하며 glucose는 분해하여 배지뒷면이 황색으로 변하며, gas를 발생하여 배지 천자부가 갈라진다. H_2S를 발생하여 천자한 자리 근처가 검은색으로 변한다.

① **형태학적 시험**: 분리된 균을 gram 염색하여 검경하면 Gram 음성 간균이어야 함.

② **응집반응시험**: 보통한천배지에 배양된 균을 slide glass를 이용하여 다음의 Salmonella진단용 혈청반응 결과에 따라 균종을 결정한다.

첫째, 혼합 혈청 시험; 다가 O항원 혈청을 써서 slide glass上에서 응집반응 검사를 한다.

둘째, Salmonella O인자 혈청시험; O군 혈청 즉, A, B, C, D, E군의 항혈청을 써서 slide glass上에서 응집반응을 검사한다.

셋째, Salmonella H인자 혈청시험; 편모H항원을 가지고 있는 균은 편모항원 즉, a,b, c, d, e, h, G, K, L, r, y 등에 대한 시험관법 응집반응을 검사한다.

◈ 참고사항

- Selenite F Broth 액체배지의 조성: polypeptone 5g, lactose 4g, Na_2HPO_4 10g, Sod. selenite 4g, 정제수 1ℓ, 100℃에서 30분간 boiling한 다음 pH 7.0으로 조절한다.
- Desoxycholate Citrate Agar배지의 조성: Beef extract 5g, Peptone 5g, Lactose 10g, Sod. citrate 8.5g, Sod. thiosulfate 5.4g, Ferric ammonium citrate 1g, Sod. desoxycholate 5g, Neutral red 0.02g, Agar 12g, 정제수 1ℓ, 이상의 성분을 정제수에 넣어 끓여 녹인 후 pH 7.5로 조절한다.
- MacConKey Agar배지의 조성: peptone 17g, polypeptone 3g, lactose 10g, Bile salts No. 3 1.5g, NaCl 5g, Neutral red 0.03g, Crystal violet 0.001g, Agar 13.5g, 정제수 1ℓ, pH 7.0~7.2, autoclaving한다.
- TSI Agar배지: beef extract 3g, yeast extract 3g, peptone 20g, lactose 10g, sucrose 10g, glucose 1g, ferrous sulfate 0.2g, NaCl 5g, Sod. thiosulfate 0.3g, phenol red 0.24g, Agar 13g, 정제수 1ℓ, pH 7.4~7.6, autoclaving한다.
- 보통한천배지: peptone 5g, beef extract 3g, agar 15g, 정제수 1ℓ, pH 7.0~7.4, autoclaving 한다.

16) Staphylococcus aureus의 검출

(1) 증균 배양

시료를 적절한 전 처리 방법으로 처리하여 시험용액을 만든 다음 그 1㎖를 10% NaCl을 첨가한 Tryptic Soy Broth에 접종하여 35~37℃에서 16시간 증균 배양한다.

(2) 분리배양

증균된 균액을 난황첨가 mannitol식염한천배지에 도말하여 37℃에서 16~24시간 배양한 다음, 배지 상에 황색불투명한 집락(mannitol분해균)을 나타내고 집락주변에 혼탁한 백색환(난황반응 양성균)이 있는 집락이 존재하면 다음의 확인시험을 행한다.

(3) 확인시험

분리 배양된 평판배지상의 집락을 보통한천배지에 이식하여 37℃에서 18~24시간 배양한 후 gram 염색하여 포도상의 형태를 갖는 gram 양성의 구균을 확인한다. Gram양성의 포도상 구균인 것은 다시 coagulase test를 실시한다. 즉, 토끼혈청(신선한 혈청은 5%, 건조혈청의 용액은 10%)을 가한 멸균 생리식염수를 멸균한 시험관에 0.5~1㎖씩 무균적으로 분주한 다음 여기에 분리 배지상의 집락을 직접 접종하거나 또는 보통한천배지에서 순수 배양시킨 균을 1백금이 접종하여 37℃에서 배양한다. 배양 후 3, 6, 24시간 되었을 때 각각 응고의 유무를 판정하여 어느 시간에라도 응고 또는 fibrin(섬유소)이 석출된 것은 모두 coagulase양성이며 이상과 같이하여 확인된 것은 황색포도상 구균 양성으로 판정한다. 이 시험 시 coagulase양성균 및 균주 접종의 음성 대조군을 두며, 혈장은 건강한 토끼로부터 멸균된 5% 구연산나트륨용액 1용량에 대해 혈액 4용량의 비율로 채혈하고 즉시 1500rpm에서 10분간 원심 분리하여 무균적으로 분리시킨 것 또는 시판 건조혈장을 이용한다. 또 토끼 혈장을 이용하는 것이 좋으나 부득이한 경우는 사람의 혈장으로 대용할 수 있다.

◈ 참고사항

- Tryptic Soy Broth 액체배지의 조성: Tryptose 17g, Soytone 3g, Glucose 2.5g, NaCl 5g, K_2HPO_4 2.5g, Agar 15g, 정제수 1ℓ, pH 7.3, autoclaving

한다.

- 난황 첨가 mannitol식염한천배지의 조성: Beef extract 2.5g, peptone 10g, mannitol 10g, NaCl 75g, phenol red 25㎎, Agar 15g, 정제수 1ℓ, pH 7.2~7.6, 고압 증기 멸균 후 55℃ 정도로 식힌 배지에 난황액(신선한 난황 20~30g에 동량의 멸균생리식염수를 가해 섞은 것)을 10%의 비율로 무균적으로 가해 잘 혼합한 다음 멸균 petri dish에 분주하여 평판배지를 만든다.

17) 장염 Vibrio(Vibrio parahaemolyticus)균의 검출

(1) 증균 및 분리법

시료를 적절한 전처리방법으로 처리하여 만든 시험용액 0.5~1㎖를 2% NaCl을 가한 peptone수에 접종하여 37℃에서 18~24시간 배양한 후 TCBS한천배지에 도말하여 다시 37℃에서 18~25시간 배양한다.

(2) 동정법

분리배지 상에 직경 2~4㎜인 청록색의 sucrose 비분해 집락이 확인 되면 그 집락을 대상으로 추정 및 확인시험을 행한다.

① **추정시험**: 의심되는 집락을 백금이로 취하여 TSI한천배지의 사면부와 고층부에 그리고 LIM배지, 보통한천배지에 각각 접종 후 37℃에서 18~24시간 배양한다. 장염 Vibrio균은 TSI한천배지에서 glucose발효(고층부가 황색으로 변함), gas 비생성(고층부는 기포 및 균열이 확인되지 않음), lactose 및 sucrose비분해(사면부가 적색으로 변함), H_2S비생성(고층부가 흑변되지 않음), 그리고 LIM 배지에서 lisyine decarboxylase양성고층부가 자색으로 변함.), indole생성(시약중층에 의해

적색이 나타남), 운동성 양성(고층부 전체가 혼탁됨), 보통한천배지 사면부에서 oxidase시험 양성이 나타난다.

② **확인시험**: 추정시험에 이용한 TSI한천배지 또는 보통한천배지의 배양균 소량을 백금선으로 취해, 0, 3, 8, 10% NaCl을 첨가한 peptone수, VP반유동 배지, purple broth base배지(1% mannitol첨가), Moeller basal broth배지, ONPG broth배지에 각각 접종하여 37℃에서 1～4일간 배양한다. 또한 3% NaCl을 가한 Nutrient broth배지에 42℃에서 18～24시간 배양한다. 장염 Vibrio균은 0% 및 10% NaCl을 첨가한 peptone수에서 발육 음성, 3% 및 8% NaCl을 첨가한 peptone수에서 발육 양성, VP 음성, mannitol에서 산생성 양성, ornithine분해 양성, arginine분해 음성, ONPG시험 음성, 3% NaCl을 첨가한 Nutrient broth배지에서 42℃로 배양했을 때 발육 양성을 나타낸다.

◈ 참고사항

- Peptone水의 조성: peptone 10g, NaCl 20g, 정제수 1ℓ, pH 8.6(당을 함유한 식품의 경우에는 pH 9.2), autoclaving한 것
- TCBS한천배지의 조성: Yeast extract 5g, Peptone 10g, Sod. citrate 10g, Sod. thiosulfate 10g, OX gall 5g, Sod. cholate 3g, Sucrose 20g, NaCl 10g, Ferrous Citrate 1g, Brom thymol blue 0.04g, Thymol blue 0.04g, Agar 15g, 정제수 1ℓ, pH 8.6, 이상의 성분을 정제수에 넣고 약하게 가열하여 Agar를 녹인 다음, 50℃로 식혀 멸균 petri dish에 분주한다. 고압 증기멸균을 해서는 안 된다.
- TSI한천배지 및 보통한천배지의 조성: 「15. Salmonella균의 검출」항 참고사항 참조한다.

- LIM배지의 조성: peptone 10g, yeast extract 3g, glucose 3g, Brom cresol purple 0.02g, L-lysine · HCl 10g, L-tryptophane 0.5g, Agar 10g, 정제수 1 ℓ , pH 6.7, autoclaving한다.
- VP반유동배지의 조성: yeast extract 1g, casein peptone 7g, soypeptone 5g, glucose 10g, NaCl 5g, Agar 3g, 정제수 1ℓ , pH 7.0~7.2, autoclaving 한다.
- Purple broth base배지의 조성: Proteose peptone 10g, Beef extract 1g, NaCl 5g, Brom cresol purple 0.015g, 정제수 1ℓ , pH 6.8, autoclaving한다.
- Moeller basal broth 배지의 조성: peptone 5g, beef extract 5g, glucose 0.5g, brom cresol purple 0.01g, cresol red 0.005g, pyridoxal · HCl 0.005g, amino acid 10g, 정제수 1ℓ , pH 6.0, 균을 접종한 후 멸균 유동 파라핀을 중층한 다음 autoclaving한다.
- ONPG broth배지의 조성: 0.5% NaCl을 가한 peptone수 75mℓ에 OPNG용액 (o-nitrophenyl-β-D-galactopyranoside 6g을 0.01M Na_2HPO_4 1ℓ 에 용해한 후 pH를 7.5로 조절한 것) 25mℓ를 첨가한 다음 test tube에 2.5mℓ씩 분주한다.
- Nutrient broth배지의 조성: peptone 5g, beef extract 3g, 정제수 1ℓ , pH 6.9-7.4, autoclaving한다.

18) Clostridium welchii균의 검출

(1) 증균 배양

시료를 적절한 전처리방법으로 처리하여 만든 시험용액 1mℓ를 cooked meat배지의 아래 부분에 접종하고 37℃에서 18~24시간 혐기 배양한다.

(2) 분리배양

kanamycin을 200㎍/㎖의 농도로 첨가한 난황첨가 CW한천배지가 든 평판배지에 (1)에서 증균한 균액을 도말한 다음 37℃에서 18~24시간 혐기 배양한다. 배양 후 배지 상에 직경 2㎜정도의 약간 돌기된 유황색의 백탁 환을 주변에 가진 집락이 확인되면 다음의 확인시험을 행한다.

(3) 확인시험

(2)에서 분리 배양된 평판배지상의 집락을 보통한천배지에 옮겨 37℃에서 18~24시간 혐기 배양한 후 얻어진 순수배양균에 대해 gram염색을 실시하며, 동시에 보통한천배지를 37℃에서 18~24시간 호기 배양하여 균의 발육을 확인한다. Gram양성 간균으로 아포가 확인된 집락에 한하여 당 분해시험을 행한다. 당 분해시험은 glucose, lactose, inositol, raffinose를 1% 가한 GAM 당 분해용 반유동배지에 이식하여 37℃에서 3일간 배양한 후 BTB-MR지시약을 가해서 판정하며 양성인 경우는 배지가 적변한다. 그리고 운동성은 GAM 당분해용 반유동 배지에서 37℃에서 1~2일간 배양한 후 운동성 유무를 관찰한다.

Glucose, lactose, inositol과 raffinose를 분해하며 운동성이 없는 것이 확인되면 lecithinase 억제시험을 행한다. 즉, Egg yolk가 포함된 TSC Agar배지에 접종하여 anaerobic jar에 넣고 35℃에서 24시간 배양한 후 lecithinase activity에 의한 2~4㎜의 불투명한 zone을 갖는 yellowish gray를 확인하며, lecithinase 반응이 양성으로 확인되면 Clostridium welchii균 양성으로 판정한다.

◈ 참고사항

- Cooked Meat배지의 조성: beef heart 500g, peptone 10g, glucose 2g,

NaCl 5g, 정제수 1ℓ , pH 7.2, autoclaving한다.

- 난황첨가 CW(Clostridium welchii)한천배지의 조성: heart infusion 5g, casein peptone 10g, proteose peptone 10g, NaCl 5g, lactose 10g, phenol red 50㎎, Agar 20g, 정제수 1ℓ , pH 7.5~7.7로 조정 후 autoclaving한다. 멸균한 배지를 50℃ 정도로 식혀 난황액(난황에 동량의 멸균생리식염수를 가한 것)을 10%비율로 무균적으로 가해 잘 혼합한 후 평판을 만든다.
- 보통한천배지의 조성: 「15. Salmonella균의 검출」항 참고사항 참조할 것
- GAM 당분해용 반유동배지의 조성: peptone 10g, soytone 3g, proteose peptone 10g, Bovin serum albumin 13.5g, yesat extract 5g, beef 2.2g, KH_2PO_4 2.5g, liver 1.2g, NaCl 3g, L-cystein 0.3g, Sod. thioglychollate 0.3g, Agar 1.5g, sugar 10g, 정제수 1ℓ , 작은 시험관에 분주하여 110~115℃에서 15분간 멸균 후 급냉시킬 것
- BTB-MR지시약의 조제: brom thymol blue 0.2g, methyl red 0.1g을 95% ethanol 300㎖에 용해한 후 정제수 200㎖와 혼합한 것
- TSC Agar 배지의 조성: tryptose 15g, yeast extract 5g, soytone 5g, ferric ammonium citrate 1g, sod. metabisulfite 1g, agar 20g, 을 정제수 900㎖에 녹인 후 pH를 7.6±0.2로 조정하고, 이를 500㎖의 flask에 250㎖씩 분주한 다음 autoclaving한다. 이 배지를 50℃로 보존하면서 여기에 D-cycloserine용액(D-cycloserine 1g을 200㎖의 증류수에 녹인 다음 여과 멸균하고 사용할 때까지 4℃로 보관할 것) 20㎖를 각각의 flask에 넣은 후 앞의 Clostridium welchii한천배지에서와 같은 방법으로 난황액을 만들어 분주한 것

19) 리스테리아균(Listeria monocytogenes)의 검출

(1) 증균 배양

우유, 유제품, 가공식품 및 수산물의 시료에 대해서는 1차 증균 배지로 Listeria enrichment broth배지를 사용하고, 식육 및 가금류의 시료는 UVM modified Listeria enrichment broth배지를 사용한다. 고형물의 시료는 25g을 세절 또는 분쇄하고, 액상시료는 25㎖를 취해 225㎖의 Listeria enrichment broth 또는 UVM modified Listeria enrichment broth배지에 가한 후 30℃에서 24시간 배양한다. 배양액 100㎕를 취해 Fraser Listeria broth배지에 접종하여 다시 30℃에서 24시간 배양하여 2차 증균을 행한다.

(2) 분리배양

2차 증균액 100㎕를 멸균된 면봉을 이용하여 Oxford Agar배지 또는 Lithium chloride-Phenylethanol-Moxalactam Agar배지가 든 평판배지에 도말한 30℃에서 24~48시간 배양한다. 의심되는 집락이 확인되면 이를 0.6% yeast extract가 포함된 Tryptic soy agar배지에 도말하여 30℃에서 24~48시간 배양한다.

(3) 확인시험

Gram염색 후 Gram 양성 간균이 확인되면 hemolysis, motility, catalase, CAMP test와 mannitol, rhamnose, xylose의 당분해 시험을 행한다. 이 결과 β-hemolysis를 나타내고, catalase양성, motility양성을 나타내며 CAMP test 결과 Staphylococcus aureus에서 양성, Rhodococcus equi에서 음성으로 나타나는 동시에 당 분해 시험결과 mannitol비분해, rhamnose분해, xylose비분해의 결과를 보

이면 Listeria monocytogenes양성으로 판정한다.

◈ 참고사항

- Listeria enrichment broth 배지, UVM modified Listeria enrichment broth 배지, Fraser Listeria broth 배지, Oxford Agar 배지, Lithium chloride-Phenylethanol-Moxalactam Agar배지, Tryptic Soy Agar배지의 조성은 세균용 배지항을 참조할 것

20) 기타 방법

근래에는 다양한 시료채취 방법(membrane filters, dry films, repleacate organism direct agar count, spray gun 등)과 평판방법(spiral platter, agar droplet, roll tube 등)이 이용되고 있다. 검사방법으로 물리적 방법(impedance, microcalorimetry 등), 화학적 방법(여러 효소활성측정, ATP 측정 등)과 면역학적 방법(radioimmunoassay, hemagglutination 등)이 있다.

또한 생물검정방법으로서 동물시험(mouse lethality, dirrhea, skin test, ligated loop techniques 등)과 인체세포시험(human mucosal cells, human fetal intestine, human ileal cells 등)으로 식품미생물을 검정할 수 있어 그 범위는 넓다.

※ 참고문헌

미생물학(2003), 김경민, 서영훈, 신주옥, 이혜영, 정인실, 조은희, 하영미, 라이프 사이언스

식품미생물학(1999), 민경찬, 정희종, 김도영, 정수열, 손규목, 광문각

식품미생물학(2002), 오성천, 정문각

식품미생물학(2003), 허윤행외 6인(이웅수), 지구문화사

식품미생물학(2004), 이웅수, (주)북스힐

식품미생물학실험(1998), 이웅수, 충주대학교 출판부

식품미생물학, 이한창외, 수학사

신고 식품미생물학, 김찬조, 수학사

요설 식품미생물학, 김상순, 수학사

최신식품미생물학(1998), 하덕모, 신광출판사

児玉　徹, 熊谷 英彦, 食品微生物学, 文永堂出版

相田 浩, 高尾彰一, 新版 應用微生物 Ⅰ, Ⅱ, 朝倉書店

Revised Food Microbiology and Laboratory Manual(2003), 이웅수, 민윤식, 충주대학교 출판부

색인

ㄱ

ㄴ

ㄷ

ㅅ

ㅇ

ㅈ

ㅊ

ㅋ

ㅌ

ㅍ

ㅎ

A

B

C

L

M

N

O

P

R